光催化基础及应用

王亚婷　著

图书在版编目（CIP）数据

光催化基础及应用 / 王亚婷著. -- 天津 : 天津大学出版社, 2023.5

ISBN 978-7-5618-7470-7

Ⅰ. ①光… Ⅱ. ①王… Ⅲ. ①光催化 Ⅳ. ①O644.11

中国国家版本馆CIP数据核字（2023）第080657号

GUANGCUIHUA JICHU JI YINGYONG

出版发行　天津大学出版社
地　　址　天津市卫津路92号天津大学内（邮编：300072）
电　　话　发行部：022-27403647
网　　址　www.tjupress.com.cn
印　　刷　北京盛通商印快线网络科技有限公司
经　　销　全国各地新华书店
开　　本　787mm×1092mm　1/16
印　　张　9.25
字　　数　231千
版　　次　2023年5月第1版
印　　次　2023年5月第1次
定　　价　47元

目　　录

第1章 概述

1.1 世界与我国能源发展现状

能源是人类社会赖以生存和发展的重要物质基础，是科技和经济发展的命脉。可以说，现代物质文明依赖能源的驱动，当今时代堪称“能源时代”。随着世界工业科技的快速发展、人口的不断增长和人们生活水平的日益提高，人们对能源的依赖程度越来越高，能源消耗量越来越大，能源短缺已经成为人们不得不解决的一大难题。近10年来，全球能源结构体系在不断发生着变化，正逐渐向重视清洁能源，减少对煤、石油和天然气等化石能源的依赖的方向转变。

如图1-1所示，截至2017年，在全球能源结构中，原煤占比为34%，原油占比为23%，天然气占比为28%，而水电、核电和风电等清洁能源占比为15%；在我国能源结构中，原煤占比为69%，原油占比为8%，天然气占比为5%，而水电、核电和风电等清洁能源占比为18%。与全球能源结构相比，我国能源结构中水电、核电和风电等清洁能源的占比已经处于世界领先地位，这与我国对清洁能源的长期大力支持和科技工作者的不懈努力是分不开的。

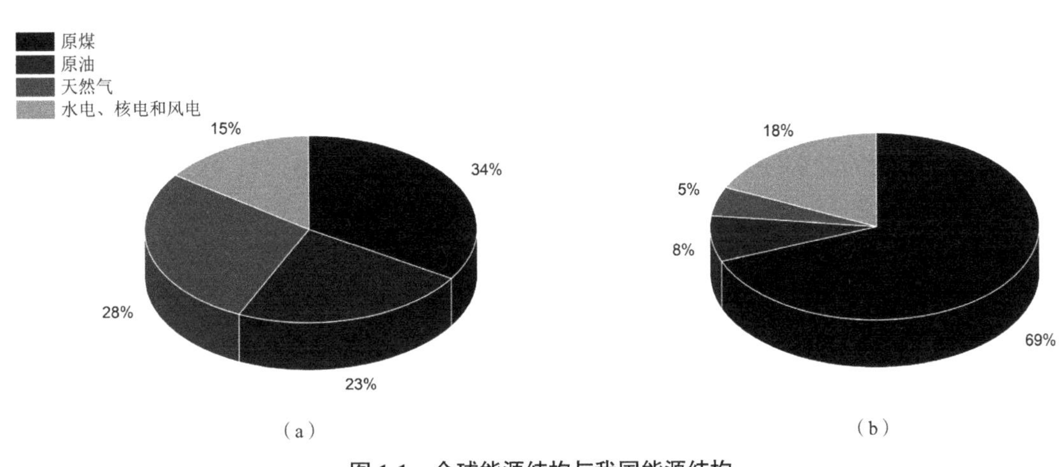

图1-1 全球能源结构与我国能源结构

(a)全球能源结构 (b)我国能源结构

从全球能源发展趋势来看，虽然煤、石油和天然气等化石能源的主体地位近期不会改变，但是新型清洁能源的占比正在逐年增加。我国经济的稳定发展带来了能源需求的强劲增长。自改革开放以来，我国经济长期保持高速增长，同时我国能源生产和供应体系也在逐步完善。从2014年开始，我国能源结构中以原煤、原油和天然气为主的化石能源的占比逐年降低，而水电、核电和风电等清洁能源的占比逐年增加。但从长远来看，我国能源结构一直面临着煤炭处于主体地位、石油和天然气相对匮乏的问题。此外,我国人口基数大,人均能源占有量一直低于世界人均能源占有量。同时,在能源消耗方面,我国能源消耗总量在过去 10 年增长了 1 倍,已经成为世界第一大能源消费国。原油对外依存度过高也是我国能源面临的一大问题。2017 年,我国原油对外依存度高达 67.4%,且我国对原油的需求量还在不断攀升。随着我国经济的不断发展,可以预见我国能源需求量还会不断增长。

1.2 清洁能源的开发与利用

化石能源在给人们的生活带来极大便利的同时,其开发和使用过程产生的大气污染、水污染和生态破坏等环境问题日益严峻。过去的一个世纪以来,石油燃烧产生的温室气体(如二氧化碳(CO_2))直接导致了全球性的气候变暖、气候紊乱和海洋酸化。如果不加以控制,温室气体排放量将持续增长,到 2100 年,全球平均温度还会再升高至少 4 ℃。这可能会使自然和人类承担更大的风险,甚至触发灾难性的事件。因此,控制化石能源的使用刻不容缓。全球已有接近 200 个国家签署了《巴黎协定》,一致应对全球气候变化。寻求新型替代清洁能源是能够满足全球急剧上升的能源需求而不对环境造成损害的最有效方式。世界各个国家都在积极开发新能源,包括太阳能、风能、水能和潮汐能等可再生能源,以及天然气、氢气(H_2)和核能等不可再生能源。世界能源的格局正在发生变革,绿色、低碳、高效的新型清洁能源取代传统化石能源已是大势所趋。

2022 年我国温室气体排放量占全球排放总量的 27%,我国是全球温室气体排放最多的国家。我国亟须推动清洁能源的开发与利用,实现环境、经济和能源的可持续发展。开发清洁和可再生能源对于缓解化石能源消耗引起的气候变化、化石燃料耗尽、市场不确定性和石油进口依赖等问题至关重要。近年来,我国对清洁能源的发展高度重视,清洁能源投资额连续多年保持世界第一。图 1-2 为 2011—2017 年我国清洁能源累计装机量,从图中可以看出我国各种新型清洁能源的装机量都在稳定增长,尤其是光伏发电保持了高速增长。截至 2017 年,我国水电装机容量达到 3.4 亿 kW,我国风电装机容量达到 1.9 亿 kW,我国光伏发电装机容量达到 1.3 亿 kW,均稳居世界首位。2017 年国家发展和改革委员会和国家能源局发布的《能源生产和消费革命战略(2016—2030)》提出,到 2030 年,我国非化石能源发电量占全部发电量的比重力争达到 50%。

目前可利用的可再生能源主要包括水能、地热能、潮汐能、风能和太阳能。其中,水力发电、所有陆地区域的地热能、潮汐能和全球可提取的风能都不能满足全球人类的能源需求。同时,可再生能源在利用过程中仍存在一些问题,这使其在替代化石能源的过程中受到很多限制,如风力涡轮机产生的电能是不可储存的,为利用水能而建设的大坝建设成本过高且会对周围环境产生不利影响。而到达地球表面的太阳能是人类可用的最丰富的也是最持续的能量。到达地球表面的太阳辐射能量总和虽然很高,但是其高度分散,且受气候和区域位置等影响,导致其到达地面的功率密度相对较低。通常,到达地球表面的年平均功率密度为 170~250 W/m^2。因此,想要充分利用太阳能,就必须将其转化为便于储存和运输的能量形式。

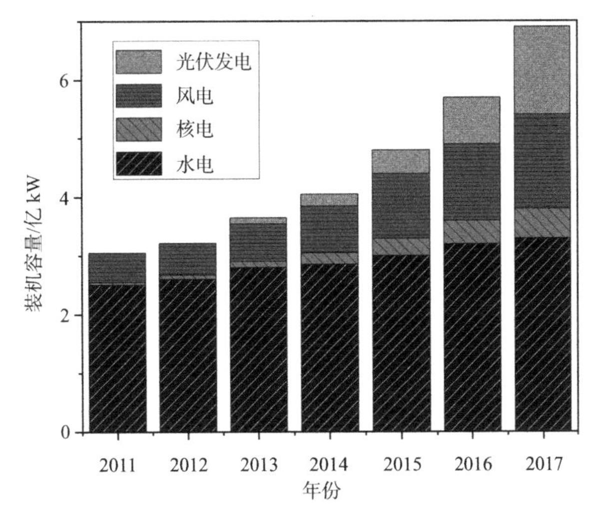

图 1-2 2011—2017 年我国清洁能源累计装机量(数据来源:国家统计局)

在过去 10 年间,由于社会各界人士的广泛支持,人们加速了对太阳能利用的研究。太阳能利用主要有两种形式:一种是光伏发电,把太阳能转换为电能或者热能;另一种是以自然光合作用为原型将太阳能转换为燃料(氢能)。电能和氢能都可以作为太阳能的储存形式,最终建立一个清洁、高效、丰富且廉价的能源系统。虽然电能是最常见的能量形式,但是电能在传输时由于系统的电阻和高压会产生热量和传输损耗。与电能相比,氢能主要有五个优点:①能量转换效率高;②在水中零排放生成;③有不同的储存形式(如以气相/液相形式储存或吸附在金属氢化物中储存);④可通过不同反应转化为不同燃料;⑤其热值高于许多传统化石燃料。未来氢能有望成为最丰富、最有竞争力和最安全的能源。

利用太阳能分解水生成氢气的方法统称太阳能分解水。虽然氢能为可持续清洁能源系统带来显著的优势,但是大多数太阳能转化为氢能的生产方法仍处于商业应用的研究阶段。目前主要有三种太阳能分解水的方法:热化学分解水、光生物分解水和光催化分解水。虽然热化学分解水的方法是最简单的,但是它需要大型太阳能聚光器,成本很高。光生物分解水的主要问题是产氢量较低和所用的酶具有毒性。而光催化分解水与前两种方法相比有三个优点:①成本低;②转化效率较高;③反应器尺寸可调,适合小规模使用。

1.3 抗生素等新污染物治理

近年来,党中央、国务院高度重视新污染物的治理工作。当前,我国大气、水、土壤环境质量持续改善,“天蓝水清”正在成为现实。与此同时,持久性有机污染物、环境内分泌干扰物、抗生素等新污染物逐渐受到人们的关注。近年来,习近平总书记在全国生态环境保护大会、中央政治局集体学习、中央深改委会议等多个重要场合,反复强调新污染物治理,从“对新的污染物治理开展专项研究”到“重视新污染物治理”,再到“加强新污染物治理”,对新污染物治理工作的要求逐步深入,力度不断加大,治理工作的紧迫性凸显出来。《中华人民共和国国民经济和社会发展第十四个五年规划和 2035 年远景目标纲要》也提出了关于“重视新污染物治理"和"健全有毒有害化学物质环境风险管理体制"的要求。生态环境部会同相关部门推动建立法规标准体系,加强源头准入管理,推动有毒有害化学物质环境风险管控,并积极参与全球化学品履约行动,为新污染物治理工作打下了较好的基础。开展新污染物治理是污染防治攻坚战向纵深推进的必然结果,是生态环境质量持续改善进程中的内在要求。抗生素作为《重点管控新污染物清单(2023 年版)》中列出的污染物之一,备受人们的关注。我国抗生素年使用量高达 18 万 t,约占全球用量的 50%。新污染物的环境与健康风险隐患大,事关生态环境安全、人民群众健康和生活质量,以及中华民族繁衍生息,正逐步成为当前制约大气、水、土壤环境质量持续深入改善的新难点之一,亟待加强治理。

1.3.1 抗生素简介

自 20 世纪 20 年代青霉素问世至今,已发现的抗生素多达数千种。抗生素作为一种抑菌药物,广泛用于人和动物的疾病预防和疾病治疗。在全球范围内,抗生素消费量从 2000 年的 540 多亿标准单位增长至 2010 年的 730 多亿标准单位,其中巴西、俄罗斯、印度、中国和南非的增长量之和占总增长量的 76%。据报道,在德国使用的抗生素种类有 250 余种。Kawsar 等以孟加拉国诺尔辛迪(Narsingdi)地区为研究区域,发现 30 种不同商品名的抗生素被养鱼户使用,其中使用量最多的抗生素为土霉素,每千克饲料中土霉素的剂量为 5 mg。作为一个人口大国和农业大国,我国对抗生素的使用量和生产量均居世界前列。2022 年赵娟娟等发现江苏省 15 家医院中极低/超低出生体重儿中抗生素使用人数占比为 96.15%,远高于国内外其他多个中心研究的水平。然而,大多数引入人和动物体内的抗生素无法直接利用,导致 20.0%~97.0%的抗生素被排放到环境当中。抗生素一旦进入生态系统,就会影响群落结构的演变,进而影响水生环境的生态功能。此外,滥用抗生素会使细菌对抗生素的耐药性越来越强,甚至产生"超级细菌",导致抗生素耐药性的发生率和致死率逐年上升,严重威胁生态安全和人类健康。因此,探索研究一种高效清洁地去除抗生素的手段刻不容缓,具有深远的社会意义。

抗生素是一类在生命过程中由微生物(包括细菌、霉菌等)或用于对抗特定病原微生物的合成化学物质产生的具有抗病原体或其他活性的次级代谢产物。抗生素的结构复杂,分类方法也有多种。按抗生素的化学结构可分为 β-内酰胺类(如青霉素类、头孢菌素类等)、氨基糖苷类(如链霉素、卡那霉素等)、四环素类(如四环素、土霉素等)、酰胺醇类(如甲砜霉素、氟苯尼考等)、大环内酯类(如红霉素、螺旋霉素等)、林可胺类(如林可霉素、克林霉素等)、多肽类(如多黏菌素 B、杆菌肽等)、多烯类(如灰黄霉素、制霉菌素等)、含磷多糖类(如黄霉素、喹北霉素等)、聚醚类(如莫能菌素)。按抗生素的作用可分为主要抗革兰氏阳性菌的抗生素、主要抗革兰氏阴性菌的抗生素、光谱抗生素、抗真菌的抗生素、抗寄生虫的抗生素。众所周知,抗生素是治疗细菌感染的主要工具。自 20 世纪 40 年代以来,各种抗生素对传染病的预防、控制和治疗做出了巨大贡献。由于可以选择性地影响生物功能,抗生素被广泛应用于医药、农业、畜牧业和水产养殖等领域。据统计,2002 年全球抗生素的使用量已超过 10 万 t,其中绝大部分的抗生素用于发展养殖业(畜牧和水产)。在一项新的建模研究中,Browne 等利用抗生素消费数据和社会人口与健康数据估算了 204 个国家从 2000 年至 2018 年的抗生素消费水平。令人担忧的是,抗生素的每日总用量增加了 46%,其中东欧和中亚的增幅最高。低剂量和亚治疗剂量的抗生素在提高饲料效率、促进动物生长以及预防和控制疾病等方面起着非常重要的作用，包括四环素类抗生素在内的 100 多种抗生素已在世界各地使用。近年来，新型冠状病毒（简称新冠病毒）肆虐，新冠肺炎患者的细菌感染问题受到科学家的广泛关注。Jose 等报告称，在新冠肺炎疫情大流行期间光谱抗生素的使用量增加了 29%，同时院内病患的腹泻发生率增加了 41%，由此可见，腹泻发生率的增加与抗生素的使用量密切相关。Nori 等调查了纽约新冠肺炎疫情大流行期间 152 名新冠肺炎患者，其中有 149 名（98%）患者在新冠肺炎治疗期间服用了抗生素。抗生素使用量巨大，然而绝大部分的抗生素不会被机体吸收，只能随机体代谢，最终排入水体和土壤中。因此，抗生素使用量的增加必然会加重环境和人体健康危机。

1.3.2　抗生素的来源

毫无疑问，水体和土壤中的抗生素直接威胁人们的身体健康，影响人们的日常生活。近年来，在中国的主要地表水系统（包括珠江流域、辽河流域和长江中下游流域）中都检测到了抗生素。地下水受到地表水的影响，也出现了抗生素污染。我国淡水资源比较稀缺，很多城市和农村地区的生活用水均来自地下水，因此地下水污染严重威胁人们的身体健康。究其来源，水体中的抗生素主要来自医院废水、生活污水、工业废水，还有水产养殖业、畜牧业以及土壤。

（1）医院废水

医院废水是造成水体抗生素污染的罪魁祸首之一。医院废水中含有接受抗生素治疗的患者的粪便和尿液、临床医疗废水和医院丢弃的过期抗生素，因此抗生素、抗生素耐药细菌（ARB）、抗生素耐药基因（ARGs）浓度相对较高。Vo 等对越南某市 39 个医疗机构医疗废水中的抗生素情况进行调查，在所有样本中共检测到 7 种常见的抗生素：磺胺甲噁唑、诺氟沙星、环丙沙星、氧氟沙星、红霉素、四环素以及甲氧苄啶。有研究显示，磺胺甲噁唑和环丙沙星可能无法通过生物降解在环境中去除。在新冠肺炎疫情大流行期间，土耳其许多地区抗生素的使用量增加。据报道，70%的住院患者接受了一种或多种抗生素治疗，而重症加强护理病房（ICU）中几乎 100%的住院患者都接受了抗生素治疗。Wang 等在医院废水中发现了高浓度的抗生素残留，14 种抗生素中有 6 种在医院废水中的浓度达到 μg/L 的水平，高于其他水生环境中的浓度，尤其是头孢氨苄、喹诺酮类和四环素类抗生素。过量使用抗生素会增加产生不良反应的风险，并可能带来其他危害（如增加细菌耐药性）。尽管多数医院都配备了污水处理系统，但它们不能有效净化高浓度污水，微量的抗生素仍然存在于医疗废水中，最终流入城市排水系统。

（2）生活污水

生活污水是环境中抗生素污染的另一个重要来源。人体摄入的合成抗生素只有小部分被机体吸收，剩余的通过排泄直接进入排水系统，最终到达污水处理厂。约半数的抗生素是通过污水处理厂进入水体中的，生活污水中 ARGs 的浓度甚至高于医院废水。据相关研究报告，在城市污水处理厂的进水和废水中均检测到了抗生素。Wang 等检测了 4 个不同的二级污水处理厂在不同季节时的抗生素浓度，共检测到 10 种抗生素。他们发现，在不同的季节，抗生素的种类和浓度有所差异。以污水处理厂 B 为例，在冬季抗生素的浓度为 10 121.4 ng/L

(含氧氟沙星、诺氟沙星、罗红霉素、阿奇霉素、红霉素、四环素、盐酸土霉素、金霉素、磺胺甲噁唑),在春季为 3 366.3 ng/L(含氧氟沙星、诺氟沙星、环丙沙星、罗红霉素、阿奇霉素、红霉素、四环素、盐酸土霉素、金霉素、磺胺甲噁唑)。冬春两季污水处理厂的抗生素总量差异较大,这可能与医疗需求随季节的变化有关。Zhang 等在大连 12 个污水处理厂中共检测到 29 种抗生素,其浓度范围在 63.6 ng/L 和 5 404.6 ng/L 之间,其中氟喹诺酮类和磺胺类是含量最丰富的抗生素,分别占抗生素总量的 42.2%和 23.9%,其次为四环素类(16.0%)和大环内酯类(14.8%)。污水处理厂进水中 ARGs 的浓度主要受抗生素用量的影响,抗生素用量越多的国家和地区,其污水处理厂中 ARGs 的浓度越高。根据对人类消费和使用抗生素情况的全球调查,西欧和东亚等地区的高收入和中高收入国家的抗生素消耗量较高。

(3)工业废水

制药公司在抗生素生产过程中也会产生大量富含抗生素的废液。抗生素生产厂和部分化工厂的工业废水中含有原料、前驱体等污染物,是环境中抗生素污染物的第一来源。一般来说,抗生素生产厂的废水浓度较高,用简单的处理工艺难以去除。Tahrani 等对突尼斯(Tunisia)的制药废水进行调查,在 4 个月的采样期内,发现庆大霉素的浓度高达 19 ng/mL。中国是最大的抗生素生产国,也是最大的抗生素原料出口国。国家统计局数据显示,2017 年中国化学原料药物产量达到 355 万 t。Xue 等调查研究了中国北方一家大型制药厂生产过程中废水中的残留抗生素、水质指标和生物毒性,发现废水中含有大量的有机污染物,化学需氧量(COD)为 2.0×10^{3}~2.6×10^{5} mg/L,生产车间的废水中存在高浓度的头孢氨苄和头孢拉定,其中头孢拉定的最高浓度达到 1 328 mg/L。

(4)水产养殖

随着全球人口的增加和经济的发展,人类对动物类食物的需求量越来越大。鱼类含有丰富的微量元素和蛋白质,对人类健康十分有益。有统计显示,在过去的几十年中,全球鱼类消费的年增长率是人口增长率的 2 倍。为了预防和解决细菌疾病,在鱼类饲养过程中通常添加大量的抗生素,然而只有小部分抗生素被吸收。对于摄入的抗生素,鱼类也不能将其完全代谢,约 75%的抗生素会被排放到水体和土壤中。Raza 等调查了韩国 16 个养鱼场鱼类饲养前和饲养 30 min 后进水和出水的物理化学参数,研究了鱼类饲料对 ARGs 丰度变化的空间和时间效应。结果显示,饲养 30 min 后出水中 ARGs 的绝对丰度比饲养前高 5 倍,比进水中高 12 倍。鱼饲料除增加污水中 ARGs 的丰度外,还增加了污水中其他污染物(如 NH_4^+)的含量。磺胺类抗生素具有显著的致突变性和致畸性,由于吸附能力较弱,磺胺类抗生素可以在水生环境中长时间存在。Li 等在江苏无锡 12 种水生生物中检测到 18 种磺胺类抗生素的存在。Qin 等调查发现引江济太工程调水期间望虞河和贡湖湾的总抗生素浓度为 1 320~17 209 ng/L,其中含量较高的有四环素类(1 082~15 310 ng/L)、喹诺酮类(225~1 325 ng/L)和磺胺类(0~888 ng/L)。这些研究表明水产养殖可能会造成环境中的抗生素污染。

(5)畜牧业

在畜牧业生产中,工作人员通常使用抗生素来预防或者治疗家禽、家畜的疾病,同时抗生素也被用作生长促进剂。因此,畜牧场是地下水中抗生素污染的来源之一。随着动物生产的集约化,细菌性疾病和寄生虫病发生得越来越频繁。据统计,大肠杆菌、沙门氏菌等 80

多种细菌对畜牧业构成严重威胁。据报道,在美国有 52.1%的抗生素药物用于治疗动物传染病,其中 90%的仔猪、75%的生长猪、50%的育肥猪和 25%~70%的牛是通过饲料获得药物的。越来越多的农民发现,使用抗生素饲养牲畜会培育出更大的动物,并能提高饲养利润。在 2007 年的一项调查中, Xiao 等经估算后发现,在中国生产的 21 万 t 抗生素中,有近一半最终用在动物饲料中。饲料被动物食用后,有 70%~90%的抗生素随动物的尿液和粪便排泄到环境当中。Zhi 等检测了天津 4 个养猪场的未经处理的废水,发现了喹诺酮类、磺胺类、四环素类等多种抗生素(如青霉素 G(305.66 μg/L)、金霉素(632.94 μg/L)、多西环素(810.55 μg/L))。由于某些抗生素可能与污泥颗粒发生强烈的相互作用,因此在池塘中储存也会增加抗生素的浓度。畜牧场中的抗生素最终会随污水和粪便传播到土壤-水系统中。

(6)土壤

抗生素通过污水处理、农田灌溉、垃圾填埋和牲畜排便等多种方式被引入土壤环境中。污水处理厂的污水、污泥中抗生素浓度较高,当污水、污泥作为水源、肥料用到土地上,土壤中的生物可能会受到影响。Franklin 等研究了经污水处理厂的污水灌溉后的土壤和地下水中 3 种常见抗生素(氧氟沙星、磺甲胺嘧唑、甲氧苄啶)的积累情况。土壤吸附氧氟沙星的能力较强,并且氧氟沙星难以降解,流动性差,导致在土壤中的积累最多((650 ± 204)ng/kg);磺胺甲嘧唑流动性较好,大部分渗入地下水中;甲氧苄啶最容易被降解,但经 10 周的连续灌溉,在土壤中的浓度也达到了(190 ± 71)ng/kg。农作物生产中施用粪肥可以为农作物提供必要的养分,但粪肥中的抗生素也会流入土壤中。Zhou 等发现,在大多数粪便和肥料当中,磺胺嘧啶和四环素的浓度分别高达 5 650 mg/kg 和 1 920 mg/kg。Li 等调查了中国东北地区蔬菜培植点土壤-蔬菜系统中氟喹诺酮类抗生素中环丙沙星的平均浓度,最高为 104.4 μg/kg。垃圾填埋场中含有多种污染物,它们可能会随渗滤液转移到土壤环境中。Wang 等抽取了西安和贵阳 3 个主要垃圾填埋场的垃圾和渗滤液,垃圾中测得的抗生素总含量为 157.22~1 752.01 μg/kg,渗滤液中测得的抗生素总含量为 3 961.59~4 497.12 ng/L,抗生素在渗透过程中会在土壤中累积,进而对环境造成污染。

1.3.3　抗生素的危害

抗生素滥用、误用,用药后吸收效率低,再加上其高水溶性、生物活性和持久性,导致其排入环境后很容易造成抗生素污染。如果细菌长期生活在这样的环境中,会导致抗性基因的产生,甚至产生“超级细菌”。耐药性被定义为对所有用于杀死病原微生物(细菌、病毒、真菌和原生动物)或抑制其生长的药物(包括抗生素(抗菌药物)、抗真菌药物、抗病毒药物和抗寄生虫药物)产生适应性生理反应。抗生素疗法是临床上治疗细菌感染最有效的策略。但是,由于误用和滥用抗生素,抗生素耐药性已成为全球公共卫生的最大威胁之一。欧洲疾病控制中心检测了 15 个欧洲国家,发现这些国家超过 10%的人血液中含有耐甲氧西林金黄色葡萄球菌。2014 年的一则报告称抗生素耐药性导致每年 70 万人死亡,如果不加以管制,预计 2050 年该数据将增加至 1 000 万人。抗生素含量过高的危害与其他有害化学物质一样,长期摄入抗生素会损害人的肝、肾等器官,除此之外,部分抗生素还会影响血液系统、免疫系统、神经系统和内分泌系统等。

水体中含有抗生素既是环境污染也是生物污染。由于抗生素处理效果有限,大部分的抗生素最终会进入环境中,给动物、植物以及微生物带来不同程度的危害。环境中的抗生素对植物既有正面影响,也有负面影响。环境中低浓度的抗生素对植物生长有积极作用,而高浓度的抗生素则会产生毒性作用。Baciak 等观察到抗生素的存在会影响植物叶绿素的含量,而叶绿素对植物的光合作用至关重要。Rydzyński 等研究发现,在土壤中添加浓度为 90 mg/kg 的四环素, 10 天后黄羽扇豆幼苗幼叶中叶绿素 a 的含量降低了 80%。维持水和土壤中的微生物多样性对环境保护起着非常重要的作用,但有研究表明抗生素的存在会导致微生物多样性减少。此外,抗生素还影响细菌群落的生长和酶的活性,并最终影响生物质生产和营养转化等生态功能,导致生态功能稳定性的丧失。人们在一些水产品当中检测到了抗生素抗性基因的存在,它们通过食物链经过长期富集进入人体中。因此,必须寻找有效的手段去除环境中的抗生素。

1.3.4 抗生素的处理办法

抗生素污染严重威胁生态环境并影响人类健康,因此亟须寻找行之有效的办法去除抗生素,下面介绍几种主要方法。

(1)人工湿地

人工湿地是一种人工污水处理生态系统,它利用土壤、植物和微生物的联合作用处理进入湿地的污水。污水经过滤、吸附、共沉淀、离子交换、植物吸附和微生物分解等过程被净化。与传统的水处理技术相比,人工湿地处理技术操作简单,投入成本和运营成本较低。Choi 等研究了使用人工湿地处理牲畜废水后抗生素的情况。结果显示,人工湿地对多种抗生素的去除率排序为磺胺丙嗪(85%)>磺胺噻唑(81.86%)>磺胺甲噁唑(49.43%)>金霉素(29.47%)>恩诺沙星(27.26%)>甲氧苄氨嘧啶(2.32%),四环素和盐酸土霉素几乎没有去除。由此可见,磺胺类抗生素的去除率最高,这是因为磺胺类抗生素具有较高的 pK_a 值,可通过静电相互作用更有效地吸附到带负电的土壤中。此外,湿地中的植物也可能是通过微生物活性去除磺胺类抗生素的重要因素。Bôto 等研究了 9 个人工湿地微系统去除水产养殖废水中恩诺沙星、土霉素以及抗生素耐药细菌的能力。结果表明,在人工湿地微系统中,每种抗生素的去除率均大于 99%, 3 周之后,总细菌和抗生素耐药细菌的去除率也达到 95%。Dan 等在人工湿地处理生活废水的实验中观察到氧氟沙星去除率最高(98%),四环素次之(95%),诺氟沙星、环丙沙星、罗红霉素的去除率也有 46%~86%。因此,人工湿地处理系统可以有效地去除废水中的抗生素。

(2)生物降解

生物处理作为处理抗生素的手段之一,越来越受到人们的关注。生物处理过程中主要的抗生素去除过程包括污泥吸附和生物降解。与其他非生物去除方法相比,生物降解在实际应用中具有成本低和环境友好的优点。Zheng 等研究采用实验室规模间歇曝气序批式反应器处理猪废水对抗生素的去除特性。研究发现,在最低 COD 负荷下,猪废水中四环素的去除率约为 87.9%,其中 30.4%来自污泥吸附, 57.5%都归功于生物降解。与此同时,猪废水中磺胺类药物的去除率高达 96.2%,几乎所有的去除来自生物降解。Han 等研究了实验室规模的厌氧和好氧相结合的生物过程,结果表明,厌氧消化是减少 COD 的主要原因,好氧生物降解对抗生素的去除有显著的促进作用。在短暂停留的 3.3 天内, COD 的整体去除率为 95%，抗生素的整体去除率为 92%。这些研究表明，用生物方法去除抗生素具有选择性，且去除率受工艺参数和环境参数的影响很大，因此用生物降解法处理废水中的抗生素有一定的局限性。

（3）高级氧化技术

高级氧化是一种化学过程，污染物会被具有高氧化性的自由基（如羟基自由基、超氧自由基等）分解。常用的高级氧化技术包括电化学氧化法、臭氧氧化法、芬顿氧化法、光催化氧化法等。由于光催化技术可以有效地将大量污染物矿化为相对无毒的最终产物，如水和二氧化碳，并且能以环保高效、生态友好的方式处理抗生素残留物，人们对其产生了广泛的兴趣。在过去的几年中，人们在光催化处理抗生素残留物方面已经取得了可观的进展。

在光催化过程中，半导体材料经光激发后产生电子-空穴对，之后，半导体上的电子可以与半导体表面的 O_2 反应生成超氧自由基，空穴可以与水分子反应产生羟基自由基。自由基作为活性氧物种具有很强的氧化还原作用，可以将有机污染物分子降解为小分子物质。二氧化钛（TiO_2）类光催化剂作为被研究最广泛、最彻底的半导体材料，在光降解有机污染物方面也表现出较好的性能。Wu 等制备出 N 掺杂的 TiO_2，并测试其对四环素的降解效果。实验结果表明 N-TiO_2 在可见光照射 120 min 后对四环素的降解效率可达到 87%。除 TiO_2 类光催化剂外，Liu 等通过简单的热聚法制备出含有碳空位的氮化碳纳米片（Cv-CNNS），其在 90 min 内可以将 10 mg/L 的磺胺嘧啶完全降解。Sepehrmansourie 等通过溶剂热法制备出 UiO-66/NH_2-MIL-125/g-C_3N_4 复合材料，在 50 min 内可以将氧氟沙星降解 99.1%，相较于任何一种单一光催化材料，复合材料的光降解性能均得到了提高。因此，光催化氧化法在处理有机污染物方面具有独特的优势。

现阶段对于大气污染的治理方法主要是前期预防和后期解决。前期预防包括使用清洁能源和燃料，如氢能。然而，当前阶段清洁能源只占能源的少部分。后期解决大气污染的方式主要是过滤和吸附，其劣势是需要定期更换材料。紫外臭氧氧化分解污染物可克服这些短板，但对人类生命健康有害。总之，开发一种有效、安全、廉价的技术来分解空气污染物意义非凡。

光催化技术既可以产氢，解决能源问题，同时也可以降解水中的有机污染物，如抗生素等，是一种新型绿色环保的方法。该技术具有普遍适用性，可用于去除水中的染料、有机农药、重金属和抗生素等。在光催化降解反应中，半导体光催化剂产生的光生载流子可以与有机物反应，将有机物降解为 CO_2、H_2O 和其他无机物等，实现有机物的分解。同时该技术反应条件温和，不需要高温高压这种苛刻的条件。最重要的是该技术绿色无污染，是一种理想的环境污染治理技术。光催化技术在能源方面和有机物降解领域有巨大的应用前景。

第 2 章　光催化基础

2.1　光催化的发展过程

近年来,工业的快速发展和全球人口的不断增长是造成能源短缺和环境污染的重要因素。为了解决能源短缺和环境污染问题,迫切需要发展可再生能源和环境友好技术,用于绿色能源生产和环境修复。在目前研究的新型材料中,半导体具有巨大的光催化潜力,因为它可以直接利用太阳能生产有价值的化学燃料,如氢和碳氢化合物,并降解有害污染物。自1972 年藤岛昭在光催化方面做出开创性工作以来,许多半导体被研究和开发并用于光催化领域,但光催化活性低限制了它们在光催化方面的实际应用。

光催化是一种多功能技术,在能源方面可用于制氢、还原 CO_2 等,在环境方面可用于污染物降解、抗菌消毒等。研究人员对 TiO_2 在光催化领域的作用及其机理进行了广泛的探索。随着对 TiO_2 光催化作用认识的深入,研究人员设计出了具有多种功能的新型光催化材料。经研究发现,在紫外光照射下,TiO_2 作为阳极,Pt 作为阴极,H_2O 被电解成 H_2 和 O_2。目前,对 TiO_2 的研究正朝着光催化过程的方向深入发展。1978 年, Schrauzer 和 Guth 报道了 Pt/Rh 金属改性 TiO_2 粉末用于水分子光催化裂解反应。之后,一系列半导体材料被用于各种光催化反应来探索光催化性能。因此,各种光催化系统也得到了迅速发展,这些光催化系统不仅可以用于水的分解,还可以用于其他相关的反应。各种各样的氧基光催化剂也相继被开发出来,并被证明是可靠的光催化剂。到目前为止,光催化领域是最火热的研究领域之一。

2.2　光催化的基本原理

与导体和绝缘体不同,半导体具有非重叠的价带(Valence Band)和导带(Conduction Band),价带和导带之间的部分称为半导体的禁带。在光催化反应中,光子能量被转换成化学能(如氢气)。经典能带理论是大家普遍认同的光催化过程。如图 2-1 所示,光子能量($h\nu$)与辐射频率成正比,其中 h 为普朗克常量,ν 是光子频率。当能量高于或等于半导体禁带宽度(E_g)的光子撞击半导体光催化剂时,价带上的电子(e^-)离开价带到了导带上,同时在价带上产生了一个带正电的空穴(h^+),即在半导体内部产生了电子-空穴对。这些电子-空穴对在随后分解水的氧化还原反应中起了关键作用。激发生成的电子和空穴会迁移到表面参与反应,而在这期间电子和空穴也会不可避免地发生复合并放出荧光或热量。而能量低于半导体禁带带隙能量的光子则不会激发该半导体。根据光子等价定律(Stark-Einstein Law),半导体在跃迁时吸收的光子越多,则可生成的电子-空穴对就越多,可参与反应的电子-空穴对也会越多,从而促进光催化过程。因此,半导体的光吸收能力直接决定了能量转化效率的上限。为了能够利用太阳光谱中更广泛的太阳光,很多研究人员通过调节半导体的能级结构而使该半导体可以吸收可见光甚至红外光。

在光催化降解反应中,迁移到表面的电子可能会与表面吸附的溶解氧分子生成超氧自由基($\cdot O_2^-$)或过氧化氢自由基($HO_2\cdot$),而迁移到表面的空穴可能会与催化剂表面吸附的羟基离子(OH^-)或水分子反应生成羟基自由基($\cdot OH$)。超氧自由基、过氧化氢自由基和羟基自由基可以氧化大部分有机污染物并最终生成 CO_2 和 H_2O。

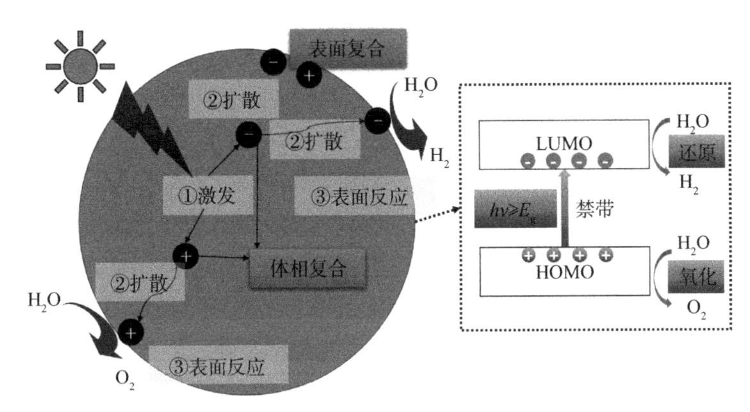

图 2-1　半导体发生光催化反应的基本过程

(注:LUMO 表示最低未占有分子轨道,HOMO 表示最高占有分子轨道)

在光催化分解水反应中,主要是利用产生的电荷解离水。光生电子将水分子还原为氢气分子,而光生空穴会将水分子氧化为氧气分子。光催化分解水的具体反应如下。

光还原:$2H_2O+2e^- \xrightarrow{h\nu} H_2+2OH^-$　　$E^{\ominus}_{H^+/H_2}=0\ V$,标准氢电极电势

光氧化:$2H_2O \xrightarrow{h\nu} O_2+4H^++4e^-$　　$E^{\ominus}_{O_2/H_2O}=+1.23\ V$,标准氧电极电势

光催化分解水反应对半导体的能带结构有一定要求。为了引发氧化还原反应,半导体的价带最高位置应该比水氧化电势(+1.23 V)更正,半导体的导带最低位置应该比水还原电势(0 V)更负。因此,分解水反应的光催化剂的最小能带间隙为 1.23 eV。半导体的禁带宽度、价带位置和导带位置是决定该半导体能否发生光催化反应的先决条件。

然而,即使在有牺牲剂存在的条件下,研究光催化分解水的半反应过程时,光生电子和空穴的快速复合也是限制光催化活性的一大原因。在光催化过程中,电子-空穴对在几飞秒内产生,而它们迁移到反应位点则需要数百皮秒,与表面吸附的反应物发生反应需要几纳秒到几微秒。然而,电子和空穴复合需要几皮秒到几十纳秒,特别是电子和空穴在体相中的复合只需要几皮秒,速度远高于电荷运输过程和表面反应过程。这意味着大部分的光生电子和空穴都在光催化剂的体相中复合了,只有少部分的光生电子和空穴迁移到表面参与后续的反应。因此,高效的光催化剂除了需要合适的禁带宽度、恰当位置的导带和价带用于氧化还原反应外,还需要较高的电子和空穴的传输和分离效率。

总之,设计新型高效的光催化剂的关键技术在于:①设计具有适当禁带宽度和更强可见光吸收性的半导体光催化剂,提升光催化反应过程的上限;②促进载流子的迁移过程和分离过程,降低电子和空穴发生复合的概率,提高反应过程对载流子的利用效率;③在催化剂的

表面提供更多的活性中心，提高光生电子和空穴在催化剂活性位点的反应速率，促进整个光催化反应过程。

2.3 光催化的应用

2.3.1 光催化分解水

研究人员正在深入研究光化学分解水的反应机理，以期将太阳能转化为燃料形式的化学能。氢是一种关键的太阳能燃料，因为它可以直接用于内燃机或燃料电池中，或与 CO_2 发生催化反应制成含碳燃料。太阳能分解水的方法包括：半导体颗粒本身作为光催化剂和光电极；半导体颗粒直接或间接与电催化系统相连制成光伏电池。可见光分解水的效率低下是光化学中一个长期存在的问题。原则上，可见光和近红外光都可以直接分解水，因为 H_2/H_2O 和 H_2O/O_2 半电池反应的电势差仅为 1.23 V。Bolton 等研究分析了 H_2/H_2O 的热力学，通过研究光分解水的详细过程得出了结论：水分解后有可能以氢的形式存储了约 12% 的入射太阳能。Zhou 等报道了有序介孔黑色 TiO_2 材料的简便合成方法，介孔结构的出现不仅促进了 H_2 在 TiO_2 中的扩散，还抑制了相位变换，使得该材料具有良好的光催化析氢性能。Yu 等通过水热处理钛酸四丁酯和氢氟酸混合物制备出暴露（001）面的 TiO_2 纳米薄片，然后在 TiO_2 纳米薄片上光化学还原沉积铂纳米颗粒，发现氟化的表面和暴露面（001）的协同作用可以大幅提高光催化活性。但在实践中，几乎没有使用可见光催化分解水的应用，主要原因是光催化在实际的工业生产中存在很多问题。

Christoforidis 等构筑了 $g\text{-}C_3N_4$（石墨相氮化碳）/CNTs（碳纳米管）光催化剂来提高分解水产氢活性。他们采用了多种类型的碳纳米管，例如多壁碳纳米管、双壁碳纳米管以及单壁碳纳米管来改善 $g\text{-}C_3N_4$ 光催化剂的性能。研究发现，随着碳纳米管壁数的减少，光生载流子的稳定性增强、含量增加，从而改善了光催化产氢活性。这主要归因于从 $g\text{-}C_3N_4$ 到碳纳米管的增强的电子转移，这在单壁碳纳米管上表现最明显，它的电子转移效率更高，更快的电荷载流子分离将促进更多的 H_2 产生。元素掺杂也常常被用来提升光催化剂的性能。Wu 等采用热解和冷冻干燥相结合的方法自组装合成了珊瑚状三维多孔磷掺杂的 $g\text{-}C_3N_4$ 管。由于一维管状结构、二维纳米片和 P 掺杂相结合的综合优势，制备的催化剂具有更高的比表面积、更强的光吸收能力和更高的载流子分离与转移效率。此外 Moon 等通过原位掺入技术合成了 K 和 P 共掺杂的 $g\text{-}C_3N_4$，合成的光催化剂显示出极高的光催化效率，是普通 $g\text{-}C_3N_4$ 的 25 倍。越来越多的改性方法被用于半导体光催化剂的优化，以期得到更高效的光催化系统。

2.3.2 光催化还原二氧化碳

人类为了推动经济的发展和社会的进步需要燃烧石油、煤炭等化石燃料，释放的 CO_2 等温室气体是导致全球气候变暖的主要原因。因此，开发减少 CO_2 排放的技术势在必行。目前，CO_2 减排的主要方法包括：① CO_2 捕获和封存；②提高 CO_2 的转换和利用率。CO_2 捕获和封存技术是为减少 CO_2 排放而开发的一套技术。CO_2 捕获是利用单乙醇胺等化学吸

附剂将 CO_2 从气体混合物中分离出来，或者利用活性炭、金属有机骨架化合物（MOFs）等固体吸附剂进行物理吸附、膜分离和低温分离来达到分离 CO_2 的目的。CO_2 是一种高度稳定的分子，其 C═O 键键能较大且碳原子的氧化态最高，因此必须投入大量能量和催化剂才能使 CO_2 转化为有价值的化学物质。将 CO_2 转化为有价值的化学物质的主要途径有光催化还原、化学固定、电催化、加氢等。其中，CO_2 光催化还原的方法备受关注，因为它可以利用太阳能将 CO_2 转化为燃料和其他化学物质，是一种绿色、可持续的方法。1978 年，Halmann 报道了利用电化学电池进行 CO_2 光电化学还原的开创性工作。随后，Inoue 等研究发现，利用氙灯或汞灯照射 TiO_2 等半导体的溶液，可以将 CO_2 还原为甲醇、甲酸和甲醛。目前有很多光催化剂被研制出来进行 CO_2 光催化还原，例如 TiO_2、CdS、ZnO、ZnS、Fe_2O_3、g-C_3N_4、Ag_3PO_4、MOFs 及其复合材料。

2.3.3　光催化降解有机污染物

随着空气和废水中顽固有机污染物的不断增加，各国的环境法律法规变得更加严格。因此开发新的环保方法来降解这些污染物成为一项紧迫的任务。高级氧化过程（AOPs）依赖于原位生成的高活性的自由基，可利用太阳能、化学能或其他形式的能源。AOPs 最吸引人的特点是，原位生成的高活性的自由基可以选择性地破坏多种有机化学底物。在多相光催化中，AOPs 已经成为降解水中和大气中有机污染物的有效手段。Kraeutler 和 Bard 等报道了关于光降解有机化合物及其反应参数的研究。Tong 等首次提出了一种简便有效制备 g-C_3N_4/TiO_2 纳米复合材料的方法，制备得到的 g-C_3N_4/TiO_2 纳米复合材料在可见光和模拟阳光照射下，对罗丹明 B（RhB）的降解效率高于 TiO_2、g-C_3N_4 及其混合物。Dai 等以 g-C_3N_4 纳米片为可见光催化剂，通过简单的水热法构建了表面氟化的 TiO_2/g-C_3N_4 纳米片的耦合异质结构（简称异质结），制备了界面面积显著增加的 g-C_3N_4/F-TiO_2，它可以在 410 nm 发光二极管（LED）光照射下降解亚甲基蓝（MB）。光致发光（PL）光谱测量和光电化学分析表明，g-C_3N_4/F-TiO_2 的电子和空穴的复合速率明显降低。

例如，Yu 等制备了 TiO_2/g-C_3N_4 Z 型异质结用于甲醛的降解。他们研究发现，通过调整该光催化剂中单个半导体的含量，可以提高光生电子和空穴的分离效率，进而优化其光催化降解性能。Huang 等对 TiO_2 进行了界面调控，发现光生电子可以积聚在 TiO_2 的（101）面，之后可以快速迁移到 g-C_3N_4 上参与还原反应，而光生空穴则可以在其（001）面停留下来参与氧化反应。经过界面工程处理的 TiO_2/g-C_3N_4 光催化剂的光生电子和空穴的分离效率得到了大幅提高，因此具有较好的降解活性。Xiao 等通过精准控制原位水解和聚合过程，合成了空心球状的 WO_3（三氧化钨）/g-C_3N_4 异质结构。壳层由 WO_3 和 g-C_3N_4 纳米颗粒组成，具有丰富的活性中心。空心结构使得更多的入射光被反射利用，产生更多的光生载流子，同时载流子也可以有效地分离，进而有效降解盐酸四环素以及头孢噻呋钠。

目前，半导体纳米颗粒、金属氧化物和多金属氧酸盐等无机材料被广泛用于光催化降解有机污染物领域。然而，大多数无机材料只能在紫外线照射下工作，这限制了它们的实际应用。MOFs 中金属和有机配体具有广泛的可选择性，这使得其具有可调节的吸收带，因此 MOFs 也成了高效降解有机污染物的光催化剂的开发平台。

第 3 章　半导体光催化材料的理化性质

3.1　金属氧化物

3.1.1　二氧化钛（TiO_2）

TiO_2 具有抗光腐蚀性、无毒、环境友好、价廉和制备方法简单等优点，是应用最广泛的光催化剂。TiO_2 是一种典型的 N 型半导体，早在被用作光催化剂之前，TiO_2 作为高品质的白色颜料就已经被广泛应用。TiO_2 的常见晶相为锐钛矿（四方晶系）、金红石（四方晶系）和板钛矿（斜方晶系）等。从热力学角度来看，最稳定的晶相是金红石相，一般在很高的煅烧温度下形成，通常比表面积不大。而锐钛矿相在较低温度下结晶形成，是研究最多的一种 TiO_2 晶相。板钛矿相由于加热不稳定很难以纯相形式存在。锐钛矿相 TiO_2 由于导带的还原电势较高，使电子转移的驱动力更强，是目前公认的活性较高的一种纯相。锐钛矿相经高温处理会逐渐转变为金红石相。Hurum 等通过电子顺磁共振（EPR）表征证明了含锐钛矿和金红石混相的 TiO_2 的光催化性能明显高于纯锐钛矿相和纯金红石相 TiO_2 的性能，并把活性提高的原因归结为异相结加速了光生载流子的传输。如广泛使用的 Degussa（德固赛）P25（即平均粒径为 25 nm）光催化剂就是由大部分的锐钛矿相 TiO_2 和少部分的金红石相 TiO_2 构成的。

TiO_2 三种晶相的基本结构单元都是钛氧八面体[TiO_6]，但配位对称性有所不同。金红石中[TiO_6]对称性最好，为拉长的正八面体，存在四重对称轴；锐钛矿中，[TiO_6]结构发生畸变，由四重轴对称变为两重轴对称；板钛矿的[TiO_6]对称性则进一步变差。此外，锐钛矿、金红石和板钛矿中，基本结构单元[TiO_6]的连接方式也有所不同。锐钛矿中每个结构单元[TiO_6]与周围 8 个八面体相连，其中 4 个为共边连接，4 个为共点连接；金红石中每个结构单元[TiO_6]与周围 10 个八面体相连，其中 2 个为共边连接，8 个为共点连接；板钛矿中每个结构单元[TiO_6]周围包含 3 个共边连接和 5 个共点连接的八面体。

TiO_2 一直被视为最有应用前景的光催化剂，但其光催化效率较低，因此需要对其进行改性，以满足能源开发和环境治理要求。为此，科研工作者进行了大量的研究，下面介绍几种主要的 TiO_2 改性方法。

（1）金属离子或非金属元素掺杂

制备可见光响应的光催化剂最有效的途径之一是通过离子掺杂在禁带引入杂质能级。在禁带中，处于价带上方的施主能级和导带下方的受主能级都可以促进光催化的可见光响应。早在 1982 年，Borgarello 就将 Cr^{5+}掺杂到 TiO_2 中，实现了可见光分解水。到目前为止，包括 V^{5+}、Ni^{2+}、Cr^{5+}、Mo^{5+}、Fe^{3+}、Sn^{5+}、Mn^{5+}等很多离子都被掺入 TiO_2 中用于引入杂质能级。1994 年 Choi 课题组研究了掺杂金属离子对 TiO_2 光催化活性的影响，他们发现 Fe^{3+}、Mo^{5+}、

Ru^{2+}、Os^{2+}、Re^{5+}、V^{5+}和 Rh^{2+}等离子掺杂可以大幅提高 TiO_2 的光催化活性，然而 Co^{3+}和 Al^{3+}掺杂则抑制了 TiO_2 的光催化活性。EPR 结果表明，掺杂 Fe^{3+}、V^{5+}的 TiO_2 出现了 Ti^{3+}的信号，降低了光生载流子的复合速率。

非金属元素掺杂也是减小禁带宽度、实现可见光驱动的有效手段。到目前为止，人们对 B、C、N、S、F（分别为硼、碳、氮、硫、氟元素）等非金属元素掺杂的 TiO_2 均有研究，掺杂后的光催化剂带隙跃迁吸收明显红移，在可见光区的吸光度明显高于未掺杂的 TiO_2。其中，研究最为深入的为 N 掺杂的 TiO_2，其可以通过在 NH_3 气氛下煅烧、$(NH_2)_2CO$ 与 $Ti(OH)_4$ 共热、六亚甲基四胺与 TiO_2 高能球磨、化学气相沉积等方法制备。学者一般认为掺杂的 N 元素取代了晶格 O^{2-}，形成了 O—Ti—N 键。Asahi 对 C、N、F、P 和 S 元素掺杂的锐钛矿 TiO_2 进行了理论计算，结果表明 N 掺杂可以促使 N 2p 轨道与 O 2p 轨道发生杂化，促使价带能级电势降低，从而减小禁带宽度，使催化剂具有可见光响应的光催化活性。

（2）半导体复合

半导体复合也是提高光催化活性的有效途径，当两种导带、价带能级位置不同的半导体复合时，复合半导体之间形成异质结，受入射光激发的半导体所产生的电子将由较高的导带能级注入较低的导带能级，从而使光生电子在半导体异质结之间能够发生定向转移，抑制其与空穴的体相复合，提高了光生载流子的分离效率。如果受激发的半导体的禁带宽度较小，那么该复合催化剂可以有效利用可见光；如果受激发的半导体的禁带宽度较大，那么在紫外光照射下，也可以提高光生载流子的分离效率。

So 等通过水热法制备了 CdS-TiO_2 复合半导体，由于复合半导体中 CdS 的禁带宽度较小（2.4 eV），该催化剂在可见光下具有较高的分解水制氢活性，CdS-TiO_2 具有比单一 CdS 和 TiO_2 更高的活性。Chen 等用球磨法合成了 ZnO-TiO_2 复合半导体，该催化剂在紫外光下比单一组分催化剂具有更高的光催化还原性能。除此之外，CdSe-TiO_2、SnO_2-TiO_2、PbS-TiO_2、WO_3-TiO_2 等复合半导体也有报道。与此同时，同种半导体之间的异相结复合也引起了人们的广泛关注。Zhang 等率先提出了异相结的概念，并对 TiO_2 的锐钛矿与金红石形成的异相结光催化剂和 Ga_2O_3（三氧化二镓）的 α 相与 β 相形成的异相结光催化剂进行了深入的研究，发现在合适的比例下，异相结复合可使光催化剂的电子与空穴的分离效率大幅提高。

（3）贵金属负载与表面等离子体修饰

贵金属负载是提高光催化活性的重要途径之一。从能级结构的角度来看，贵金属的费米能级一般低于半导体的费米能级，因此，当半导体中的价带电子受入射光激发跃迁至导带时，受激发电子将迁移到贵金属中，参与后续的还原反应。同时，半导体中的空穴将迁移到表面，引发氧化反应。从以上分析可以看出，负载贵金属将促进光生载流子的分离。余家国等对负载 Pt 纳米颗粒的 TiO_2 纳米片的光催化性能进行了研究，发现负载 Pt 之后，催化剂的光解水产氢活性比未负载的 TiO_2 纳米片提高了 111 倍。他们认为 Pt 纳米颗粒在 TiO_2 纳米片表面可以形成肖特基势垒，从而抑制光生载流子的复合。Jovic 等深入研究了负载 Au（金）的光催化剂 P25（简写为 Au-P25）的光催化性能，发现在紫外光下，Au-P25 的产氢能力比 P25 有了大幅提高。当采用化学溶解法分别将 P25 中的锐钛矿或金红石溶解后，所得催化剂的活性均出现下降，只有在 Au、锐钛矿和金红石三者相互接触时，催化剂才具有最高的活性。除 Pt、Au 负载的 TiO_2 外，贵金属 Ag、Pd、Rh、Ru 等负载的 TiO_2 均有相关报道，并表现出了良好的光催化活性。

在以上所涉及的负载贵金属的 TiO_2 催化剂中，催化剂需经过入射光激发产生受激发电子，贵金属纳米颗粒的作用是促进光生电子与空穴的分离。然而研究发现，负载贵金属的催化剂，尤其当负载的纳米颗粒为 Au 或 Ag 时，得益于其表面等离子体共振（SPR）效应，贵金属纳米颗粒在可见光下能够直接转化并利用太阳能，使光催化剂具有可见光活性，这一类催化剂被称为表面等离子体共振光催化剂（简称 SPR 光催化剂）。最早报道这一类型催化剂的是 Awazu 课题组的研究人员，他们将物理光学领域的表面等离子共振的概念引入光催化中，制备了 $TiO_2/Ag/SiO_2$ 这一催化剂，该催化剂的紫外-可见漫反射光谱（UV-vis DRS）显示其在可见光区有明显的 SPR 吸收，活性测试显示其在可见光下具有明显的降解甲基蓝的活性。2008 年 Wang 等报道了另外一种表面等离子体光催化剂——Ag@AgCl，该催化剂对可见光有强烈的吸收，且在可见光降解甲基蓝方面表现出惊人的活性和稳定性。2012 年 Tsukamoto 等报道了负载 Au 纳米颗粒的 P25，Au-P25 在可见光及太阳光下对醇类具有很好的选择性氧化活性。他们提出了可见光下 Au-P25 的反应机理，认为可见光下 Au 纳米颗粒的 SPR 效应可以使电子注入 P25 导带上，同时自身处于氧化态，可以将反应液中具有还原性的底物氧化，而注入导带中的电子则可以引发还原反应。这一结果揭示了 SPR 光催化剂在选择性氧化方面的应用潜力。

然而，TiO_2 光催化剂的工业化应用还有很长的路要走。归结起来，主要有两方面因素限制了 TiO_2 的实际应用。一是其禁带宽度过大，需要紫外光激发才能发生反应，但是紫外光只占太阳光谱的 5%，只有小部分入射光能参与 TiO_2 的光催化反应，因此拓展 TiO_2 的吸光范围是很有必要的。二是光生载流子的快速复合导致太阳能的转化效率较低。

3.1.2 三氧化钨（WO_3）

WO_3 具有特殊的光催化和电致变色性能，因此被认为是一种很有前途的材料。作为 N 型半导体，它具有比 TiO_2 更窄的光学带隙（2.7 eV）。它的价带位置与 TiO_2 非常接近，因此它的导带上的光生电子具有与 TiO_2 相似的氧化能力，能够发生光分解水产氧反应。然而，WO_3 的导带位置比 TiO_2 更低，同时低于 H^+/H_2 电势，因此 WO_3 导带上的电子的还原能力是有限的，不足以发生光解水产氢反应。WO_3 由于在土壤中含量丰富、组成高度可调、在适当 pH 值下化学稳定性高和导电性优异而备受关注。WO_3 的晶体结构由[WO_6]八面体共享角或边构成，WO_3 具有很多稳定的晶相。

WO_3 的主要晶相包括四方晶相（α-WO_3）、斜方晶相（β-WO_3）、单斜晶相Ⅰ（γ-WO_3）、三斜晶相（δ-WO_3）、单斜晶相Ⅱ（ε-WO_3）、正交晶相（orth-WO_3）和六方晶相（hex-WO_3）等，各晶相的主要区别是[WO_6]八面体的倾斜角度和旋转方向不同。WO_3 在热处理或冷却过程中会发生形态演变或相转变。不同晶相的原始[WO_6]八面体的扭曲程度不同，导致不同晶相 WO_3 的电子能带结构有很大区别，因此不同晶相的 WO_3 的光催化性能差别很大。在多种晶相中，WO_3 单斜晶相的结构在室温下最稳定，它也是研究最广泛的晶相。单斜晶相的 WO_3 可以吸收可见光（E_g = 2.5~2.8 eV）。填充的 O 2p 轨道形成价带，空的 W 5d 轨道形成导带。WO_3 的导带位置较低，电势的还原性不足以将水还原为氢气，但是价带电势的氧化性足以将水氧化为氧气，所以 WO_3 通常被用作可见光激发的光催化分解水产氧反应的催化剂。此外，WO_3 还可应用在染料敏化太阳能电池和气体传感器等领域。因为 WO_3 的晶格扭曲程度较高，所以其晶格可以承受相当多的氧空位。很多缺氧的 WO_3（WO_x，$x<3$），如 $WO_{2.9}$（JCPDS No. 05-0386）、$WO_{2.83}$（JCPDS No. 36-0103）和 $WO_{2.72}$（JCPDS No. 71-2450）等都具有稳定的晶相，且具有稳定的可以延伸到近红外（NIR）（780~1 100 nm）区域的很强的光吸收能力。WO_3 晶相中的氧空位作为浅施主能级，可以提高 WO_3 的导电性和施主密度，进而增强其对表面物种（如 CO_2、H_2 和 NO_2）的吸附，因此 WO_3 在光催化和光电催化中应用广泛。

（1）缺陷产生方法

在 W 氧化过程中提供有限的氧气、为 WO_3 提供温和的还原条件（N_2、Ar、H_2 等）以及化学还原是大多数缺陷合成的条件和方法。Zhang 等通过热分解氯化铵（NH_4Cl）、缺陷型钨酸（H_2WO_4）和双氰胺（$C_2H_4N_4$）的混合物解制备了 WO_{3-x}/2D g-C_3N_4 异质结。NH_4Cl 的存在，一方面营造了缺氧环境，另一方面可以剥离块状 g-C_3N_4，该方法可获得含有氧空位的 WO_{3-x} 和 g-C_3N_4 纳米片，WO_{3-x} 中的氧空位可拓宽光吸收范围，提高光吸收能力。此外，g-C_3N_4 纳米片将提供更多的活性中心并缩短电荷载流子传输距离，且 g-C_3N_4 和 WO_{3-x} 之间形成的异质结可以进一步提高光生电荷载流子的分离效率。氧空位可以充当异质结界面光生电子和空穴的复合中心。2011 年 Chen 等在 H_2 气氛下处理 TiO_2 制备了黑色 TiO_2，它包含 Ti^{3+}和氧空位，这种颜色和结构改性显著地拓宽了光的吸收范围，由原来的不可以吸收可见光到可以吸收可见光和接近 1 200 nm 的红外光，并且可以促进光生电子和空穴的分离，同时该黑色 TiO_2 具有极高的稳定性。Wang 等通过在缺氧环境（纯 N_2 气氛、纯 H_2 气氛、N_2 和 H_2 混合气氛）中处理 WO_3，成功地将表面和体相氧空位引入 WO_3 中，同时详细表征了不同的氧空位对电子能带结构的调变作用。Liu 等在不同温度下用 H_2 处理 WO_3 材料，在 H_2 处理过程中，表面 WO_3 层被部分还原，形成了 H_xWO_3-WO_3 复合材料。H_xWO_3 具有较高的电导率，可以在光催化过程中充当 WO_3 的还原助剂，可以促进电子的转移。在 200 ℃下用 H_2 处理过的 WO_3 的活性可以提高到原来的 2.3 倍。Li 等通过在一定温度下进行空气处理将氧空位引入 WO_3 纳米结构中，并将与经过 H_2 处理的 WO_3 进行比较。研究发现，经过空气处理引入的一定数量的氧空位可以捕集和转移电子，从而降低电子和空穴的复合速率并提高电导率，而经过 H_2 处理引入的大量氧空位可以促进电子和空穴的复合。化学还原法是在还原剂的作用下，将半导体还原形成氧空位。最常见的还原剂为硼氢化钠（$NaBH_4$）。Fang 等采用低成本的 $NaBH_4$ 作为还原剂，通过简单的一步煅烧方法成功制备了 Ti^{3+}自掺杂的 TiO_2。EPR 光谱证实了 Ti^{3+}存在于样品的体相中而不是表面上，这是在可见光照射下催化剂具有较高光催化性能的原因。

（2）缺陷的作用

半导体金属氧化物中的氧空位对于改进光催化活性至关重要。一方面，氧空位的局域电子可以形成缺陷能级，从而扩展光响应范围。另一方面，具有典型缺陷状态的表面氧空位可以捕获电子或空穴来阻止它们的复合。此外，氧空位周围的配位不饱和金属原子可以有效地捕获和活化反应物。接下来从调节能带结构、促进电荷载流子分离和促进表面反应三个方面来描述氧空位的作用。

只有能量高于或等于带隙能量（$h\nu \geqslant E_g$）的光子才能激发半导体产生电子-空穴对。将半导体的带隙变窄是拓宽光子吸收范围的有效策略。当氧原子从晶格中移出时，多余的电子转移并注入相邻金属原子的空的 3d 轨道，并在价带的下方形成一个浅施主能级。随着抽取的氧原子的数量逐渐增加，浅施主能级将会提升甚至与导带重叠。例如，对于 TiO_{2-x}，在计算的状态密度中可以观察到两个缺陷态。一个来源于 Ti 3d 轨道，另一个则为 Ti 3d 轨道与 O 2p 轨道的杂化。此外，不饱和金属原子还可以向缺陷位点周围的氧原子提供电子，形成高于价带最大值的施主能级，记录为 O 2p 施主态。这些施主态将会缩小半导体的带隙。

在产生电子-空穴对之后，光生电荷载流子的重组将与电荷载流子的转移和分离产生竞争。构建氧空位可以缩小带隙，进而增大材料的电导率。表面氧空位可以用作反应位点并捕获分离的光生电荷载流子，以用于随后的表面反应。但是在半导体光催化剂中构建氧空位对于分离光生载流子具有两面性。大量的氧空位也可以充当重组中心，从而导致电荷载流子分离效率降低。例如，Li 等在一定温度下经过空气处理在 WO_3 纳米结构中引入了氧空位。研究发现：经过空气处理引入的一定量的氧空位可以捕获和转移光生电子，从而降低电子和空穴的复合速率，提高电导率；而经过 H_2 处理引入的大量氧空位会促进电子和空穴复合，破坏六方隧道结构，导致光催化活性和电化学性能降低。

光催化反应在表面活性位点进行。表面活性位的固有原子结构和电子结构对催化活性和选择性至关重要。氧空位不仅会创建具有不同配位数和悬挂键的活性位点，而且会增加局部电子密度。例如，Li 等证明具有氧空位的 BiOBr 纳米片可以有效地将大气中的 N_2 还原成 NH_3。密度泛函理论（DFT）计算表明，N_2 几乎不会被吸附在不含氧空位的 BiOBr 表面上，但可以被吸附在含有氧空位的 BiOBr 表面上。Wan 等证明 TiO_2 纳米片的表面氧空位利用 Ti—Au—Ti 化学键较好地固定了 Au 单原子，并且这种化学键降低了能垒，最终提高了光催化性能。

3.2 非金属化合物

3.2.1 石墨相氮化碳（g-C_3N_4）概述

石墨相氮化碳与它的前驱体的研究及应用可以追溯到 1834 年，Berzelius 和 Liebig 首先成功合成了这种物质，并将其命名为蜜勒胺（Melon）。随后在 1922 年 Franklin 更深层次地解读了这种物质结构，构建了“C_3N_4”的概念，并指出该化合物可以通过各种氨基碳酸彻底脱氨来获得。之后，Pauling 和 Sturdivant 在 1937 年发现 C_3N_4 的结构单体为三均三嗪环。1940 年 Redemann 和 Lucas 指出该化合物的“Melon”结构呈现出与石墨烯类似的二维平面结构。1972 年 Fujishima 和 Honda 发现了震惊科学界的光作用下的水分解现象，至此光催化技术开始走进科研领域，逐渐成为研究前沿。紧接着，各种各样的无机半导体被研究和改性以提高光催化反应活性。然而，直到 2009 年，Wang 等才发现 g-C_3N_4 是一种 N 型无金属聚合物半导体，并首次将其用于光催化制氢。自此，该材料逐渐成为研究的热点，引起众多研究者的关注。

g-C_3N_4 是一种与石墨烯具有相同特性的二维层状结构，它包含 C、N 和少许 H 元素，其结构单体可以分成两类（图 3-1），一类是三均三嗪环（C_6N_7）结构，另一类是三嗪环结构

（C_3N_3）。如果 g-C_3N_4 由规则的三均三嗪环单元构成，那么根据相关理论计算可以发现该结构的能量较低，在常温常压下是非常稳定的相，这是大家非常愿意去合成的一种结构。根据先前的文献研究，合成 g-C_3N_4 的常用前驱体（尿素、氰胺类或硫脲）经过热聚合制备出的 g-C_3N_4 的结构均由稳定的三均三嗪环单体延伸构成，这证明三均三嗪环是 g-C_3N_4 的重要组成部分。构建具有良好性能的光催化系统需要高效光催化剂作为支撑，根据上述内容，将主要的影响因素划分为以下几点：①可以有效地对光进行吸收，包括较宽的吸收光谱范围以及较强的响应能力；②具有适宜的能带结构，可以满足反应热力学和动力学对价带和导带的电势位置的要求；③在反应过程中可以保持优异的化学和物理稳定性。g-C_3N_4 这种半导体结构是基本符合这些关键要点的，因此有望对该材料进行研究改性以制备高效光催化剂。

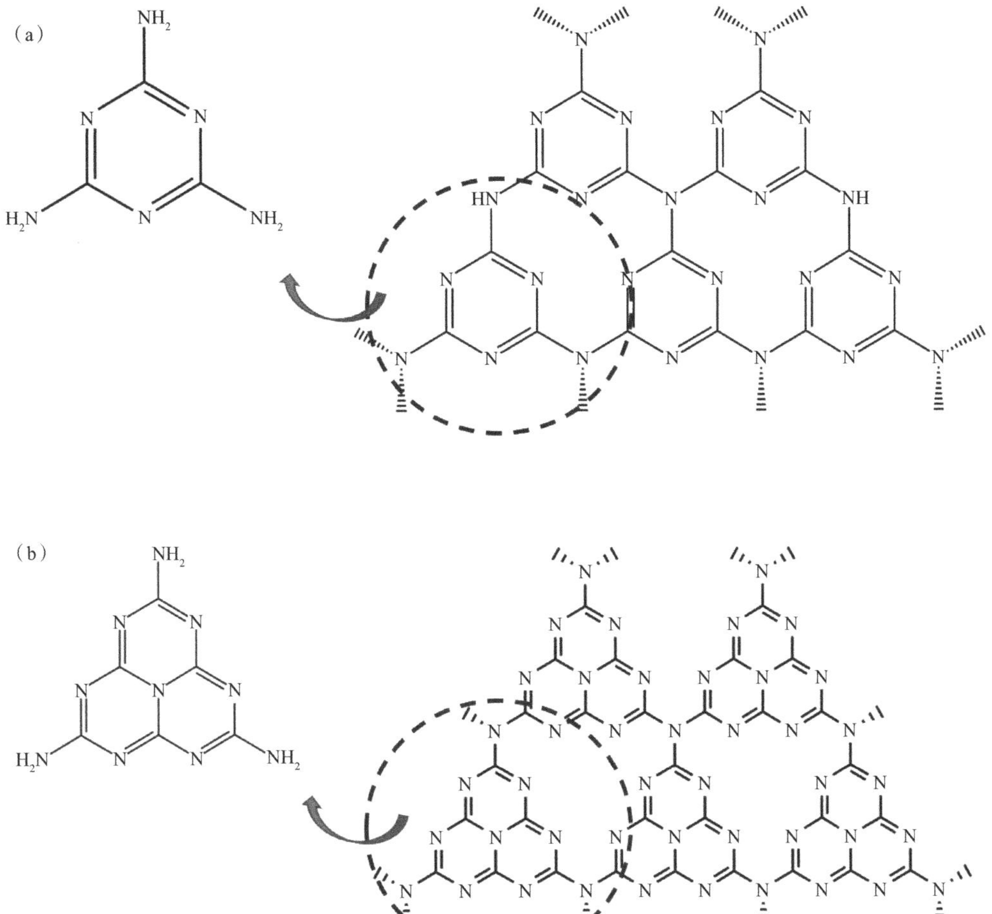

图 3-1　g-C_3N_4 的基本结构

（a）三嗪环（C_3N_3）（b）三均三嗪环（C_6N_7）

g-C_3N_4 在常温常压下不溶于水、一般的有机溶剂（乙醇、丙酮等）以及浓度低的酸和碱，这对于进行非均相反应是非常有利的。同时它具有优越的热稳定性，在空气中，即使在高达

600 ℃的温度下也是非常稳定且不易挥发的。此外，$g-C_3N_4$ 不像常规的 TiO_2 光催化剂，它表现出典型的 π 共轭体系的二维层状形貌，并且带隙值大小合适（约 2.7 eV），因此它不仅可以吸收紫外光，还可以吸收部分可见光（450~460 nm）。研究发现，$g-C_3N_4$ 的导带和价带的位置相对于标准氢电极分别为-1.3 eV 和+1.4 eV，它们分别超过了水分解产生 H_2 和 O_2 的还原和氧化电势。这表明光激发 $g-C_3N_4$ 产生的电子和空穴分别有能力进行各种还原反应（水分解产氢、CO_2 还原）和氧化反应（水分解产氧、光催化有机物降解）。同时它的生产成本较低，还不会对环境造成二次污染。

目前，常用的合成 $g-C_3N_4$ 的方法包括熔盐法、热聚合法、溶剂热法、电化学沉积法以及气相沉积法等。热聚合法是其中较为便捷的方法之一。实验室使用的前驱体一般有尿素、硫脲、氰胺、双氰胺以及三聚氰胺等。当使用尿素作为合成 $g-C_3N_4$ 的前驱体时，可脱去氧化合物来促进氮化碳的缩合，从而实现结构的完善。所制备的光催化剂由于扩展了比表面积，提高了在可见光下降解染料的催化性能。如果氧（O）原子被硫（S）原子代替，以硫脲为前驱体，在高温下同样可以进行自聚合形成 $g-C_3N_4$ 网状结构，并且硫可以促进“Melon”结构的连接和延伸，使得缩聚反应更好地进行。Zhang 等将硫脲作为单一的 $g-C_3N_4$ 前驱体，研究了不同煅烧温度的影响，经过表征发现硫的存在加快了热聚合过程，并且将温度提高到 650 ℃还可以促进催化剂本身的局部分解，在块状 $g-C_3N_4$ 中原位形成纳米结构，最终优化了半导体的电子和光学特性。

3.2.2 石墨相氮化碳改性方法

$g-C_3N_4$ 由于具有合适的能带结构、良好的稳定性、成本低、无毒等优点成为光催化领域令人瞩目的半导体之一，研究人员致力于对 $g-C_3N_4$ 进行一系列改性修饰，以期提高它的光催化性能。修饰常用的手段有形貌调控、元素掺杂以及构建异质结等，研究人员通过采用这些手段来改变催化剂的比表面积、光吸收能力、结晶度、活性位点以及电子特性等，进而提高其光催化性能。

（1）形貌调控

$g-C_3N_4$ 半导体的质地和物理形貌是影响反应活性的关键因素。特殊形貌的 $g-C_3N_4$ 一般采用模板法或者非模板法来进行构建，常见的形貌有纳米管、纳米片、纳米空心球、纳米棒、纳米花等。Tong 等对一定比例的三聚氰胺和三聚氰酸进行水热处理，它们通过氢键和 π-π 键相互作用溶解并自组装形成稳定和可溶的络合物，该络合物呈现出理想的六角形晶体微观结构。之后在 N_2 气氛下将尿素吸附在该结构上进行热聚合处理，最终得到管状和块状 $g-C_3N_4$ 相结合的同型异质结。该催化剂在能带排布交错的异质结的作用下促进了载流子电荷的分离，同时一维（1D）超长管状结构也促进了载流子纵向迁移，提高了光吸收能力。Sun 等以纳米结构的二氧化硅为模板制造出具有不同壳厚度的高度稳定的中空氮化碳纳米球，这种中空纳米球结构可以增强内部光学反射并提高结构缩合程度，进而提高可见光照射下的催化产氢活性，由此获得了 7.5%的表观量子产率（AQE）。

纳米片结构则可以通过多种手段获得。最常见的方法是在空气气氛下对块状 $g-C_3N_4$ 进行热处理。Li 等通过在空气气氛下对大块 $g-C_3N_4$ 进行长时间热处理，对聚合得到的“Melon”结构进行自我修饰，使样品呈现出泡沫状纳米片结构，经过表征发现它含有丰富的孔结构。该催化剂表现出典型的 g-C_3N_4 结构，层间相互作用力为较弱的范德华力，层面则含有 C—N 共价键。活性结果显示，它具有优越的光催化产氢和降解污染物的能力，这归因于：①多孔二维（2D）超薄纳米片结构可以增大比表面积并且产生更多的暴露边缘和催化活性位点；②这种形貌提高了光生载流子的转移效率，同时丰富的孔结构有助于电子的跨平面传递；③超轻薄的特性使得催化剂在水中可以保持高度分散，进而大大改善其在水溶液中的性能。模板法是制备纳米片的另一种常见的方法。Xing 等以泡沫镍为原料，通过脱氢形成供 g-C_3N_4 生长成核的模板，合成了缺陷较少的高结晶度 g-C_3N_4 纳米片。首先，将泡沫镍浸入双氰胺的水溶液中，然后加热，此时双氰胺将重新结晶并固定在泡沫镍上或者填充泡沫镍的孔结构。随后，在 550 ℃的温度下对经过双氰胺改性的泡沫镍材料进行处理，在该过程中，双氰胺将会蒸发，之后在高温下通过热缩合反应形成高结晶度的 g-C_3N_4 纳米片并沉积在泡沫镍上，最后在酸刻蚀下去除泡沫镍。这种纳米片结构具有结晶度高、缺陷较少、比表面积较大等优点，延长了光生电荷载流子的寿命并促进了其有效分离。Zhu 等在不采用模板的条件下将三聚氰胺和有机磷酸均匀混合，使它们在酸碱相互作用下进行交联，然后在 N_2 气氛下进行热处理，最终生成 P 掺杂的 g-C_3N_4 纳米花。这种特殊的结构提高了光捕获能力、传质和电荷分离效率，进而有效地提高了光催化性能。

（2）元素掺杂

元素掺杂是调节能带结构和光学特性的一种有效策略，由于 g-C_3N_4 结构中存在含有孤对电子的氮（N）原子，因此很容易进行其他原子的掺杂。掺杂后的半导体会在其导带和价带之间产生掺杂能级，可以捕获光生电子，进而促进载流子的分离。常用的掺杂元素有 C、O、S、P、F、B 等。Huang 等报告了一种简便的前驱体预处理方法，采用过氧化氢（H_2O_2）预处理三聚氰胺来形成氢键诱导的超分子聚集体，然后热聚合形成同时具有新型多孔网络和 O 掺杂的 g-C_3N_4。这种预处理前驱体的方法不仅可以控制结构，而且可以引入外来原子和单体。实验和 DFT 计算表明，在 O 掺杂的 g-C_3N_4 中，O 原子优先取代孤对的 N 原子，这使得电子排列发生变化、电子密度发生改变。掺杂引起的额外电子将聚集在 N 原子周围，致使这里的电子密度显著增加，而相邻的 C 原子处的电子密度显著降低。电荷重新分布引起了电子极化效应，同时 C—N 键长度变化引起了晶格应变，使得该材料形成了有利于电子和空穴分离的内建电场。因此，该材料在多孔结构和 O 掺杂的协同作用下促进了光的捕获和电荷的分离。实验结果表明，这种材料显示出增强的光催化分解水产氢活性（在 420 nm 处的 AQE 为 7.8%），比本体 g-C_3N_4 高 6.1 倍。Fu 等通过同时进行热氧化剥落和本体 g-C_3N_4 的卷曲缩合构造了 O 掺杂的分层 g-C_3N_4 纳米管，表征结果表明在热剥离过程中 O 原子取代了配位 N 原子。这种改性手段改善了 g-C_3N_4 的能带结构，缩减了带隙值，增强了其对 CO_2 的吸附能力，最终提高了光响应能力和光生载流子的分离效率。Liu 等通过采用三聚氰胺和乙酸铵的一锅热解法制备了具有可调节能带结构且能有效分离载流子的 O 取代 g-C_3N_4。通过控制乙酸铵的用量，可以将 O 的取代浓度从 0.68%调节到 5.59%。实验和理论结果表明 O 原子取代了 C—N═C 键上的 N 原子形成了 C—O—C 键，从而进入 g-C_3N_4 的晶格中。这种元素掺杂在 g-C_3N_4 的导带以下引入了一个受主能级，不仅将 g-C_3N_4 的可见光响应扩大到 800 nm（带隙可调），而且使得光作用下产生更多的光生载流子，增强了本体电荷分离和表面电荷转移能力。所制备的目标材料表现出优异的产氢活性，在 420 nm 处的 AQE 为

13.2%，与可见光照射下的本体 g-C_3N_4 相比，达到了约 9 倍的增强效果，超过了大多数元素掺杂的 g-C_3N_4。

Yang 等通过热处理成功制备了多孔 C-I 共掺杂的 g-C_3N_4 材料，并通过碘化离子液体共聚合进行了掺杂。二次煅烧使得该材料聚合度更高、孔结构更多并且比表面积更大。在 C-I 共掺杂修饰下，所制得的催化剂在可见光下光吸收响应更强。与本体 g-C_3N_4 相比，尽管 C-I 共掺杂的多孔材料的带隙增大，但由于导带位置发生上移，该材料的还原能力增强，从而为光解水产氢提供了强大的动力。另外，光诱导电荷载流子的快速转移使可见光下的光催化活性大大提高。Guo 等通过焦磷酸钠辅助三聚氰胺的水热过程与高温焙烧制备了具有表面碳缺陷的 P 掺杂管状 g-C_3N_4。研究人员用其他磷酸盐（如磷酸铵、次磷酸钠和亚磷酸钠）替代焦磷酸钠也得到了类似的 P 掺杂 g-C_3N_4 纳米管。其中，以焦磷酸钠为掺杂源获得的样品由于掺杂的 P 元素浓度较高，改善了光捕获能力并提高了电荷载流子的转移和分离效率，因此具有最优异的反应性能。

（3）构建异质结

对于单一光催化剂，如果想具有较宽的光吸收范围，则需要窄的带隙；如果想要具有强的氧化还原能力，则需要较高的导带位置和较低的价带位置，这意味着较宽的带隙。这两种条件具有不可调和性。另外，单一的光催化半导体存在较高的电子-空穴复合率。这些缺陷促使人们合成各种各样的异质结来弥补单一半导体的不足。异质结是将两种异质结构通过某种手段耦合在一起而成的。常见的异质结包含 Type-Ⅰ 型、Type-Ⅱ 型、Z 型以及 S 型异质结。

图 3-2 是 Type-Ⅰ 型和 Type-Ⅱ 型异质结的示意图。Type-Ⅰ 型异质结由两个不同能带结构的半导体组成，两者呈现出嵌入排列形式。在光的作用下，该结构产生的光生电子和空穴会转移到同一个半导体结构上，从空间结构上可以明显看到电子和空穴不能进行有效分离。该结构的另一个缺点则是电子和空穴所在位置的氧化还原能力均是较弱的，这对于氧化还原反应的进行是非常不利的。Type-Ⅱ 型异质结则表现出交错的能带排列。在光照射后，两个半导体均激发产生光生电子-空穴对，半导体 A 上的光生电子会转移到半导体 B 的导带上，而光生空穴则由半导体 B 的价带转移到半导体 A 的价带。也就是说，光生电子和空穴分别积累在半导体 B 的导带和半导体 A 的价带上，这样就实现了光生载流子在空间上的分离。但 Type-Ⅱ 型结构与 Type-Ⅰ 型结构存在同样的缺点，那就是氧化还原能力较弱。但在过去的几十年里，Type-Ⅱ 型结构是用于改善光催化剂活性的有效且常规的异质结，很多研究者为制备不同的异质结做出了巨大的努力。例如，Zhou 等采用电泳沉积-煅烧法合成出 SnO_2/TiO_2 Type-Ⅱ 型异质结，并考察了其降解 Rhb 的性能。研究发现制备的样品具有良好的光催化活性，这是由于通过 TiO_2 和 SnO_2 之间的 Type-Ⅱ 型异质结实现了电子和空穴的快速分离。研究人员考察了不同煅烧温度对催化剂性能的影响，结果发现 400 ℃下合成的催化剂显示出最优异的催化性能。根据表征结果，较高的结晶度和较大的比表面积是催化剂活性提高的主要因素，因为这使得光生电子和空穴很难进行复合，也提供了更多可用于光催化反应的活性位点。Ong 等系统地研究了 Type-Ⅰ 型 Ag/AgCl/g-C_3N_4 和 Type-Ⅱ 型 Ag/AgBr/g-C_3N_4 异质结光催化剂对 CO_2 还原的光催化活性。研究发现由于异质结的存在，Ag/AgCl/g-C_3N_4 和 Ag/AgBr/g-C_3N_4 均表现出良好的光催化 CO_2 生成 CH_4 的还原性。由于 Ag/AgCl/

$g-C_3N_4$ 表现为 Type-Ⅰ 型异质结，光生电子和空穴不能有效地分离，这使得它的还原活性明显低于 $Ag/AgBr/g-C_3N_4$。这项研究证明，光催化剂中的 Type-Ⅱ 型异质结在改善光催化 CO_2 还原活性方面比 Type-Ⅰ 型异质结更有效。

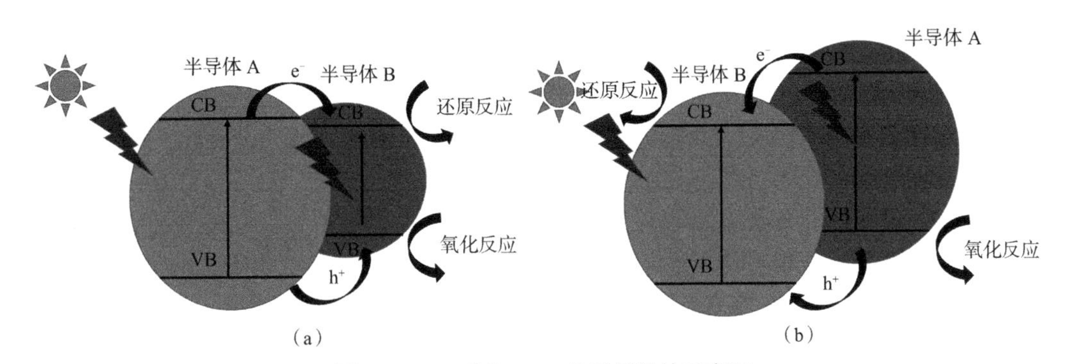

图 3-2　Type-Ⅰ 和 Type-Ⅱ 异质结的示意图

（注：CB 表示导带，VB 表示价带）

（a）Type-Ⅰ 型　（b）Type-Ⅱ 型

为了进一步改善 Type-Ⅱ 型异质结氧化还原能力较弱的缺陷，Z 型异质结应运而生。Z 型异质结与 Type-Ⅱ 型异质结具有相似的交错排列的能带结构，不同的是，在中间介质的作用下，Z 型异质结上还原能力较低的电子与氧化能力较低的空穴相复合，从而保留了还原能力较高的光生电子和氧化能力较高的空穴，不仅实现了电子和空穴在空间上的分离，而且保留了较高的氧化还原能力。根据中间介质类型的不同，将 Z 型异质结分为传统型和全固态型（图 3-3）。如果中间介质为氧化还原离子对，例如 I/IO_3^-、Fe^{2+}/Fe^{3+}等，则该类型的 Z 型异质结被称为传统型 Z 型异质结。它具有一定的缺点，例如：①由于氧化还原离子在溶液中才能迁移，所以它只能在液相中使用；②会发生副反应；③对 pH 值有一定的要求。如果中间介质为固态电子传递物（Pt、Au 等导体），则该类型的 Z 型异质结被称为全固态型 Z 型异质结。它既适用于液体也适用于气体。但是，在构筑过程中很难确保固体导体的位置恰好位于两种半导体中间，固体导体有很大的概率随机分布于半导体表面上。此外，导体本身也可以吸收光，与半导体产生竞争，导致光利用率低下。Wang 等在 2009 年制备了无介质传输的 Z 型异质结，他们发现当 ZnO 和 CdS 紧密接触时，电子和空穴转移的方式符合 Z 型电子转移机制。之后研究者构建了各种类型的直接 Z 型光催化剂用于光催化反应。2020 年 Xu 等在《化学》（*Chem*）期刊上发表了一篇关于 S 型异质结光催化剂的综述，将直接 Z 型异质结命名为 S 型异质结。该类型异质结同样是由能级交错的两个半导体构成的。如图 3-4 所示，相较于氧化型半导体（OP），还原型半导体（RP）具有更高的导带和价带位置以及更小的功函数。当两者紧密接触时，为了使两者费米能级处于平衡的位置，OP 上的电子将会自发转移到 RP 上，这使得两个半导体的界面附近形成了电子聚集层和消耗层，其中 OP 端带负电，RP 端带正电。自然地，在界面会产生一个从 RP 到 OP 的内建电场，它会加速光生电子从 OP 到 RP 的转移。由于电子的转移，OP 和 RP 的能带分别向下和向上弯曲，促进了 OP 上光生电子和 RP 上光生空穴的复合。另外在库仑吸引力的作用下，OP 上的光生电子和

RP 上的光生空穴将在界面处重新结合。通过消除无用的光生电子和空穴，保留在 RP 导带上的电子和 OP 价带上的空穴将会被用来参与还原和氧化反应。总而言之，S 型异质结的驱动力为内建电场、能带弯曲以及库仑吸引力。越来越多的研究者青睐于合成这种新型异质结。例如，Zhang 等将超小型磷硫化铜纳米晶体锚定在二维 g-C_3N_4 纳米片上形成 P—N 键，P—N 键作为 S 型异质结的界面转移通道，促进了 S 型异质结的形成。该结构使得光催化还原 CO_2 活性得到了显著提高。Li 等采用简便的液相超声与溶剂热法相结合的方式将剥离的黑磷纳米片（BP）与 BiOBr 纳米片耦合，制备了新型层状 BP/BiOBr 纳米异质结，它具有较大的界面接触面积和独特的能带结构。保留了较高氧化还原能力的 S 型异质结可以产生更多的·OH、H_2O_2 和 O_2，进而促进光催化活性。

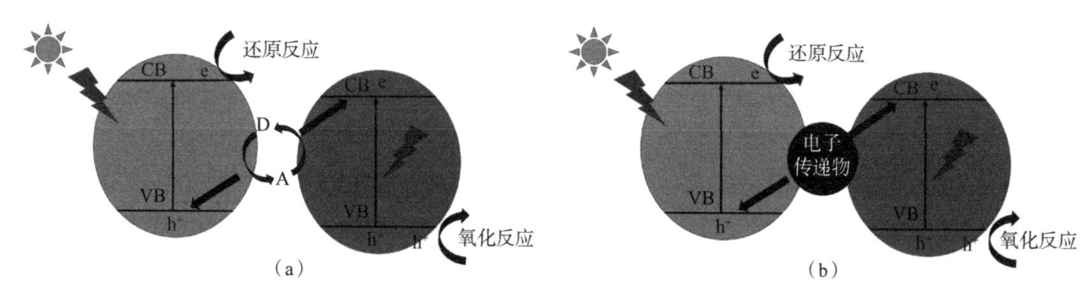

图 3-3　传统型和全固态型 Z 型异质结的示意图

（a）传统型　（b）全固态型

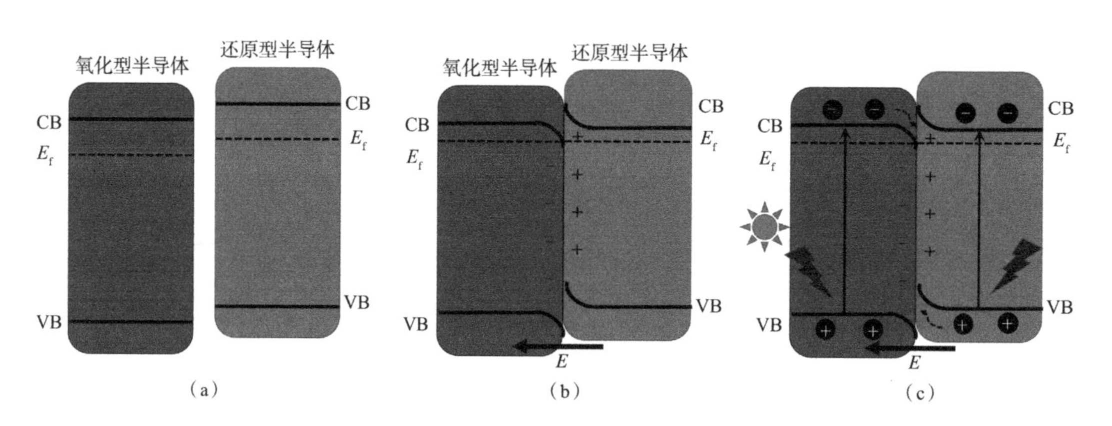

图 3-4　S 型异质结的示意图

（a）接触前　（b）接触后　（c）光照后

3.3 金属有机骨架材料

金属有机骨架化合物（MOFs）是一类新型无机-有机杂化材料，主要由无机金属团簇和有机配体连接剂通过金属与氧的配位连接而成，具有比表面积大、结构可调、孔隙率高等优点（图 3-5（a））。这些优异的性能使其在许多领域得到了广泛应用，如气体的储存与杂质的分离、催化氧化与还原、药物传递、水污染处理等。MOFs 的光催化反应过程与传统半导体相似，不同之处在于 MOFs 中 VB 和 CB 分别被描述为 HOMO 和 LUMO。MOFs 中的有机配体和金属团簇可以作为天线来获取光子，从而产生光生电子-空穴对(图 3-5(b))。

MOFs 光催化剂可分为两类：原始 MOFs 光催化剂和改性 MOFs 光催化剂。原始 MOFs 的光催化性能是具有催化活性的有机配体与不饱和金属位点相互作用的结果。大多数原始 MOFs 光催化剂具有较大的禁带宽度，不吸收可见光，这大大限制了原始 MOFs 的实际应用。改性 MOFs 光催化剂，是指对 MOFs 中的有机配体或者金属团簇进行改造以增加光的吸收或降低光生载流子的复合速率来提高光催化活性的光催化剂。到目前为止，已经有许多方法可用于提高太阳光照下 MOFs 的光催化性能，包括金属团簇的掺杂，有机配体的修饰，半导体、光敏剂与 MOFs 的复合等。

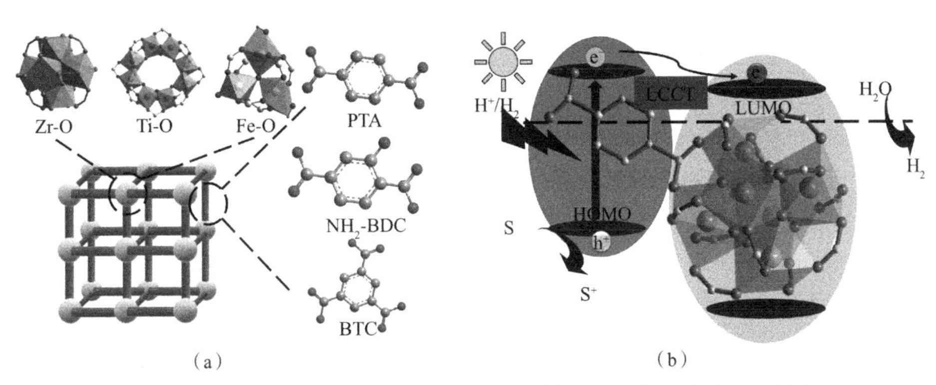

图 3-5 MOFs 无机-有机杂化结构和 UiO-66 光解水光生载流子转移过程示意图

(a)MOFs 无机-有机杂化结构示意图 (b)UiO-66 光解水光生载流子转移过程示意图

3.3.1 原始金属有机骨架材料

在大量出现的 MOFs 中，Zr 基 MOFs——UiO-66 无疑是最适合人工改造修饰的材料之一。该材料由 $Zr_6O_4(OH)_4$ 次级结构单元(或称团簇)和 1,4-苯二甲酸酯连接基的立方框架组成，最终形成了含有 1 个八面体中心笼和 8 个四面体角笼的三维网状结构。其中 $Zr_6O_4(OH)_4$ 团簇的最高配位数为 12，并且在各种热化学条件下均能稳定存在。尽管 2 个羧酸基团的存在大大降低了亲电芳香烃取代的活性，但是该材料优越的性能仍使它具有良好的发展前景。

虽然 UiO-66 在光催化领域很有前景，但是它的有机配体不能吸收可见光，只能吸收紫外光，并且产生的光生载流子复合速度很快，这就大大限制了它在光催化方向的应用。因此针对这两个方面的缺点，需要对其进行一定的改造。UiO-66 作为金属有机骨架化合物，中心金属 Zr 以及有机配体都是可以改造的对象，改造的方法主要分为以下几个方面：配体或中心金属替换与修饰；复合其他半导体形成异质结；与金属或非金属复合。

与大部分 MOFs 材料相比，UiO-66 最大的优势就是具有极好的化学稳定性、力学稳定性、热稳定性和水稳定性，这大大提升了 UiO-66 系列 MOFs 材料的应用前景。接下来对缺陷型 UiO-66(Zr)系列 MOFs 近几年的发展进行概述。

3.3.2 改性金属有机骨架材料

近几年越来越多的科学家研究了 MOFs 结构与功能的关系。所谓缺陷指原子、离子和基团发生缺失或者被替换,从而打破晶体局部的周期性排列。以往普遍认为缺陷对材料的结构与性能都是不利的。令人意想不到的是,这些存在于 MOFs 中的缺陷位点反而带来"完美"晶体所不具备的优势,比如更大的比表面积有利于分子的吸附,更大的孔径有利于反应物分子直接接触活性中心。缺陷位点甚至可以改变 MOFs 的光电性质,减小其带隙,从而增强材料对光的吸收。因此,大量学者开始研究缺陷位点的本质、制备方法、改性方法、表征方法和应用领域等。

(1)缺陷类型

缺陷型 MOFs 材料的缺陷类型主要包括两大类:一类是金属团簇的缺失或者部分金属离子被其他金属离子替换导致的金属节点缺陷;另一类是有机配体缺失或配体位置被其他小分子占据形成的配体缺陷。一般认为晶体的结构决定该晶体材料的功能,缺陷型 MOFs 材料微观结构的改变势必影响原有的性能或带来新的性能。

金属节点缺陷的产生主要有两种途径:①在合成过程中加入外来金属前驱液与目标前驱液进行竞争配位;②在合成目标产物后,修饰替换部分金属离子,在结构上变成双金属/多金属节点的 MOFs 材料。

Lee 等通过合成后交换法用 Ti 原子替换 UiO-66-NH_2 中的部分 Zr 原子,制取双金属团簇和混合配体的 UiO-66(Zr/Ti)-NH_2 催化剂。该催化剂被用于光催化还原 CO_2 产生甲酸的反应中。他们研究了 Ti 原子的掺杂对光催化活性的影响,结果发现,(Zr/Ti)金属团簇增强了 MOFs 光激发产生光生载流子的能力,除此之外,二胺配体的引入增加了新的能级,提高了对可见光的吸收能力与电荷转移能力,抑制了光生电子与空穴在迁移过程中的复合,显著提高了催化剂的光催化活性。

MOFs 材料通常采用水热/溶剂热的方法制备,所以金属离子与有机配体配位过程中会不可避免地出现配位错误的情况。此外,水分子、溶剂分子、一元羧酸分子(乙酸、甲酸、丙酸、三氟乙酸等)也能与金属离子配位导致小分子占据配体的位置而产生配体缺陷。Cai 等在有机配体数量不足的条件下,利用一元羧酸占据有机配体的位置,最后通过热活化去除羧酸分子,成功制备出了含有配体缺陷并且具有高稳定性和大孔径的 MOFs 材料。

(2)缺陷型 UiO-66 系列 MOFs 的合成方法

随着缺陷型 MOFs 材料被广泛应用于催化、环保、传感等诸多领域,越来越多的人开始探索缺陷型 MOFs 材料的合成方法。通过调控温度、添加调节剂、修饰金属团簇、改变原料配比等均可以合成缺陷型 MOFs 晶体材料。

1)调控温度。

反应温度对合成反应有着很大的影响,对 MOFs 合成反应来说,温度直接影响着反应底物金属团簇与多齿有机配体分子结合的速率以及产物结晶的速率。所以,通过控制反应温度可以使 MOFs 材料在合成过程中产生缺陷。DeStefano 等通过控制反应温度得到了含有缺陷的 UiO-66-X(X=NH_2、NO_2、OH),结果证明反应温度与 UiO-66-X(X=NH_2、NO_2、OH)缺陷的浓度有着直接的关系:高温条件有利于形成完美的晶体;低温条件不利于金属团簇与有机配体的结合，容易产生缺陷。将反应温度从 130 ℃降至 25 ℃有利于增加 UiO-66-X（X=NH_2、NO_2、OH）缺陷的数量。最佳的反应温度为 45 ℃，平均每个 $Zr_6O_4(OH)_4$ 团簇缺失 1.3 个有机配体。

2）添加调节剂。

在合成 MOFs 晶体材料时，缺陷的产生可能由金属离子与多齿有机配体分子配位错误导致，因此加入羧酸等作为调节剂来增强这种配位错误出现的概率是一种在 MOFs 中引入缺陷的常见手段。

Ma 等在合成 MOFs 材料的过程中，通过控制乙酸的加入量来调控 Pt@UiO-66-NH_2 光催化剂的缺陷浓度。结果表明缺陷浓度与乙酸的加入量有直接关系。乙酸加入量越多，配体缺陷浓度越大，且随着乙酸加入量的增多，Pt@UiO-66-NH_2 的光催化活性曲线呈火山形。这说明适当的缺陷浓度有利于载流子转移与分离，过高浓度的缺陷反而会抑制电荷的分离。类似地，Vermoortele 等采用溶剂热法添加三氟乙酸和盐酸作为调节剂制备含有配体缺陷的 UiO-66 材料。结果表明，三氟乙酸与盐酸混合使用可以制备出高度结晶的 UiO-66 产物，通过加热活化不仅可以去羟基化，还可以除去占据在配体位置的三氟乙酸，得到更多的开放位点，这些位点可以作为反应活性中心直接与反应物接触发生化学反应，因此三氟乙酸与盐酸的联用使得该材料具备出色的催化活性。

3）修饰金属团簇。

Yang 等通过溶剂热法制备 Ge（Ⅲ）掺杂的 UiO-66 用于研究 Ge（Ⅲ）掺杂对 UiO-66 的吸附性能的影响。结果显示，Ge（Ⅲ）掺杂的 UiO-66 对 MB、甲基橙（MO）、刚果红（CR）的室温吸附容量比原始的 UiO-66 分别提高了 490%、270%和 70%，原因在于 Ge（Ⅲ）掺杂提高了阳离子与阴离子染料之间的静电引力。除此之外，Shearer 等采用硝酸锂乙醇溶液代替有机硅溶液制备 Li（锂）掺杂的 UiO-66 用于吸收 CO_2。研究人员利用原位漫反射傅里叶变换红外光谱研究了被吸附的 CO_2 与 UiO-66 之间的相互作用。结果表明，掺杂 Li 可以提高 UiO-66 活性金属位点的数量，为 CO_2 提供新的吸附位点，增强了 UiO-66 对 CO_2 的吸附能力，CO_2 的吸附容量从 20.6 cm^3/g 增加至 34.5 cm^3/g。

4）改变原料配比。

合成 MOFs 材料通常把金属前驱液和有机配体混于有机溶剂中进行高温高压反应，受可逆反应特性的启发，Shearer 等通过改变反应物中金属离子和有机配体的配比来影响结晶过程，从而制取了缺陷型 UiO-66。当有机配体与 Zr 的比例为 2 时，可以得到 UiO-66 几乎接近完美的晶体；当 Zr 的含量逐渐增加时，得到的 UiO-66 就存在缺陷位点。因此，适当控制原料的配比也是一种制备缺陷 MOFs 材料的手段。

5）理论计算。

Shi 等采用第一性原理验证了 UiO-66 对铀离子的吸附能力可通过移去 MOFs 中的芳香配体产生缺陷而显著增强。DFT 计算结果显示铀离子从完整的八面体笼扩散到附近的笼中需要的自由能为 31 kcal/mol（约 129.8 kJ/mol）；如果移去一个芳香配体，不饱和 Zr 原子被羟基占据，扩散到附近的八面体笼中的自由能下降至 17.43 kcal/mol（约 73.0 kJ/mol）。较低的能量壁垒促进铀离子在 MOFs 材料笼内的扩散，提高了 MOFs 材料的吸附能力，扩大了 MOFs 材料的孔体积。

（3）UiO-66 系列 MOFs 缺陷的表征

1）热重分析。

热重分析（Thermogravitry Analysis，TGA）是一种研究物质结构随温度变化的表征手段。MOFs 晶体材料由金属团簇与有机配体构成，对其按照一定的升温速率进行加热后，MOFs 材料的结构骨架就会坍塌。在整个升温过程中，MOFs 材料首先失去水分子、调节剂分子、溶剂分子；继续升温到一定温度，整个骨架就会坍塌，有机配体氧化分解；最后残留下来的是金属氧化物。因此，可以通过检测有机配体热分解的质量变化来估算有机配体的数量，从而判断骨架内是否存在缺陷位点。以 UiO-66 为例，完美 UiO-66 分子经过热分解后初始质量是最终质量的 2.2 倍，当 UiO-66 初始质量低于其最终质量的 2.2 倍时，就有可能存在缺陷。但是 TGA 应用于缺陷分析时无法判断出缺陷是金属团簇缺陷还是有机配体缺陷，存在一定的局限性。

2）X 射线衍射。

X 射线衍射（X-ray Diffraction，XRD）是一种用 X 射线透过晶体再显示出晶体结构的表征技术。MOFs 材料产生缺陷后结晶度会发生改变，因此可通过 XRD 检测其结晶度的改变来判断其结构的变化，但是 XRD 并不能对缺陷进行定量测试。单晶 XRD 可以给出更多关于缺陷的具体信息，但是要求晶体的尺寸为 5~100 μm。Trickett 等采用甲酸作为调节剂成功制备出含有缺陷的 UiO-66，采用单晶 XRD 确定 UiO-66 分子中水分子直接与不饱和 Zr 原子配位相连，在分子水平上确定 UiO-66 晶体内配体缺陷的存在。类似地，Øien 等采用单晶 XRD 技术对单晶 UiO-66 材料进行表征，结果发现有机配体只有 73%的占有率，证明了配体缺陷的存在。

3）核磁共振波谱法。

核磁共振波谱法（Nuclear Magnetic Resonance，NMR）是一种用于有机物和无机物结构分析的表征手段，其不会对样品造成损害。NMR 可以表征调节剂分子、水分子和有机配体分子是如何与金属团簇连接或断开的。Taddei 等采用原位核磁共振波谱法深入研究了对苯二甲酸类似物和 MOFs 界面的分子交换过程。结果表明，将有缺陷的 UiO-66 浸泡于溶液中，溶液中的对苯二甲酸类似物优先与缺陷位点的一元羧酸交换。Nandy 等采用 NMR 证明环己烷分子会优先吸附在 UiO-66（Zr）的四面体缺陷位点上，丙酮与甲醇分子会则吸附在 Zr—OH 位点上。此外，NMR 还可以通过物质的化学位移来反映缺陷的详细信息。

4）傅里叶变换红外光谱。

傅里叶变换红外光谱（Fourier Transform Infrared，FTIR）是一种检测物质本身官能团振动或转动的能级跃迁能量的表征手段，该表征手段现已广泛地应用于多个科学领域。Driscoll 等用 CO 作为高敏探针分子，通过研究吸附在 MOFs 上的 CO 的红外谱图特征频率的蓝移，确定了 MOFs 存在配位不饱和的 Zr 原子，进而证明了有机配体缺失的存在。

5）中子衍射。

中子衍射（Neutron Diffraction，ND）是研究物质结构的重要手段之一。对于 MOFs 材料，除了金属节点，其他元素皆为原子质量较轻的元素，XRD 对轻元素敏感度不高，而中子对有机配体和金属离子均敏感，所以中子衍射可以作为表征缺陷型 MOFs 材料的一种手段。Wu 等为确定配体缺陷是否真实存在于 UiO-66 中，对氘化 UiO-66 样品进行了高分辨率中子衍射测量，结果表明添加调节剂可使有机配体缺失率达到 10%。

6）高分辨率透射电子显微镜。

高分辨率透射电子显微镜（High-resolution Transmission Electron Microscope，HRTEM）是应用于材料科学、纳米科技、半导体研究的常用表征手段。Liu 等结合低剂量 HRTEM 和电子晶体学对 UiO-66 的结构进行观察，发现 UiO-66 的结构中配体缺陷和金属簇缺陷共存。

（4）缺陷型 UiO-66 系列 MOFs 的应用领域

缺陷型 UiO-66 系列 MOFs 材料已经被广泛应用于催化、吸附、分离、传感等研究领域。缺陷型 UiO-66 系列 MOFs 材料不仅具有大比表面积和独特的孔隙结构，而且具有更优异的光电性能，在光催化领域得到广泛应用。

Peng 等把 $ZnIn_2S_4$ 封装在 UiO-66 八面体结构内部制备了 UiO-66@$ZnIn_2S_4$ 复合材料，在可见光照射条件下，UiO-66@$ZnIn_2S_4$ 的析氢速率可达 3 061.61 μmol/h。PL 光谱表明封装结构有利于光生电荷的有效分离与转移，极大地提高了电子和空穴参与氧化还原反应的概率，因此 UiO-66@$ZnIn_2S_4$ 的光解水析氢的活性显著提高。

Shi 等采用静电自组装法把 C_3N_4 纳米片复合到 UiO-66 上用于光还原 CO_2，该体系不但具备 C_3N_4 优异的光吸收性，还保留了 UiO-66 比表面积大的特点。UiO-66 与 C_3N_4 之间接触紧密，光生电子从 C_3N_4 向 UiO-66 转移，抑制电子和空穴的复合，大大提高了光催化活性，在可见光照射下，测得 UiO-66/CNNS 的 CO 析出速率达到 9.9 μmol/h。

Xu 等将 FeUiO-66 与聚苯胺（PANI）混合热处理得到 PANI/FeUiO-66 纳米复合材料，并将其用于芳香醇氧化。在可见光照射下，改性 PANI/FeUiO-66 的催化活性明显增强。光催化活性的增强归因于两个方面：一是 Fe 元素的掺杂抑制了光生载流子复合；二是 PANI 与 FeUiO-66 的异质结构提高了光生载流子的分离效率。类似地，Chen 等采用原位还原法在 UiO-66-NH_2（Zr）中引入 Cu 元素，改性后的 UiO-66-NH_2（Zr）的光生载流子的平均寿命是改性前的 4 倍，大大提高了 对光生载流子的利用效率。表 3-1 总结了近年来 UiO-66 系列 MOFs 材料在光催化领域的应用。

表 3-1　UiO-66 系列 MOFs 材料在光催化领域中的应用

应用领域	MOFs 材料	光催化产氢活性
光催化产氢	MoS_2/UiO-66-NH_2/RGO	25.03 μmol/h
	MoS_2/UiO-66/CdS	650 μmol/h
	UiO-66/CdS/RGO	13.8 mmol/h
	WP/UiO-66/CdS	79 μmol/h
	ErB/UiO-66/NiS_2	18.4 μmol/h
	RhB/Pt@UiO-66	116 μmol/h
	冠 4 烯/Pt@UiO-66-NH_2	1.53 mmol/h
	CD@NH_2-UiO-66/g-C_3N_4	2.93 mmol/h
	GOWPt@UiO-66-NH_2	18.15 mmol/h
	$Ni_{12}P_5$@UiO-66-NH_2	293.2 mmol/h
	$Cd_{0.2}Zn_{0.8}S$@UiO-66-NH_2	5 846.5 mmol/h
	Pt（PTA）@UiO-66-NH_2	6.22 mmol/h
	TiO_2/UiO-66-NH_2/GO	0.27 mmol/h
	Pd/UiO-66	9.43 mmol/h
	UiO-66-NH_2	21.2 mmol/h
	PW_{12}@UiO-NH_2	72.7 mmol/h

总而言之,缺陷型 UiO-66 系列 MOFs 的合成方法、表征手段及应用领域涉及材料科学、催化科学、环境科学等学科,缺陷型 UiO-66 系列 MOFs 研究成果可应用于光催化、吸附等研究领域,具有良好的发展前景。

第 4 章　半导体光催化材料的制备方法

4.1　多元结构

多元纳米结构光催化剂被证明可以有效分离载流子并改善光吸收。如图 4-1 所示，多元结构的改性方法主要有负载助催化剂、利用 SPR 效应、形成复合材料异质结和形成 Z 型结构。

助催化剂可以促进电荷分离并充当反应活性位，有的助催化剂还可以促进光捕获过程。在光照下，电子可以转移到还原助催化剂上促进还原反应，而空穴可以迁移到氧化助催化剂上促进氧化反应，这一定向迁移过程使电子和空穴分别在助催化剂处富集，显著抑制了电子和空穴复合。最常见的还原助催化剂是贵金属（Pt、Pb、Au、Ru 等）（图 4-1（a））。Yang 等比较了 Pt、Pb、Au、Ru 等贵金属作为助催化剂时 CdS 的可见光分解水产氢活性，发现 Pt 的活性最高。Pt 活性高的原因是其具有较大的功函数和较低的质子还原过电势（即低活化能）。由于贵金属的价格较高，目前研究人员也尝试将一些过渡金属单质作为助催化剂。Kerkez-Kuyumcu 等比较了 M/TiO_2（M = Cu、Ni、Co、Fe、Mn、Cr 等）系列催化剂的光催化降解污染物的能力，发现负载 Cu 单质的催化剂活性最高。对于光催化分解水产氢反应，常用的助催化剂包括金属硫化物、金属磷化物、碳纳米材料（如碳量子点和石墨烯）。碳材料具有廉价、耐腐蚀、电导率高、比表面积大和表面特性可调等优点，但是碳材料会遮挡半导体材料的表面而阻碍半导体的光吸收。此外，最常见的光催化分解水产氧助催化剂为 CoO_x。Chen 等制备的 CoO_x/Ta_2N_5 催化剂比不负载助催化剂的 Ta_2N_5 催化剂的光催化分解水产氧活性提高了大约 23 倍。

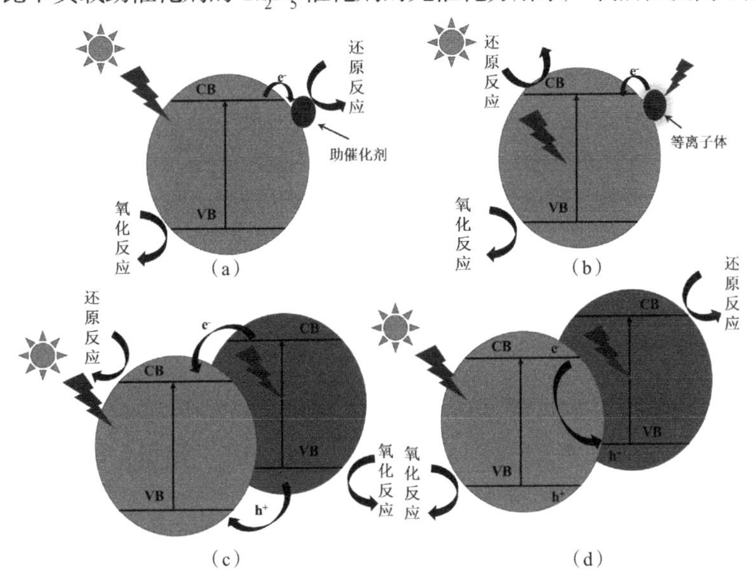

图 4-1　半导体催化剂多元结构的改性方法

（a）负载助催化剂　（b）利用 SPR 效应　（c）形成复合材料异质结　（d）形成 Z 型结构

SPR在光催化领域也有较多应用。如图4-1(b)所示,当入射光子的频率与金属(如Au、Ag、Bi、Cu等)纳米粒子表面自由电子的固有频率匹配时,这些自由电子产生振荡,吸收了这一频率的光子。这些吸收了光子的高能电子(热电子)具有足够大的能量,可以从金属表面转移到半导体表面参与反应。Park等研究发现Ag纳米颗粒的形状会影响SPR效应的强弱,相比于圆形Ag纳米颗粒,非圆形Ag纳米颗粒的SPR效应更强。Datta等发现SPR峰的强弱与Au纳米颗粒的粒径有一定的相关性,Au粒径越大则SPR效应越强。总的来看,SPR效应的强弱与金属纳米颗粒的形状和尺寸有很大关系。因为SPR效应发生于可见光区域,所以可以实现宽带隙半导体的可见光催化反应。同时,入射光子与表面自由电子的共振可以在半导体周围产生局域化高强度电磁场,有助于提高电子和空穴的分离效率。

复合材料异质结也被证明可以通过提高光吸收强度和促进电子和空穴分离来改善光催化活性。如图4-1(c)所示,复合材料形成的强大内建电场促进了电子的定向移动,电子和空穴在不同的半导体上富集,从而将电子和空穴在空间上分开。但是传统的异质结往往降低了催化剂的氧化还原能力。如图4-1(d)所示,Z型结构就很好地解决了这一问题,Z型结构可以使电子富集在具有较高还原电位的半导体导带上,而空穴富集在具有较高氧化电位的半导体价带上,将光催化剂的氧化还原能力最大化地保留了下来。Tada等将几纳米的Au颗粒插入CdS和TiO_2的异质结之间,形成了稳固的Z型结构。在两个半导体之间插入导体(如贵金属等)形成低阻力的欧姆接触,可以提高Z型结构的电子传输速率,从而提高光催化活性。

4.2 形貌设计

众所周知,光催化反应是一个表面反应,因此半导体催化剂的结构会直接影响光催化反应的基元步骤。设计纳米结构是一种公认的改进光催化剂活性的有效方法。迄今为止,研究人员已经设计了零维(0D)纳米结构(量子点)、一维(1D)纳米结构(纳米线、纳米棒等)、二维(2D)纳米结构(超薄纳米片)和三维(3D)纳米结构(中空结构),赋予了光催化剂一些独特的性质。

零维纳米结构,如量子点等,由于其独特的光学和电学性质成为时下热门的研究方向。当粒径减小到纳米级别,甚至单原子级别时,会产生与体相结构不同的改变。Li等在$g\text{-}C_3N_4$上负载了单原子Pt,与$g\text{-}C_3N_4$负载Pt纳米颗粒相比,光催化分解水产氢活性提高了8.6倍。通常来说,减小颗粒尺寸可以缩短光生电子的传输路径,使电子有更多的机会传输到表面,从而提高光催化效率。但是,有研究指出,如果颗粒(尤其是球形颗粒)尺寸与电子平均自由程接近,会产生很强的量子限域效应。强大的量子限域效应会提高光生电子和空穴的复合概率。因此,尽管较小的颗粒尺寸缩短了载流子迁移到表面的传输路径,但是传输过程需要恰当的浓度梯度或电位梯度(内建电场)来驱动这种传输过程。而这种梯度与材料的形貌、结构和表面性质有很大关系,还需要进一步研究。

一维纳米结构,如纳米线、纳米带、纳米管等,具有不同于体相部分的电学、光学和化学性质。这些性质与材料的尺寸和形貌有关。例如,提高纵横比(面积与体积的比或长度与直径的比)通常会增强活性。由于量子限域效应,一维纳米线中电子的横向运动受约束,电子只能沿轴向运输，导致电荷分离，从而显著改善光催化性能。通过控制制备条件可以使一维纳米结构只沿着某一晶面生长。利用不同晶面的内建电场作用可进一步加速电子在纳米线中的定向传输速率。另外，可以以一维纳米结构为基础设计复杂的结构体系，如将一维纳米结构有序排列或者形成一维纳米异质结，也是一种有效改善光催化活性的方法。

二维纳米结构，如超薄纳米片等，具有超大的表面区域。这些表面区域为负载活性位点和助催化剂提供了更多的位置。纳米片通常由水热过程制备，通过调节溶液的 pH 值、前驱体浓度、水热温度和水热时间等可以调控得到材料的不同形貌、尺寸和晶相等。

三维纳米中空结构具有很多独特功能，包括可调的壳层厚度、大比表面积和独立分离的空间。折射率差别较大的材料按一定的周期排列成尺度与电磁波的波长匹配的结构，称之为光子晶体。光子晶体中电磁波传播受到的干扰方式与电子在运动时受到半导体晶体的周期性电势的影响方式是类似的。因此，光子晶体形成的光子禁带类似于半导体晶体的电子禁带。在光子禁带中，具有特定频率范围的电磁波的传输由于电介质界面的布拉格散射而被禁止。对于反蛋白石结构的光子晶体，计算光子禁带的公式为

$$\lambda = 2\sqrt{\frac{2}{3}}D\sqrt{n_s^2 f + n_{air}^2(1-f) - \sin^2\theta} \tag{4-1}$$

式中：λ 是被禁止的光的波长；D 是反蛋白石结构的孔尺寸；n_s 是固体介质的折射率；n_{air} 是空隙介质（空气或水）的折射率；f 是材料中固体物质的体积分数；θ 是光的入射角度。调节光子晶体的性质（如孔尺寸等）可以改变光和光子晶体之间的相互作用。由于光子晶体中的光经历了多次很强的散射作用，在光子禁带边缘处光的群速度会减慢，这种效应被称为慢光效应。慢光效应增加了光子晶体内光的有效光程，导致了光的延迟和储存现象。此外，慢光效应还可以与其他增强光吸收的效应产生耦合效果，进一步增强光吸收作用。Likodimos 等合成了不同孔径的三维有序大孔 TiO_2 光子晶体。他们发现当 TiO_2 光子晶体的慢光效应位置与染料（苯甲酸、MO、RhB 和 MB）的吸收峰对应时，相应样品表现出高降解活性。他们认为，染料敏化加强了光子晶体的慢光效应，从而提高了光催化降解染料的活性。Cai 等通过将光子晶体的慢光效应的红边与 TiO_2 半导体的光吸收边匹配，得到了高效的光催化分解水产氢性能。Zhang 等将三维有序大孔 TiO_2 光子晶体的慢光效应与纳米金颗粒的 SPR 效应耦合，发现孔径为 250 nm 的 TiO_2 光子晶体与金的 SPR 效应位置最匹配，表现出了最高的可见光激发的光电催化分解水效率。

中空结构在超级电容器、锂离子电池、药物输送和气体传感器等许多领域都有潜在的应用价值。光催化过程中，中空结构半导体展现了很多优点，主要体现为：①空腔中的多次散射/反射增加了光程，同时增加了光子与材料的接触机会，从而增强了半导体捕获光子的能力；②较薄的外壳缩短了电荷传输距离并促进载流子分离，有效抑制了电子和空穴的复合；③空腔增加了可接触表面，同时从空间上分离了氧化和还原反应以加速表面反应。事实上，自然界中很多生物组织也具有类似的中空结构，如绿叶中的叶绿体类囊体。类囊体的中空结构主要由类囊体膜构成，上面锚定了很多酶，体内空腔和外部基质的分离保证了光合作用的高活性和高选择性。

4.2.1 形貌设计所用的制备方法

一般来讲，按照模板的类型，中空结构的制备方法可以分为硬模板法和软模板法。

硬模板法的模板为“硬”的固体颗粒，如图 4-2 所示。因为硬模板法需要额外除去模板，所以通常需要多个步骤。硬模板法的第一步通常为硬模板的制备，常用的硬模板有三类：碳球、二氧化硅球和聚合物乳胶球（如聚苯乙烯球）。随后，为内核包裹壳层，如碳球模板通过其表面丰富的—OH 和—C═O 等官能团与前驱体离子吸附成键。或者需要预先对硬模板进行表面处理，以得到更多的表面官能团。最后，可以通过焙烧、溶解或刻蚀的方法轻松除去模板，形成中空骨架。硬模板法得到的中空结构材料一般都具有尺寸均匀、高度分散、易于表面修饰的优点。硬模板法还可以通过调节模板的尺寸和排列方式来调节中空结构的空腔大小和整体尺寸。虽然硬模板法的步骤较多，但是该方法操控性较强，且硬模板的制备方法比较成熟，因此硬模板法是一种常用的制备中空结构材料的方法。

图 4-2 中空结构形成机理图——硬模板法

软模板法的模板为“软”的前驱体分子、表面活性剂或一些有机添加剂。软模板法依赖合成材料的物理化学性质，通常的制备方法可以归结为奥斯瓦尔德熟化（包括溶解和重结晶）、柯肯特尔效应和离子交换。同时，在高浓度溶液中还会有原子核生成、定向附着生长、由偶极子-偶极子接触引起的纳米结构组装/交织等竞争过程。软模板法通常为一步法，省去了制备模板和去除模板的过程，所以步骤简单，这是软模板法的优势，但是软模板法中前驱体自组装的机理比较复杂，适用性不强，操控起来需考虑的因素较多，掌握起来比较困难。

4.2.2 形貌设计的作用

1. 形貌设计可提高光捕获能力

光催化过程的第一步就是光的捕获，将光子转化为电子，电子再参与后续反应。可以说，光催化剂的光捕获能力决定了光催化效率的上限。提高半导体的光捕获能力的主要方法为扩展光吸收范围和减少光的透过率。基于光的散射效应，中空结构（即空心结构）可以减小光的透过率。光催化剂的光吸收效果可以用比尔（Beer）定律来描述：

$$A = \lg\frac{I}{I_0}\varepsilon LC \tag{4-2}$$

式中：A 为吸光度；I 为入射光的强度；I_0 为透射光的强度；ε 为摩尔吸收率；L 为粒径；C 为浓

度。ε 和 C 都与固体材料有关,可以看作常数。材料的吸光度与材料的粒径(L)有关,L 越大,则吸光度越大。当入射光与半导体材料接触时,它可以被材料吸收、散射或者透射。如图 4-3 所示,普通的实心结构可以反射大部分光,只有粒径(L)范围的光被吸收,导致光利用率低。但是对空心结构来说,透过壳层的透射光,可以在空腔内发生二次反射,反射光与空腔内壁接触又产生了光的二次吸收。这一过程增强了半导体的光捕获能力。

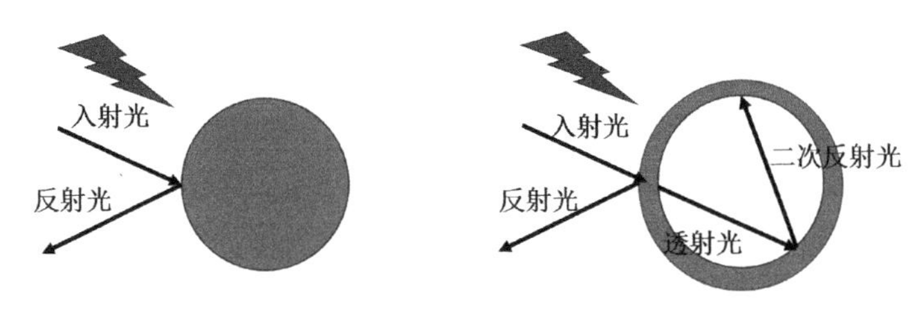

图 4-3 实心结构和空心结构的光散射现象示意图

研究人员对空心结构做了进一步设计,加强了对光散射效应的利用。如 Li 等利用软模板法,通过调节醇热反应时间合成了具有蛋黄-蛋壳结构的 TiO_2,该方法的光催化产氢活性明显高于实心结构的 TiO_2。他们将活性提高的原因归结为空腔内的多重反射效果增强了催化剂的光吸收能力。为了证明光的多重反射作用,他们对中空结构进行研磨,破坏了该结构,结果发现在比表面积略有增大的情况下,活性下降了 57%。还有研究人员通过以碳球为模板的硬模板法或者软模板法制备了多层中空结构半导体,他们发现,相比于实心结构和单层结构,这种多层结构的光催化和光电催化活性都有所提高,他们将高活性归功于在多层结构空腔内的多重反射作用。Wang 等用软模板法制备了具有“双黄蛋”结构的 ZnO 材料,并将该材料用于光催化降解 RhB,结果发现“双黄蛋”结构的 ZnO 由于其最强的多重反射作用而具有最高的降解活性。

三维有序中空结构可以形成光子晶体并显示出更强的光散射作用,如以空心球为单体而形成的三维有序大孔结构。入射光在光子晶体中的多重散射导致了慢光效应,显著增强了光子禁带边缘处的光吸收能力。光子晶体的慢光效应的位置与空隙尺寸和入射光角度有很大关系。通过调节这两个因素来调节光子晶体的慢光效应位置,使其与其他光吸收增强效应耦合,可以最大限度地提升材料的光吸收能力。

2. 形貌设计可抑制电子和空穴复合

光生电子和空穴的大量复合是造成光催化反应能量损失、太阳能转化效率低的重要原因。电荷的有效及时分离可以抑制电子和空穴的复合过程。中空结构主要有以下两个优势:①中空纳米结构较薄的壳层极大缩短了光生载流子的传输距离;②在中空结构的内部和外部表面构建内建电场可以使光生电子和空穴定向分离移动。

缩短电荷传输距离是一种有效提高电荷分离效率、抑制电子和空穴复合的方法。对于简单的半导体体系,电荷在半导体中的分离过程如图 4-4 所示。在半导体与溶液接触处会产生能带弯曲,从而产生空间电荷层,其厚度(W_{SC})从几纳米到几微米不等,在空间电荷层内会产生内建电场。处于空间电荷层的电子和空穴会因为这一区域的内建电场而发生分离,而这一区域之外的电子(处于体相)想要进行电荷分离必须在发生复合之前扩散到空间电荷层。光生载流子在复合之前在半导体内的平均传播长度规定为载流子扩散长度（L_D）。因此，处于 L_D+W_{SC} 区域的电子和空穴由于内建电场的作用，可以发生高效的电荷分离过程，从而抑制电子和空穴的复合过程。但是，处于这一区域之外的电子和空穴则大量复合而不能被有效利用。目前常用的提高光生电子和空穴分离效率的方法主要包括缩短电子和空穴的迁移距离、延长载流子扩散距离和建立内建电场。中空结构通常具有较薄的壳层，电子传输距离较短，可以抑制电子和空穴复合。但是，壳层厚度并不是越小越好，如果壳层厚度小于空间电荷层的厚度和载流子扩散长度之和（L_D+W_{SC}），则界面的能带弯曲现象会减弱，导致内建电场的驱动力减弱，反而会使电子和空穴复合情况加重。因此，考虑到电子和空穴的分离效率，中空结构的壳层厚度通常有一个最佳值。

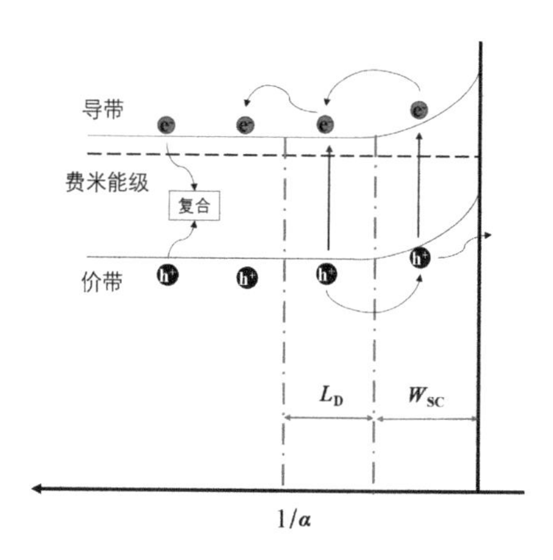

图 4-4　半导体-溶液界面示意图

除了缩短电荷传输距离外，引入额外的驱动力（如内建电场）分离电荷是另一种有效抑制电子和空穴复合的方法。构建异质结形成内建电场是目前广泛采用的提供额外电荷分离驱动力的方式。将异质结与中空结构结合，在中空结构内外部设计能带位置匹配的不同半导体，使电子和空穴定向移动到内外表面。此外，还可以在中空结构的内外部分别负载不同的助催化剂。这种在空间上分离的助催化剂可以在沿着中空结构的径向方向产生额外的电场。

3. 形貌设计可在空间上分离氧化和还原反应

光催化分解水反应是一个非自发的“上坡反应”，因此它的逆反应——由氢气和氧气生成水的反应很容易发生。对于光催化分解水的反应来说，及时将产生的氢气和氧气分离是十分重要的。中空结构在空间上很好地解决了这个问题。中空结构利用外壳创造了内部和外部空间，可以在空间上分离氧化和还原反应。尤其是负载双助催化剂的光催化分解水体系，一般都会将还原助催化剂和氧化助催化剂进行空间分离来避免逆反应的发生。传统的固体颗粒，如果想要达到将还原助催化剂和氧化助催化剂分离的效果通常需要制备具有特殊晶面的晶体，通过选择性光沉积将不同助催化剂负载到不同晶面上而实现空间分离的效果。如 Li 等在钒酸铋（$BiVO_4$）的（010）和（110）晶面分别选择性负载了 Pt 和 MnO_x 助催化剂，实现了产氧助催化剂和产氢助催化剂的空间分离。Wang 等在五氮化三钽（Ta_3N_5）中空结构的内部负载了产氢助催化剂 Pt，在外部负载了产氧助催化剂 CoO_x，将助催化剂空间分离后活性明显提高。Li 等使用中空结构 TiO_2 空间分离 CuPt 合金和 MnO_x 助催化剂，使电子和空穴定向移动，提高了光催化活性。中空结构负载双助催化剂为光催化分解水的体系提供了更多的可能性。

4.3 缺陷修饰

元素掺杂是最常见的缺陷修饰方式，总体思路是通过掺杂有效降低半导体的带隙来拓宽半导体的吸光范围。一般掺杂可以分为两种：金属（阳离子）掺杂和非金属（阴离子）掺杂。金属掺杂相对容易实现。金属元素（如 Cu、In 等）替代晶格中的钛离子而产生低于 TiO_2 导带的空杂质能级（受主能级）。但是金属掺杂后的半导体材料可能会面临光腐蚀等问题，导致材料的长期稳定性略有不足。相比于金属掺杂，非金属掺杂的稳定性更高一些。如在 TiO_2 中掺杂 C、N、S 等非金属元素可以使 TiO_2 禁带宽度减小，从而使其具有可见光活性。掺杂的非金属离子有可能替代晶格氧或进入半导体晶格间隙，在半导体价带上引入占有能级（施主能级），从而减小半导体的禁带宽度。实验条件（如制备方法、热处理时间及温度环境）、被掺杂基底（结晶度和形貌）和掺杂元素（离子尺寸、掺杂浓度、电子配置及与被掺杂基底的晶格匹配程度）都会影响掺杂情况。一些研究人员还观察到了掺杂元素使颗粒尺寸减小的现象。但是掺杂的异质元素容易成为电子-空穴对的复合中心导致光催化活性降低。

原位自掺杂，如在 TiO_2 中掺杂 Ti^{3+}、氧空位和钛空位等，可以抑制电子和空穴的复合过程，因此得到了广泛应用。缺陷金属氧化物可以吸收完整的可见光甚至近红外光，开辟了原位自掺杂金属氧化物光催化剂的新领域。常用的获取缺陷金属氧化物的方法包括低压/高压氢气处理、氢气-氩气（或氮气）处理、等离子体增强的化学气相沉积、金属（如 Al、Zn 和 Mg）辅助的化学还原、电化学还原和阳极氧化-热处理等。这些方法通常可以在金属氧化物表面产生大量的表面缺陷。如在 TiO_2 表面生成表面无定形层，但是核心依然保持了良好的结晶性。表面无定形层不仅拓展了金属氧化物的吸光范围，还抑制了电子和空穴的复合。然而，目前对缺陷的效果仍然存在很大争议，需要进一步研究。

半导体的电子能带结构是太阳能高效转化为化学能的关键。缺陷修饰工程（Defect Engineering）是一种专注于缺陷调控，通过制造表面无定形层或者产生固有缺陷来调整半导体的电子能带结构，以改善光催化性能的方法。氧化物晶格中最常见的缺陷是具有原子尺寸的点缺陷，主要包括氧空位、阳离子空位和间隙离子。半导体的性质与它的缺陷的相关性远远高于与它的结构或者组成的相关性。因此，缺陷修饰工程似乎是最可能提高半导体太阳能转换反应性能的方法。

4.3.1 缺陷修饰引入方法

掺杂是一种常见的将宽带隙半导体的吸收边扩展到长波段的方法。掺杂剂可以在半导体禁带内引入局域电子态，如处于价带位置之上的施主能级和处于导带位置之下的受主能级，从而缩短禁带间距。但是值得注意的是，异质掺杂元素不可避免地伴随着明显增长的结构缺陷，这种缺陷极有可能成为载流子的复合中心。但是，原位自掺杂引入氧空位和变价金属离子（Ti^{3+}等）则大大减弱了缺陷使载流子复合的负面影响。Chen 等首先在 TiO_2 上建立了表面无定形层的概念。他们通过氢化过程（在 2 MPa H_2 气氛下，200 ℃，5 天）将白色 TiO_2 转变为了黑色 TiO_2，该黑色 TiO_2 显示出了明显提高的光催化活性。他们得到的黑色

TiO_2 表面层高度无序，但是体相的核保持了高度有序。这种表面缺陷修饰了的黑色 TiO_2 显示出了高产氢活性。

此后，研究人员探索了许多方法，用氧空位等缺陷可控修饰半导体，大部分方法以引入表面缺陷为目的。最常用的方法为在还原性缺氧气氛（如 H_2、N_2、Ar 或真空环境等）下进行热处理。Yu 等在 500~700 ℃纯 H_2 气氛下，用不同时间处理 TiO_2 纳米颗粒，得到了蓝色的富含氧空位和 Ti^{3+}缺陷的 TiO_2。Myung 等在 200~600 ℃ Ar 气氛下处理 TiO_2 5 h 得到了黑色 TiO_2。Hoang 等将 TiO_2 纳米阵列先在 500 ℃ H_2 和 Ar 的混合气氛下处理 1 h 后，再在 500 ℃ NH_3 气氛下处理 2 h，得到了 H、N 共掺杂的 TiO_2。Ramchiary 等将 N 掺杂的 TiO_2 在纯 H_2 气氛下处理，同样得到了 H、N 共掺杂的 TiO_2。Zhu 等在贵金属 Pt 存在的条件下，利用 Pt 的氢溢流辅助氢化作用，在 400 ℃ H_2 和 N_2 的混合气氛下处理 P25 4 h，得到具有表面无定形层的深灰色 TiO_2。Pt 的氢溢流促进氢化过程如图 4-5 所示。该过程与传统的还原气氛热处理方法相比，利用贵金属 Pt 的氢溢流作用，将 H_2 分子解离为原子氢，加速了处理过程，简化了操作条件。等离子体处理也是常用的方法。例如，Wang 等将 TiO_2 粉末用氢等离子体（功率为 200 W）在 500 ℃下处理 4~8 h 后，得到了黑色 TiO_2，并进一步证实了在金属氧化物中适当引入缺陷可以显著提高光催化性能。

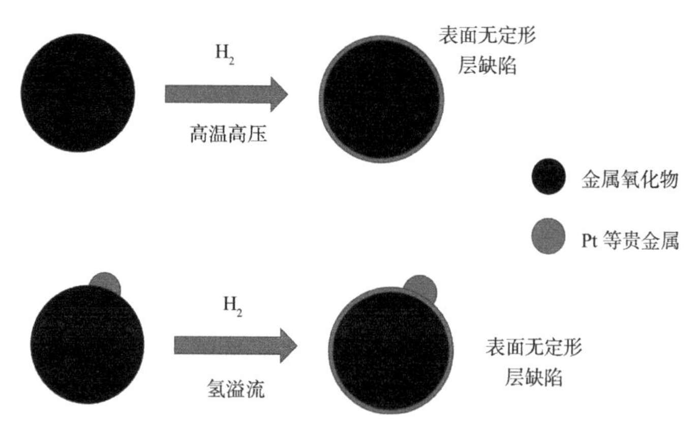

图 4-5 Pt 的氢溢流作用促进氢化过程的示意图

化学还原法主要是通过还原剂，如单质 Al、$NaBH_4$ 等将半导体还原，得到氧空位等缺陷。Zhu 等使用铝热还原法，得到了黑色板钛矿 TiO_2。其在表面引入了 Ti^{3+}和氧空位形成了表面无定形层，增强了对可见光和红外光的吸收。Lin 等使用铝热法得到了还原的 TiO_2 后，又引入了 N、I、S 等元素。Fang 等在 $NaBH_4$ 存在的条件下通过一步焙烧法，利用 $NaBH_4$ 作为还原剂，制备了 Ti^{3+}自掺杂的 TiO_2。该方法制得的 TiO_2 具有高可见光催化活性，在经过盐酸洗涤后，其活性得到进一步提高。Tan 等直接将 P25 与 $NaBH_4$ 混合研磨，在 Ar 气氛下处理得到了浅蓝色的 TiO_2。在光电化学或者电化学反应中，研究人员常用的是电化学还原法。Yan 等使用电化学法，还原了金红石 TiO_2 纳米棒阵列的表层，得到了无序表面层。与未处理的纳米棒阵列 TiO_2 相比，缺陷 TiO_2 纳米棒阵列在 1.23 V 偏压下的光电流增强了 2.2 倍。光电流增强的原因为表面无定形层不仅充当了电荷分离层，还充当了产氧催化剂。此外，缺陷修饰引入方式还包括真空活化、紫外线照射、火焰还原、激光处理等。

当然，缺陷修饰不仅仅限于 TiO_2 半导体。研究人员将这种方法应用到了其他半导体上，也取得了较好的效果。Li 等将 C_3N_4 在 550 ℃ H_2 气氛下处理，得到了氢化后的 C_3N_4 纳米片，该催化剂的光催化分解水产氢活性提高了 10 倍。他们认为形成的缺陷可以作为光催化反应的高活性位点。Zhou 等在 280 ℃ H_2 和 Ar 的混合气氛下，将 WO_3 纳米片处理了 0.5 h，得到的缺陷 WO_3 具有明显提高的光电催化性能。

4.3.2 缺陷修饰的作用

1. 缺陷修饰可调节半导体电子结构

氧化物半导体的光催化反应，与其电子结构（主要是禁带宽度和带边位置）密切相关。只有当光子能量大于或等于禁带宽度时，光子才会被半导体吸收。考虑到能量损失，光催化分解水反应需要的最低吸收能量为 2 eV，这也是对发生光催化反应半导体能带宽度的基本要求。常用的光催化剂 TiO_2 的禁带宽度过大，只能利用太阳能光谱的一小部分。同时，光生载流子迁移到表面参与表面反应时需要与反应物之间发生电荷转移，而电荷转移的效率可以通过改变导带和价带位置进行调节。因此，亟须对半导体能带结构进行调节来优化其光催化性能。Pan 等通过理论计算，研究了锐钛矿、金红石和板钛矿三种晶相 TiO_2 在含有氧空位、钛空位和 Ti^{3+}缺陷时的电子结构，发现氧空位和 Ti^{3+}会在半导体的能带间隙产生中间能带，使 TiO_2 的禁带宽度变小且吸光范围变大。

在对半导体进行缺陷修饰后，基本所有的半导体都发生了禁带窄化现象，在可见光及红外光区域产生了较强的吸收，且颜色也发生了变化。如 TiO_2 本来为白色，经过还原处理引入缺陷后变成了黑色、灰色、蓝色等颜色。很多研究人员都从 X 射线光电子能谱（XPS）价带谱中观察到了价带偏移或价带拖尾现象。Naldoni 等通过一步还原/结晶法制备的黑色 TiO_2 颗粒的禁带宽度只有 1.85 eV。形成的 TiO_2 具有结晶的含缺陷的核以及表面无定形层。轻微的导带拖尾使导带位置降低，而氧空位会在导带下部 0.7~1.0 eV 处引入局域态能级。但是，由于初始氧化物的结晶性、晶粒大小、制备方法等有很多差异，有的经过还原处理引入缺陷后的半导体并没有发现价带位移或拖尾现象。

2. 缺陷修饰可调节半导体表面性质

由于太阳能主要被半导体的表层（大约 1 μm 厚）吸收，所以光催化活性与表面性质有很大关系。经过缺陷修饰的半导体材料表面发生了很大的变化，形成的表面无定形层的性质引发了研究人员的讨论。大家公认的是表面无定形层中富含大量缺陷，且晶格条纹排列扭曲甚至无序。有些研究人员认为晶格呈收缩状态，而有些研究人员认为晶格有些微膨胀，甚至也有人并未观察到表面无定形层。因此，缺陷对半导体尤其是其表面产生的影响，及其最终如何影响光催化性能，还值得进一步研究。

研究人员对引入缺陷修饰之后的半导体表面含有的缺陷种类进行了大量研究。Wang 等用 EPR 和 XPS 表征结构证实，他们用氢等离子体法制备的黑色 TiO_{2-x} 样品表面的氧空位被 H 原子填充，形成了 Ti—H 键，没有检测到 Ti^{3+}。Wang 等用 H_2 处理纳米阵列 TiO_2，在表面检测到了大量的氧空位和 Ti—OH 键，并认为高浓度的氧空位作为电子给体使 TiO_2 的施主密度提高了 3 倍，且氧空位导致了 TiO_2 的颜色变化。此外，他们在研究中还观察到了 Ti^{3+}。

3. 缺陷修饰可提高半导体光生载流子传输效率

载流子会传输到表面参与反应。大量的载流子从体相向表面传输的过程中产生了复合。通过最大化电子传输速率可以尽可能抑制载流子复合过程，实现高效的光催化反应。Chen 等认为通过控制缺陷分布可以得到与体相和缺陷表面层能带匹配的次表面能带。载流子可以先从体相传输到缺陷次表层的浅陷阱，然后再转移到表面活性位。与传统的结晶半导体的一步传输方式相比，这种逐步的载流子传输方式在表面和体相之间形成了传输桥，极大地提高了载流子的传输效率。得益于这种传输方式，缺陷 TiO_2 的产氢活性是未处理的 TiO_2 的 120 倍。Zhang 和 Cai 等的研究结果表明，缺陷半导体光催化剂具有显著增强的载流子密度和导电性。以上结果表明缺陷可以提高电荷分离效率及载流子密度。

第5章　半导体光催化材料的表征手段

对半导体光催化剂的重要性能进行表征，对于了解半导体光催化剂在特定应用中的光催化活性是很重要的。这些性能包括结构性质、物理性质、光学性质、光电性质和光生载流子分离效率等。

5.1　物理性质

光催化剂的结构可以是无定形的或结晶的，然而结晶度对光催化剂的活性和反应有很大影响。例如 TiO_2，由于电子和空穴更容易复合，非晶结构的光催化活性通常比晶体结构差。晶体半导体光催化剂的活性因不同的晶体性能（如晶相和微晶尺寸等）也会存在差异。例如，锐钛矿 TiO_2 比金红石 TiO_2 更具光活性，四方相氧化铋（β-Bi_2O_3）比单斜相氧化铋（α-Bi_2O_3）更有效。因此，半导体的晶体学性质很值得研究。

（1）X 射线衍射

XRD 以定性物相分析为主，定量分析为辅。根据 XRD 谱图信息，可以确定样品是无定形结构还是晶体结构。将待测样品的 XRD 谱图与标准物质的 XRD 谱图进行对比，可以定性分析样品的物相组成；通过对样品衍射强度数据的分析计算，可以定量分析样品的物相组成。根据实测样品和标准谱图 2θ 值的差别，可以定性分析晶胞膨胀或者收缩的问题。XRD 的基本原理为：如果晶态物质组成元素或基团不相同或其结构有差异，它们的衍射谱图在衍射峰数目、角度位置、相对强度以及衍射峰形上会显现出差异。

图 5-1 是样品的 XRD 谱图。g-C_3N_4 在 13.0° 和 27.3° 处显示出两个明显的衍射峰，对应着标准卡片 JCPDS No. 87-1526。13.0° 和 27.3° 处的衍射峰分别代表三均三嗪环的面内结构（晶面间距为 0.676 nm（100））以及层间结构（层间距约为 0.325 nm（002））。WO_3 显示的衍射峰则对应它的单斜晶相（JCPDS No. 89-4476）。WCN 和 O-WCN 样品表现出 WO_3 和 g-C_3N_4 的复合峰，证明两者共存。需要注意的是，O-WCN 与 WCN 相比，WO_3 的衍射峰强度变强，而 g-C_3N_4 的衍射峰强度变弱。研究人员猜测在引入氧源之后，WO_3 结晶性变强，而 g-C_3N_4 沿（002）方向的有序堆叠结构被破坏而导致厚度变薄。从 XRD 谱图的局部放大图可以发现在引入氧源之后，OCN 相比于 g-C_3N_4 和 O-WCN 相比于 WCN，它们的（002）衍射峰的位置均向高角度方向偏移。（002）衍射峰由层间堆叠造成，衍射角位置与层间距直接相关。研究人员认为，由于氧原子具有比氮原子更高的电负性，当将氧原子掺杂到 g-C_3N_4 骨架中时，较强的吸引力增强了 g-C_3N_4 层之间的相互作用，从而缩短了晶面间距，因此衍射峰移向更高的角度。

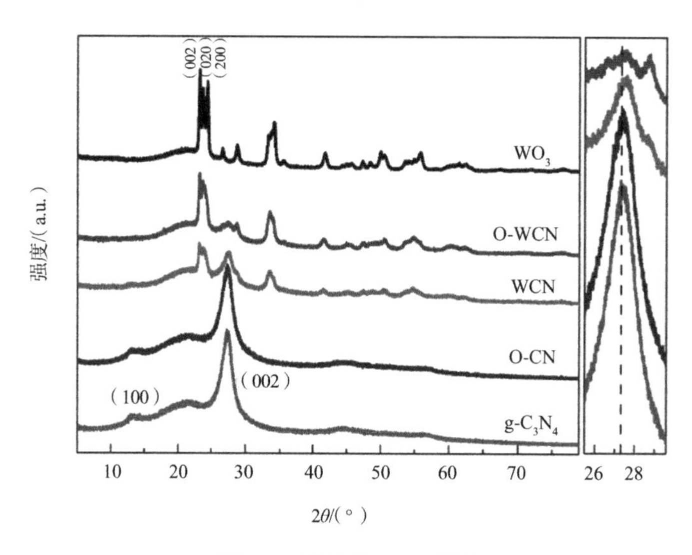

图 5-1 样品的 XRD 谱图

(2)扫描电子显微镜(SEM)和透射电子显微镜(TEM)

通过 SEM 可以观察材料几何形貌、几何尺寸、分散状态、微区元素组成。SEM 成像富有立体感,可直接观察到各种试样凹凸不平表面的细微结构。SEM 有很多种,不同 SEM 的测试条件、测试材料范围有所不同,常见的有六硼化镧灯丝 SEM、钨灯丝 SEM、场发射 SEM(FESEM)以及多功能的分析 SEM(电镜与其他仪器联用,如电镜带上能谱仪、波谱仪、荧光谱仪、二次离子质谱仪、电子能量损失谱仪等)。不同 SEM 的空间分辨率会有所差别。

通过 TEM 不仅可以获得样品的形貌、颗粒大小、分布,还可以获得特定区域的元素组成及物相结构信息。TEM 空间分辨能力强,可用于分析纳米粉体。由于 TEM 收集透射过样品的电子束的信息,因而样品必须足够薄,才能使电子束透过。TEM 将经加速和聚集的电子束透射到非常薄的样品上,电子与样品中的原子碰撞而改变方向,从而产生立体角散射。散射角的大小与样品的密度、厚度等相关,因此可以形成明暗不同的影像,影像在放大、聚焦后在成像器件(如荧光屏、胶片以及感光耦合组件)上显示出来。

图 5-2 是样品的 TEM 和 HRTEM(高分辨率透射电子显微镜)照片。从图 5-2(a)可以看到 WO_3 表现出颗粒状,直径为 50~100 nm。在图 5-2(f)中则可以看到清楚的晶格条纹,对应着 WO_3 的(002)面。而 g-C_3N_4 表现出典型的具有堆叠层的二维层状结构,它的 HRTEM 照片表现出无定形(图 5-2(b)和(g))。从图 5-2(c)和(h)可以明显地看到 O-CN 样品在二维层状结构的基础上表现出腐蚀状的形貌,有着明显的孔洞。图 5-2(d)和(e)则是 WCN 和 O-WCN 样品的 TEM 照片,它们均在二维层状结构上分布着颜色较深的 WO_3 纳米颗粒,证明了两者的共存。从它们的 HRTEM 照片可以看到 g-C_3N_4 和 WO_3 紧密结合在一起,证明异质结的形成。结合 XRD 和 TEM 表征结果,可以证明 WO_3/g-C_3N_4 异质结的成功合成,以及氧的引入并没有破坏 g-C_3N_4 的主体结构。

(3)氮气(N_2)吸附-脱附等温线

多相催化反应发生在固体催化剂的表面,为了获得单位体积或单位质量最大的反应活性,大多数催化剂被制成多孔的结构,以提高其比表面积。催化剂的孔结构、孔径大小分布对催化剂的活性以及反应物的扩散也有重大影响。N_2 吸附-脱附等温线是一种常见的表征孔结构信息的方法。

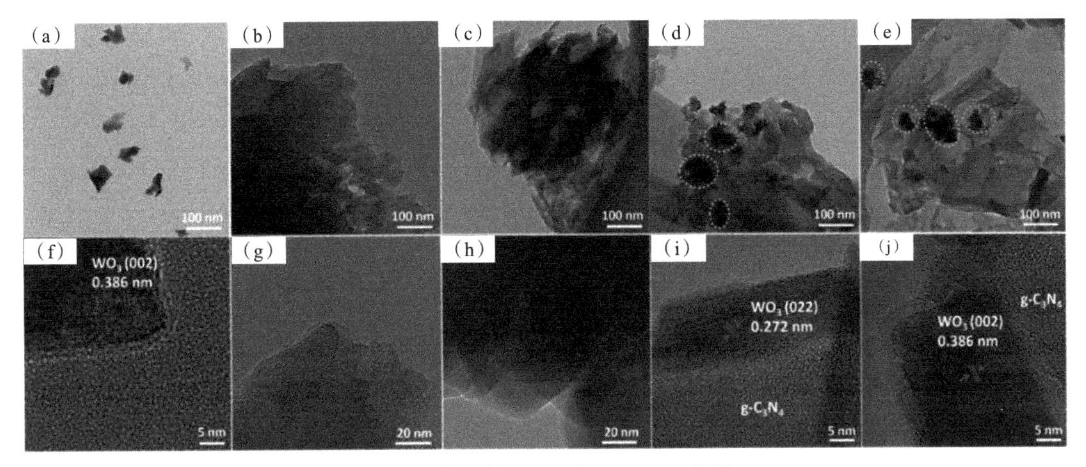

图 5-2　样品的 TEM 和 HRTEM 照片

（注：上为 TEM 照片，下为 HRTEM 照片）

(a)、(f)WO_3　(b)、(g)g-C_3N_4　(c)、(h)O-CN　(d)、(i)WCN　(e)、(j)O-WCN

图 5-3 显示了样品的 N_2 吸附-脱附等温线。所有的样品都呈现出典型的 H3 型磁滞回线的 IV 型曲线，表明了它们的介孔特性。这种狭缝状孔和中孔的存在是由于片状颗粒的聚集和热解过程中气体（NH_3 和 H_2O）的排放所致。在表 5-1 中列出了样品的 BET 比表面积（S_{BET}）、孔体积和平均孔径。WO_3 的比表面积很小，这与它的颗粒状形貌相吻合。g-C_3N_4 的 BET 比表面积、孔体积和平均孔径分别为 10 m²/g、0.03 cm³/g 和 4.7 nm，远大于 WO_3 的相关数据。O-CN 与 g-C_3N_4 相比较，其比表面积略有增大，这可以解释为加入乙酸铵后，影响了硫脲的热聚合过程，使得样品产生了更多的孔洞，这与 TEM 图的腐蚀状形貌相一致。WCN 的比表面积相较于 g-C_3N_4 明显增加，这可能是因为 WO_3 进入了 g-C_3N_4 纳米片之间。O-WCN 比 WCN 具有更大的比表面积，且远远大于纯的 g-C_3N_4，这一方面是因为异质结的作用，另一方面是由于氧源的加入导致催化剂的形貌呈腐蚀状，产生了孔洞。增大的比表面积有利于水分子的吸附，并能提供更多的活性位点。

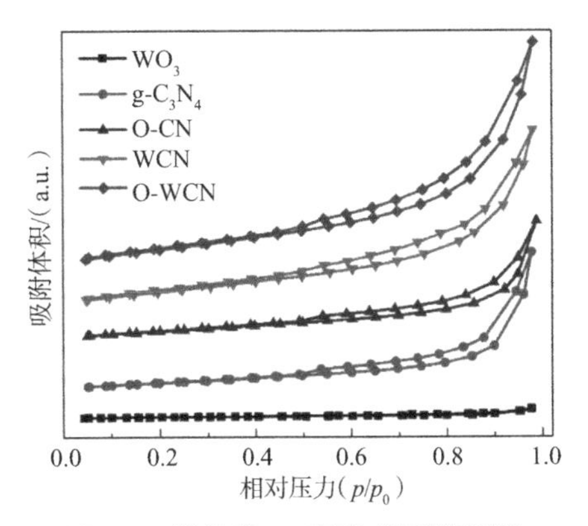

图 5-3　样品的 N_2 吸附-脱附等温线

表 5-1 样品的 BET 比表面积以及孔结构

样品名称	S_{BET}/(m^2/g)	孔体积/(cm^3/g)	平均孔径/nm
WO_3	1	0.01	1.7
g-C_3N_4	10	0.03	4.7
O-CN	11	0.03	4.7
WCN	20	0.04	4.7
O-WCN	25	0.05	4.7

(4)X 射线光电子能谱(XPS)

XPS 用于研究样品表面化学状态和化学组成,具有很高的表面检测灵敏度,可达到 10 原子单层,但体相检测灵敏度仅为 0.1%左右,其表面采样深度为 2.0~5.0 nm。XPS 的结合能仅与元素的种类和所电离激发的原子轨道有关,可以利用结合能进行表面元素的定性分析。X 射线激发出的光电子的强度与样品中该原子的浓度有线性关系,可以进行表面元素的半定量分析,不能给出所分析元素的绝对含量,仅能提供各元素的相对含量。XPS 的结合能会受元素所处环境的变化而发生微小的变化,化学位移可以分析元素在该样品中的化学价态和存在形式。

图 5-4 是样品的 XPS 谱图。通过 XPS 光谱分析可以研究在 g-C_3N_4 晶体结构中氧掺杂的位置。在图 5-4(a)中可以观察到 WCN 和 O-WCN 包含 O、N、C 和 W 四种元素,并没有其他的杂质元素存在。这表明它们的结构组成为 g-C_3N_4 和 WO_3 两种物质。对于样品的 O 1s 谱图(图 5-4(b)), WCN 和 O-WCN 均可以分峰得到位于 530.0(530.2)、531.8 以及 532.6 eV 位置处的三个峰,它们分别可以归属为 WO_3 的晶格 O (W—O—W 键)、表面羟基 O 以及 C—O (C═O)键。从图中可以明显地看到 O-WCN 的 C—O(C═O)键的峰面积要明显大于 WCN,这证明氧原子进入 g-C_3N_4 晶格中,形成了更多的 C—O(C═O)键。图 5-4(c)是样品的 C 1s 谱图。经过分峰处理后可以得到位于 288.9、288.3、286.5 以及 284.8 eV 处的四个峰,它们分别对应 C—O(C═O)键、sp^2 杂化的碳物种(N—C═N 键)、C—N 键以及 sp^2 杂化的 C—C 键。同样地, O-WCN 位于 288.9 eV 处的 C—O (C═O)键的强度要明显大于 WCN,这与 O 1s 谱图的结果相对应。

在样品的 N 1s 谱图(图 5-4(d))中, WCN 位于 398.8、399.6、401.2 以及 404.6 eV 的四个峰分别可以归属于 sp^2 杂化的氮物种(C═N—C)、sp^3 杂化的 N— (C)$_3$、C—NH_2 键以及 π 键激发的碳氮杂环。而 O-WCN 则在上述四个峰的基础上多一个位于 400.2 eV 的结合能峰,它可以归属为 C≡N。这是由于在高温热处理过程中,芳香族碳氮杂环中的部分 C—N 键被破坏后重建形成 C≡N,同时氧掺杂到碳氮杂环中。也就是说,氧原子通过取代碳氮杂环中的氮原子,导致碳氮杂环的断裂,形成了新的碳氮氧杂环。同时,断裂的碳氮悬空键变为稳定的 C≡N。此外,在 N 1s 谱图中没有可以归属于 N—O 键的信号,进一步证明氧是通过取代氮原子掺杂进入 g-C_3N_4 晶格中的。

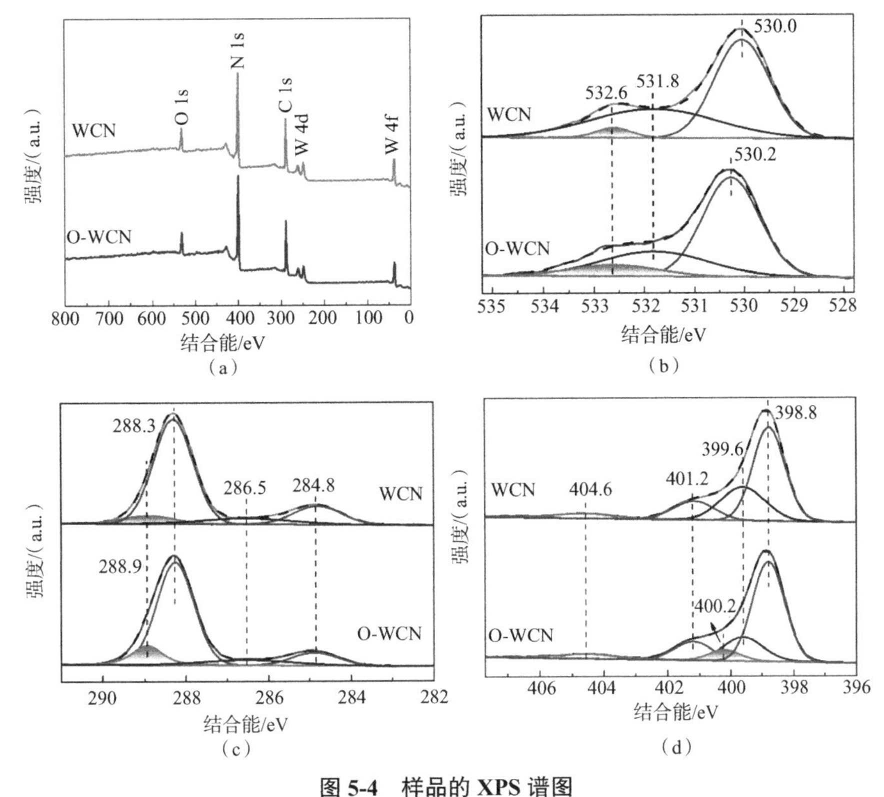

图 5-4　样品的 XPS 谱图

(a)总图　(b)O 1s 谱图　(c)C 1s 谱图　(d)N 1s 谱图

(5)热重分析(TGA)

TGA 是指在规定程序控制变化的温度范围内,测量被分析样品的质量相关量(如质量、固体残留量或残留率等)随温度或时间的变化关系。通过分析热重曲线,可以知道样品的热稳定性、热分解情况及其杂质组成、热分解产物等与质量相关的信息。热重分析的主要特点是普适性强,样品消耗少,灵敏度高,能准确地测量物质的质量变化及变化的速率。一般来说,只要物质受热时有组分逸出而引发质量的变化,都可以用热重分析来研究。同步热分析将热重分析(TGA)与差热分析(DTA)或差示扫描量热(DSC)结合为一体,在同一次测量中利用同一样品可同步得到热重与差热信息。还有 TGA-GC-MS,即热重串联气质联用。TGA 获得热重曲线的同时,将挥发物导入 GC-MS 系统,得到挥发组分的信息。

热重分析作为一种简便且直观的表征手段,近年来越来越多地被用于研究 MOFs 材料的缺陷。图 5-5 为 UiO-66-NH_2、UiO-66-NH_2-FA 和 UiO-66-NH_2-AA 的热重分析结果。由于 UiO-66-NH_2 在空气中加热分解的最终产物为 ZrO_2,因此以最终产物的质量为分母,计算出不同温度时的 UiO-66-NH_2、UiO-66-NH_2-FA 和 UiO-66-NH_2-AA 的质量比。从室温下开始升温,到 100 ℃左右到达第一个平台,这一段加热过程中质量的损失主要来自 UiO-66-NH_2 孔道中吸附的各种客体分子,如水分子以及残留在孔道中的 N, N-二甲基甲酰胺(DMF)分子和甲醇分子,因此第一个平台对应的质量应该是 UiO-66-NH_2 的实际质量。从热重曲线可以观察到 UiO-66-NH_2、UiO-66-NH_2-FA 和 UiO-66-NH_2-AA 分别在温度 380 ℃、320 ℃和

350 ℃左右，质量急剧下降，这证明 MOFs 的骨架开始瓦解。三者骨架被破坏的温度略有不同，这说明在合成 MOFs 时加入羧酸类调节剂会对 MOFs 的热稳定性造成影响。在 700 ℃以后，样品的质量比基本不变，说明 UiO-66-NH_2 完全被分解为 ZrO_2，因此 350~700 ℃这一大致范围内的质量损失对应于 UiO-66-NH_2 中有机配体的分解。从图 5-5 可以看到，相比于 UiO-66-NH_2，UiO-66-NH_2-FA 和 UiO-66-NH_2-AA 在这一温度范围内的质量损失更大，这证明 UiO-66-NH_2-FA 和 UiO-66-NH_2-AA 含有配体缺陷。

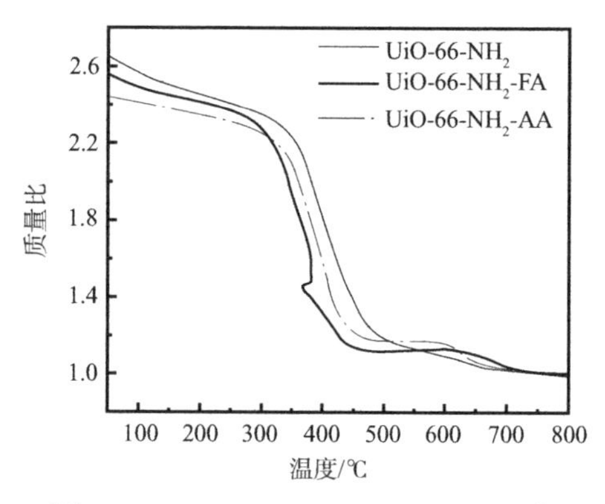

图 5-5 UiO-66-NH_2、UiO-66-NH_2-FA 和 UiO-66-NH_2-AA 的热重分析结果

5.2 光学性质

（1）紫外-可见漫反射光谱（UV-vis DRS）

紫外-可见漫反射可用于研究固体样品的光吸收性能，催化剂表面过渡金属离子及其配合物的结构、氧化状态、配位状态、配位对称性等。在光催化领域，一般用紫外-可见漫反射来探究固体样品的吸光性能。对于不同的光催化材料，其吸光性能会有很大差异，有的在可见光照射下就可以发生催化反应，有的只能在紫外光照射下才会发生催化反应。通过 UV-vis DRS 可以知道光催化剂的光吸收范围，并且通过后续公式转换计算可以得到光催化剂的能带间隙。

为了研究氧掺杂对样品光学性质的影响，研究人员对样品进行了紫外-可见吸收光谱测量（图 5-6（a）），同时利用库贝尔卡-芒克（Kubelka-Munk）禁带计算理论获得了禁带宽度（E_g）值，相应的结果显示在图 5-6（b）中。如图 5-6（a）所示，WO_3 和 g-C_3N_4 在可见光区域均表现出较弱的吸光能力。WO_3 的吸收边位置相较于 g-C_3N_4 具有明显的红移，这与它们的带隙值大小相吻合。当掺杂氧原子之后，O-CN 的带隙值明显减小，在可见光区域的吸光能力增强。WCN 在形成异质结后，相较于 g-C_3N_4，它的带隙值同样减小，对光的捕获能力有所提高。O-WCN 的带隙值则比 WCN 进一步减小，具有最强的光吸收能力。这是异质结和氧掺杂共同作用的结果。根据以上的分析推测，氧掺杂之后，在 g-C_3N_4 导带下方形成了浅受主能级，使得带隙值减小，进而提高了可见光的吸收能力。

（2）傅里叶变换红外光谱（FTIR）

红外光谱是一种吸收光谱，来源于分子偶极矩变化。当振动引起偶极矩变化时，变化的偶极矩可能与入射的红外光相互作用，分子吸收光电磁波的能量，发生能级跃迁，在光谱中形成一条红外吸收谱带。红外光谱与物质内部分子结构及运动相关，可以用来鉴定分子中存在的官能团，得到分子的化学键（官能团）信息。FTIR 的优点是：扫描速度快，分辨率高；光通量大，灵敏度高；光谱范围宽，测量精度高。样品状态可以为液体、粉末、固体、薄膜。样品种类可以为无机物、有机物、高分子、蛋白质、天然产物。

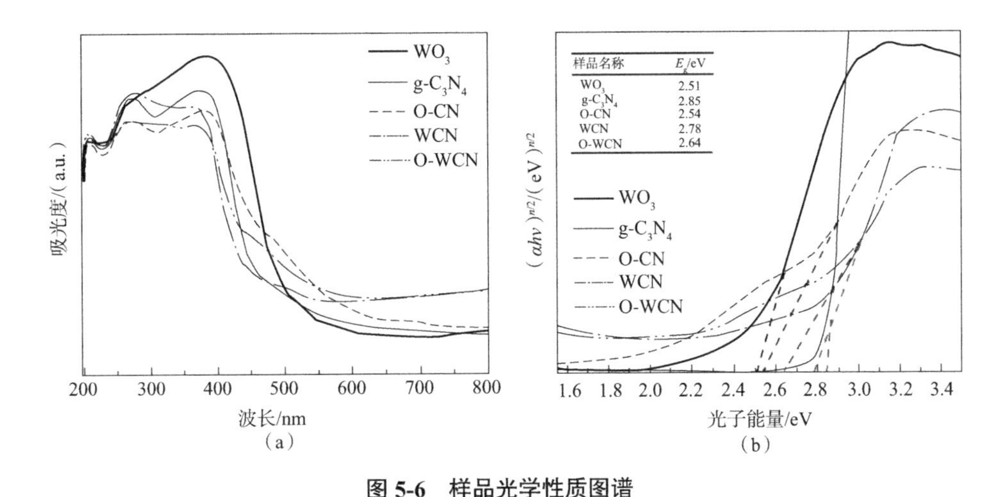

图 5-6　样品光学性质图谱

(a)紫外-可见吸收光谱　(b)通过 Kubelka-Munk 变换得到的相应的禁带宽度

图 5-7 为 UiO-66-NH_2、UiO-66-NH_2-FA 和 UiO-66-NH_2-AA 的 FTIR 谱图。UiO-66-NH_2、UiO-66-NH_2-FA 和 UiO-66-NH_2-AA 在 3 500 cm^{-1} 附近均存在一个明显的氨基吸收峰。区别于 UiO-66-NH_2，UiO-66-NH_2-FA 和 UiO-66-NH_2-AA 在 1 100 cm^{-1} 处存在一个较微弱的吸收峰，该吸收峰属于肽键。结合以上两点可以证明，在 UiO-66-NH_2 的合成过程中引入羧酸，确实能够使 UiO-66-NH_2 的配体中部分的氨基与羧酸发生缩合反应，生成肽键。

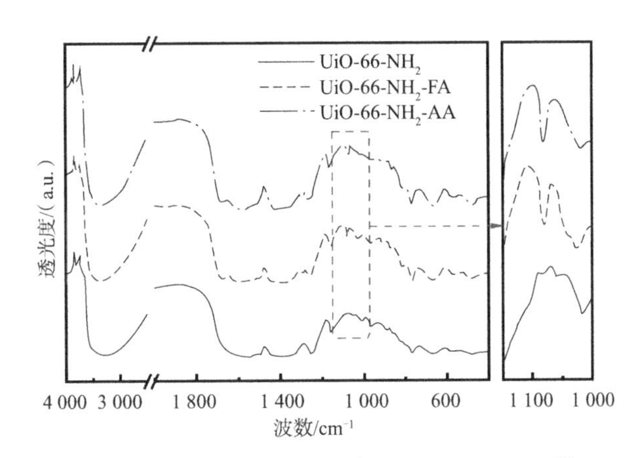

图 5-7　UiO-66-NH_2、UiO-66-NH_2-FA 和 UiO-66-NH_2-AA 的 FTIR 谱图

5.3　光电性质和光生载流子分离效率

(1)光电流响应曲线(I-t)和电化学阻抗谱(EIS)

光电流响应分析属于材料光电化学测量中最基本的一种测试分析，已被广泛用于评估光生载流子的分离能力。当用光能激发材料时，价带电子被激发而跃迁至导带，在强电场作用下，导带电子会定向移动而形成电流，即光生电流。所以，一般情况下，当光辐射能量被半导体材料吸收而产生光电流时，较高的光电流响应表明材料具有更好的电荷分离性能。光照射半导体电极，当入射光的能量大于半导体的能带间隙时，电子由价带向导带跃迁产生电子-空穴对，光生电子沿外电路向另一电极迁移产生电流，光电流反映了光生电子和光生空穴的分离效率。光电流越大，分离效率越高。

电化学阻抗谱也是材料光电化学测量中的一种基本测试分析。在电化学系列测试中，材料被制备成电极，与对电极（如 Pt 电极）、参比电极（如 Ag/AgCl 电极）形成三电极体系。电化学阻抗测试中使用小频率交流信号作为输入信号，得到阻抗信息。光催化材料在电化学阻抗测试分析中，常得到的阻抗谱是“半圆+尾巴”形曲线，其中高频低电阻区的“半圆”主要为电荷转移电阻主导，而低频高电阻区“尾巴”主要为物质转移电阻，故一般可以通过比较半圆区的半径大小来判断电荷转移电阻的大小，即半径越小，电荷转移的阻抗越小，电荷分离度也越高。

图 5-8（a）是样品的光电流响应曲线。从图中可以看到 g-C_3N_4 的光电流响应强度要高于 WO_3，说明它的载流子分离和转移更有效。此外，无论是掺杂氧还是与 WO_3 形成异质结，O-CN 和 WCN 的光电流密度均高于纯的 g-C_3N_4，由此证明这两种修饰手段均可以促进光生载流子的产生和有效分离。最重要的是，O-WCN 在结合两种修饰手段后，它的光电流密度要远远高于纯的 g-C_3N_4、O-CN 和 WCN，表明氧掺杂和构建异质结具有一定的协同效果。

图 5-8（b）是样品的奈奎斯特电化学阻抗谱图。从图中可以看到，与 g-C_3N_4、O-CN 和 WCN 相比，O-WCN 的圆弧半径最小，说明氧的掺杂和异质结的形成均有助于减小电子的传输阻力，它的光生电子的传递和分离最快。结合光电流响应的结果可知，引入氧可以有效地改善样品的光电化学性质，增强电子传递和分离效率，进而有效抑制光生电子与空穴的复合。

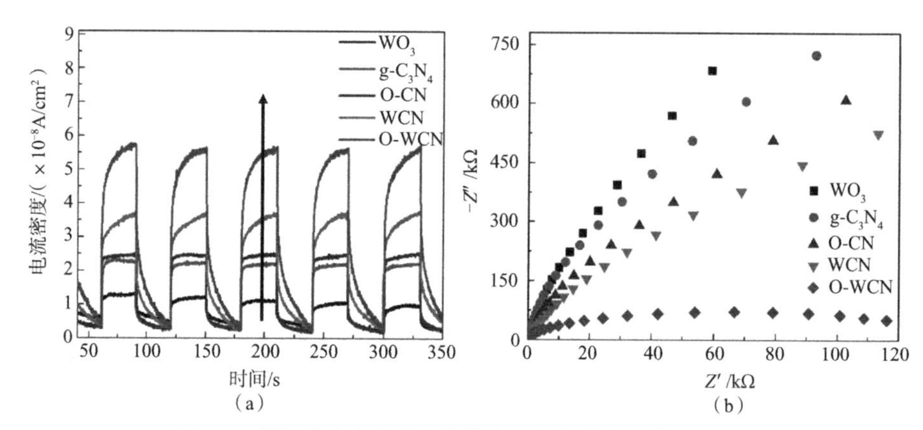

图 5-8 样品的光电流响应曲线和奈奎斯特电化学阻抗谱图

（a）样品的光电流响应曲线 （b）样品的奈奎斯特电化学阻抗谱图

（2）光致发光光谱

PL 光谱指物质在光的激励下，电子从价带跃迁至导带并在价带留下空穴，电子和空穴在各自的导带和价带上通过弛豫达到各自未被占据的最低激发态（在本征半导体中即导带底和价带顶），形成准平衡态，准平衡态下的电子和空穴再通过复合发光，形成的不同波长的光的强度或能量分布的光谱图。光致发光过程包括荧光发光和磷光发光。PL 光谱峰越强，说明电子-空穴对复合率越高，分离效率越低。

在激发光源的照射下，一个荧光体系向各个方向发出荧光，当光源停止照射后，荧光不会立即消失，而是会逐渐衰减到无。荧光寿命是指分子受到光脉冲激发后返回到基态之前，在激发态的平均停留时间。具体到光催化领域，可以通过荧光寿命来了解电子和空穴的分离效率，荧光寿命越长，说明电子存在时间越长，电子和空穴的分离效果越好。因此，人们常用荧光寿命来测试光催化剂的电子和空穴分离效果。

从图 5-9 可以看到 g-C_3N_4 和 WO_3 分别在 465 nm 和 453 nm 处有一个宽的荧光发射峰，这是由它们自身的光生电子和空穴复合造成的。WCN 在形成异质结后，产生的峰位置位于两种纯物质的中间，它的峰强度远远低于 g-C_3N_4，由此证明异质结可以使载流子有效地分离和转移。当氧掺杂进入 g-C_3N_4 的晶格后，O-CN 的峰位置发生了红移，这与对应的带隙值减小相吻合，同时峰的强度也降低，证明光生载流子的复合情况得到改善。值得注意的是，O-WCN 相较于 WCN，峰位置也发生了红移，证明氧掺杂产生了影响。同时它具有更低的荧光强度，表明光生载流子得到了有效的分离。结合紫外-可见吸收的结果可知，氧掺杂使得 g-C_3N_4 导带下方的浅受主能级可以有效地捕获光生电子，促进光生电子和空穴的分离，减少复合的发生。结合光电化学表征和 PL 光谱的结果可知，氧掺杂可以改善光电性质，促进光生载流子的产生和分离，有效地抑制光生电子-空穴对的复合。在氧掺杂和异质结的协同作用下，O-WCN 具有最高的载流子分离和转移效率，这有利于更多的光生电子和空穴参与反应，进而提高光催化活性。

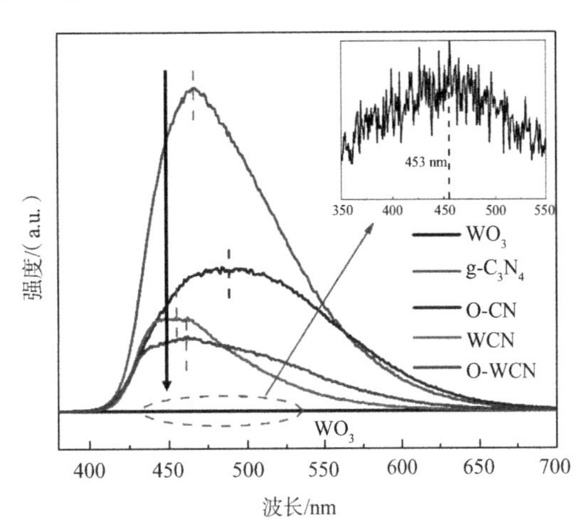

图 5-9　样品的稳态 PL 荧光光谱

关于光催化的测试与表征技术还有很多，比如原位技术、热分析技术，针对光催化的不同研究方向还有不同针对性的测试表征等等，这里只是简单介绍下常用的一些技术。即使是上面提到的一些测试与表征手段，有些其实是重叠的或者相辅相成的，测试与表征只是手段，读者应该根据需要合理搭配相应的测试与表征手段。

第 6 章　金属氧化物型光催化材料应用实例

6.1　二氧化钛用于光催化分解水制氢

光催化分解水（简称光解水）制氢这一反应对半导体导带和价带位置有特殊要求，禁带宽度要大于 1.8 eV。对于很多半导体来说，想要实现高效光催化分解水反应，需要对能带位置和禁带宽度进行调变。自 1972 年光催化分解水的现象被发现以来，TiO_2 作为一种潜在的光催化剂得到了深入的研究，在光催化、染料敏化太阳能电池、储能和生物技术等领域被广泛应用。TiO_2 具有环境友好、低成本、良好的化学稳定性和低毒性的优点。然而，TiO_2 的光吸收能力较弱，它的禁带宽度（锐钛矿型：3.23 eV，384 nm；金红石型：3.02 eV，411 nm）过大，在可见光及近红外区域几乎没有吸收。此外，TiO_2 的载流子传递能力较差。为了调节 TiO_2 的禁带宽度和电子结构，研究人员做了很多尝试，如利用氢化作用、离子掺杂、半导体复合和半导体表面光敏化等。通过以上方法，尤其是通过氢化作用，TiO_2 的可见光吸收效果和载流子传输能力都得到了极大的增强。天津大学李新刚研究团队报道了一种安全且高效的氢化处理策略。在氢化过程中加入贵金属 Pt，通过 Pt 的氢溢流作用大大降低氢化过程中所需要的温度和压力，最终得到富含缺陷的氢化半导体材料。

构建 TiO_2 的特殊形貌也是有效解决这一问题的可行方法。Li 等将核壳型 TiO_2 微球用于光催化苯酚降解反应，发现核壳型 TiO_2 微球的活性高于实心球和空壳型 TiO_2 微球的活性。他们认为该核壳型催化剂具有高活性的原因是：一方面，该样品具有较高的比表面积；另一方面，该样品的蛋壳结构及片状外壳可能会对光产生多次反射，从而提高对光的利用效率。同时，将蛋壳结构 TiO_2 研碎后，虽然比表面积略有增加，但光催化活性却显著下降，说明核壳结构对光的利用过程以及光催化过程有极大的促进作用。Liu 等使用一步无模板溶剂热法制备了自组装双层 V_2O_5-SnO_2 催化剂，他们指出这种双层壳的结构为锂离子的迁入迁出提供了更短的路径，同时为锂离子提供了更多的储存中心。Dong 等采用硬模板法制备了多层 ZnO 中空微球，多壳层结构的 ZnO 在用于染料敏化电池时显示出了很好的活性。多层中空结构活性较好的原因是其大比表面积能够高效吸附染料，同时层与层之间光线反射和散射加强了光的吸收。这两个因素都可以提高光线的吸收从而提高活性。由以上分析可知，具有合适内径尺寸的中空结构，能够使入射光在其空腔内进行多重反射，增加光与材料内壁的接触机会，提高光的利用效率。有研究者发现，中空笼状球结构比实心结构表现出更高的光催化降解活性。此外，相比于实心球，中空球的独特结构增加了表面积/体积比，在为反应提供更多活性位点的同时，也缩短了载流子的传输路径，促进了光生载流子的分离和转移过程。

图 6-1（A）中比较了二氧化钛实心球（a）和二氧化钛中空球（（b）和（c））对入射光的光吸收能力。图 6-1（A）中的中空球可以使入射光在其空腔中进行多重反射，增加了入射光的

光程，使入射光与 TiO_2 有更多的接触机会，从而比实心球有更高的光吸收能力。但是，中空球（b）致密的壳也会阻止部分入射光进入它的中空内腔中而削弱了多重反射效果。根据以上分析，可以设想，中空笼状结构（c）可以让更多的入射光进入其空腔中，产生更加明显的多重反射效果，从而提高光源的利用率。

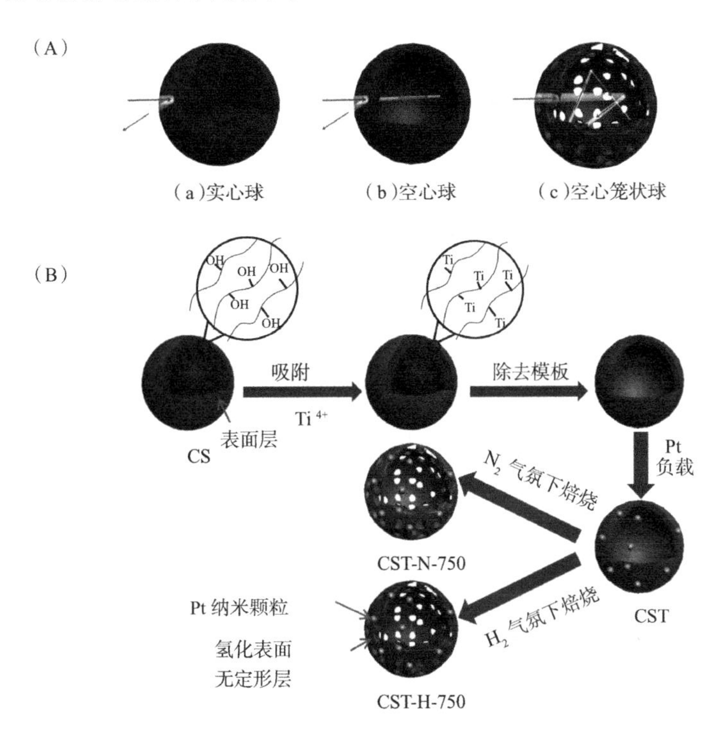

图 6-1 TiO_2 球的内部入射光吸收比较示意图及氢化中空笼状 TiO_2 球（CST-H-750）的合成路线图

（A）TiO_2 球的内部入射光吸收比较示意图 （B）氢化中空笼状 TiO_2 球（CST-H-750）的合成路线图

通过以上分析可知，中空笼状 TiO_2 球具有最高的光催化活性。经研究发现，其高活性主要是多重反射和缺陷修饰共同作用的结果，既提高了对太阳光的吸收能力，又抑制了光生载流子的复合。图 6-1（B）是氢化中空笼状 TiO_2 球（CST-H-750）的合成路线。选择碳球（CS）作为硬模板剂，利用碳球表面大量的羟基和羰基吸附金属钛离子。通过焙烧去除模板后，合成了中空笼状 TiO_2 球。然后在其上负载了质量分数为 1%的 Pt，将该样品记为 CST。之后将 CST 分别在 750 ℃ H_2 气氛和 N_2 气氛（40 mL/min）中焙烧得到的样品记为 CST-H-750 和 CST-N-750。将 CST-H-750 样品的结构破坏制得了对比样品，并将该样品记为 CSTD-H-750。此外，将 CST 分别在 350、550 和 900 ℃ H_2 气氛中还原，把制得的样品记为 CST-H-x（x = 350、550 和 900）。

6.1.1 物理性质

图 6-2 和图 6-3 是样品的 SEM（含 TEM）照片，CS 样品的 SEM 照片（图 6-2（a）和 6-3（a））证实研究人员已成功制得了直径约为 1.75 μm 的均匀分布的实心碳球模板。图 6-2（b）的 SEM 和 TEM 照片也证实了制得的 CST 样品为直径约为 0.75 μm 的空心球。

图 6-2(c)到 6-2(f)分别为 CST-H-350、CST-H-550、CST-H-750 和 CST-H-900 氢化处理后样品的 SEM 照片,右下角的插图为对应样品的 TEM 照片。在氢化温度达到 750 ℃以前,样品保持原来的中空结构,且外壳上没有出现孔;当样品在 750 ℃的 H_2 或 N_2 气氛中处理之后,在样品外壳上均出现了笼状孔,得到了中空笼状结构:CST-H-750(图 6-2(e))和 CST-N-750(图 6-2(g))。从 CST-H-750 样品的低倍 SEM 照片(图 6-3(b))可以看出,虽然外壳出现了笼状孔,但是中空笼状球的尺寸分布仍然是均匀的。继续升高热处理温度到 900 ℃,笼状结构发生收缩和坍塌(图 6-2(f))。图 6-2(h)是 CSTD-H-750 样品的 SEM 照片,由图可知,该样品的中空笼状结构已经被破坏了。

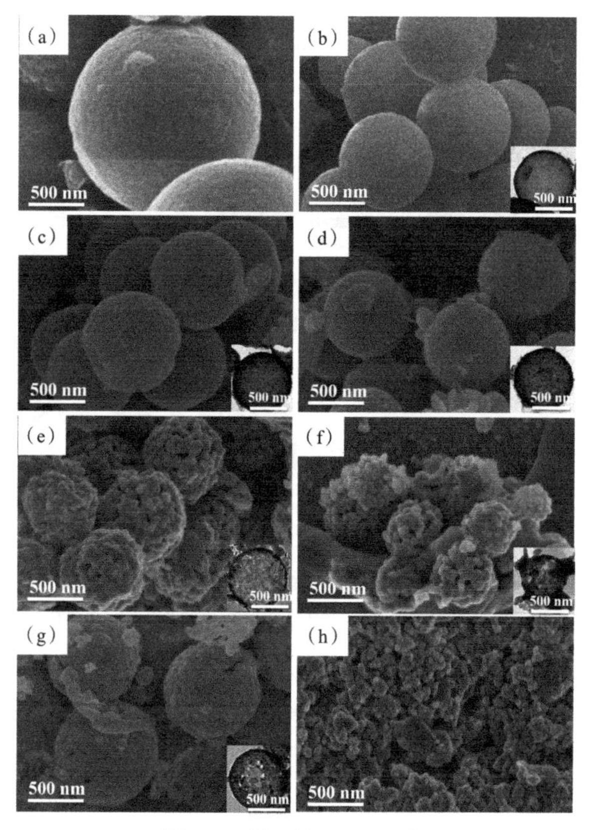

图 6-2 样品的 SEM 照片

(注:图(b)~(g)右下角的图片为对应样品的 TEM 照片)

(a)CS (b)CST (c)CST-H-350 (d)CST-H-550 (e)CST-H-750 (f)CST-H-900 (g)CST-N-750 (h)CSTD-H-750

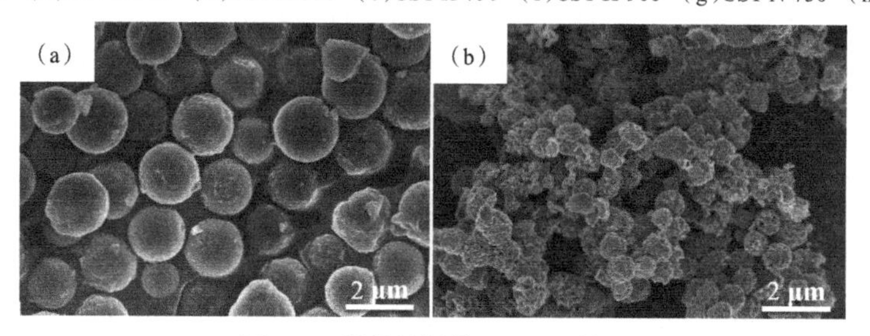

图 6-3 样品的低倍 SEM 照片

(a)CS (b)CST-H-750

图 6-4 是系列样品的 XRD 谱图。通过下式计算这些样品的锐钛矿相质量分数(f_a)并把计算结果列入表 6-1 中。

$$f_a = \left(1 + 1.26\frac{I_R}{I_A}\right)^{-1} \tag{6-1}$$

式中 I_R 和 I_A 分别是金红石(110)面和锐钛矿(101)面的峰强度。在氢化温度低于 550 ℃时,样品中锐钛矿相的含量基本保持一致。当氢化温度继续升高到 750 ℃时,锐钛矿相开始向金红石相转移,在 $2\theta = 41.2°$ 处出现了一个衍射峰,可归属为金红石(111)面。金红石相(110)和(111)面共存可以促进电子从(111)面到(110)面的转移。因此金红石的(111)和(110)面可分别作为氧化位和还原位不断捕获光生电子和空穴从而提高光催化活性。此外,金红石和锐钛矿的异相结对光催化活性也有一定的促进作用。CST、CST-H-350 和 CST-H-550 样品的锐钛矿与金红石相的比为 4∶1,表明这些样品中锐钛矿与金红石相间的相界面含量接近。CST-H-750 样品中锐钛矿与金红石相的比变为 1∶4。与前几种催化剂相比,在 CST-H-750 样品中锐钛矿和金红石相中的相界面含量基本不变,那么这些体系当中,金红石与锐钛矿的异相结含量也不变。而 CST-H-900 样品中锐钛矿相的峰基本消失了,只观察到金红石相的峰,则样品中的异相结含量大大减小,相界面含量大大减小。此外,在 CST-H-900 样品的 XRD 谱图中,还检测到了一个在 40.5° 处新形成的峰,它归属为 Pt_3Ti 合金相(JCPDS No. 65-3259)。

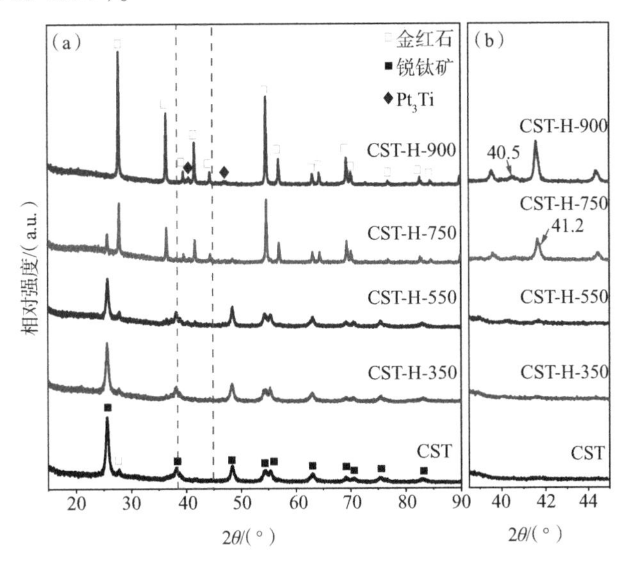

图 6-4　系列样品的 XRD 谱图

(a)系列样品的 XRD 完整谱图　(b)图(a)虚线框中的 XRD 谱图局部放大图

表 6-1　样品中的锐钛矿相的质量分数(f_a)以及金红石(110)面和锐钛矿(101)面的峰强度比(I_R/I_A)

样品名称	I_R	I_A	I_R/I_A	f_a
CST	71	583	0.12	0.87
CST-H-350	25	198	0.13	0.86

续表

样品名称	I_R	I_A	I_R/I_A	f_A
CST-H-550	85	391	0.22	0.78
CST-H-750	663	208	3.19	0.20
CST-H-900	1 424	0	—	0

CST、CST-H-x(x = 350、550、750 或者 900)、CST-N-750 和 CSTD-H-750 样品的比表面积数据被列在表 6-2 中。这些样品的比表面积分别为 49.5、45.7、40.2、32.3、25.7、34.4 和 33.9 m^2/g。样品的比表面积随着处理温度的升高而逐渐减小。CST-H-750 样品的比表面积比 CST、CST-H-350 和 CST-H-550 样品的比表面积都要小。而且把它的结构破坏掉之后，CST-H-750 样品的比表面积也没有很大的变化。

表 6-2　样品的比表面积

样品名称	比表面积/(m^2/g)	样品名称	比表面积/(m^2/g)
CST	49.5	CST-H-900	25.7
CST-H-350	45.7	CST-N-750	34.4
CST-H-550	40.2	CSTD-H-750	33.9
CST-H-750	32.3	—	—

图 6-5(a)是 CST-H-750 样品的 TEM 照片，对 CST-H-750 样品进行能量分散 X 射线图谱(EDS)线扫，扫描范围是图 6-5(a)中用线段标注的部分，结果如图 6-5(b)所示。在中空球的外壳部分，Ti 和 O 元素的峰强度迅速升高；而在中空球的空腔部分，Ti 和 O 元素的峰强度迅速下降。图 6-5(c)(O 元素)和图 6-5(d)(Ti 元素)是 CST-H-750 样品的 EDS 元素分布图。从图中可以看到，Ti 和 O 元素都均匀分布在空心结构的壳层区域。以上的表征结果进一步验证了样品的中空笼状结构。这种笼状多孔结构不仅可以使更多的入射光进入空腔中，而且加速了反应物和产物的质量传递过程。

图 6-5(e)是 CST-H-750 样品的 HRTEM 照片。晶格常数为 2.188 Å 和 1.962 Å，分别归属为 TiO_2 金红石(111)面和贵金属 Pt 的(200)面。而 TiO_2 锐钛矿相主要暴露的是低能的(101)面，如图 6-6(a)所示。进一步观察可得，在 CST-H-750 样品的 HRTEM 照片中，出现了 2 nm 厚的表面无定形层和结晶性良好的核心(图 6-5(e)和图 6-6(a))，而 CST-N-750 样品表面和体相核心的结晶性都很好(图 6-6(d))。这一现象证明 CST-H-750 样品表面扭曲是由于氢化处理引入修饰产生的。为了进一步研究 CST-H-750 样品的无定形表面层的晶格结构，分别对 CST-H-750 样品的金红石相和锐钛矿相进行了傅立叶变换和反傅里叶变换。以金红石相为例，处理范围为图 6-5(e)中虚线框围住的正方形区域，得到了图 6-5(f)中的傅里叶变换(FFT)图。为了更好地观察，将 FFT 图中箭头指向的点进行反傅里叶变换(IFFT)，得到图 6-5(g)。该图形可以分为两部分，用虚线作为界线。左半部分是规整有序的晶格结构，而右半部分是晶格周期性被破坏后明显扭曲的晶格结构，它决定了 CST-H-750 样品表面无定形层的根本性质。以上的结果证实，通过氢化处理方法成功合成了具有表面无定形层的中空笼状 TiO_2 球。

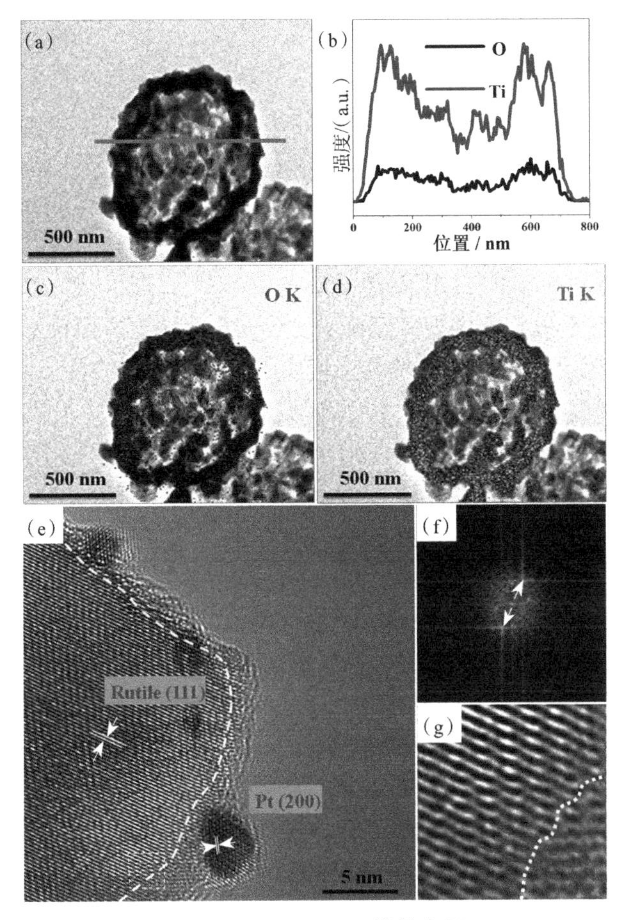

图 6-5　CST-H-750 样品表征

(a)TEM 照片　(b)图(a)中沿线段的 EDS 线扫曲线　(c)和(d)O 和 Ti 元素的 EDS 元素分布图
(e)HRTEM 照片　(f)图(e)中虚线方框范围内的选区 FFT 图　(g)图(f)中箭头指向的点的 IFFT 图

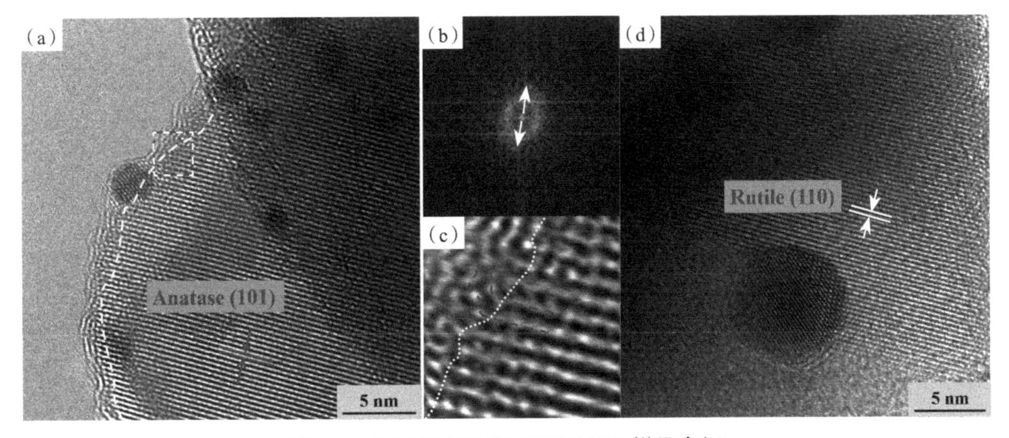

图 6-6　CST-H-750 和 CST-N-750 样品表征

(a)CST-H-750 样品的 HRTEM 照片　(b)图(a)中虚线方框范围内的选区 FFT 图
(c)图(b)中箭头指向的点的 IFFT 图　(d)CST-N-750 样品的 HRTEM 照片

6.1.2 光吸收能力

图 6-7 是样品的紫外-可见漫反射吸收光谱(UV-vis-DRS),相较于 CST 样品, CST-N-750 样品表现出更强的光吸收能力,这可能是由于其笼状结构的空腔增强了多重反射效应。而与 CST-N-750 样品相比, CST-H-750 样品在可见光区域对光的吸收能力更强。这主要是由氢化处理产生的表面无定形层和氧空位造成的。相比于 CST 样品,其他的氢化处理样品也显示出了更强的可见光吸收能力,且吸收边都发生了红移。此外,为了证明中空笼状结构增强了多重反射效应,将 CST-H-750 样品进行研磨以破坏其中空笼状结构,得到了 CSTD-H-750 样品,并对该样品进行了紫外-可见漫反射光谱的测试。跟预期的结果一致, CSTD-H-750 样品在紫外光和可见光区域的吸收能力都减弱了。这一现象证实中空笼状结构的多重反射效应加强了 TiO_2 的光吸收能力。总的来看, CST-H-750 样品的光吸收增强是由其独特的中空笼状结构和氢化处理共同造成的。

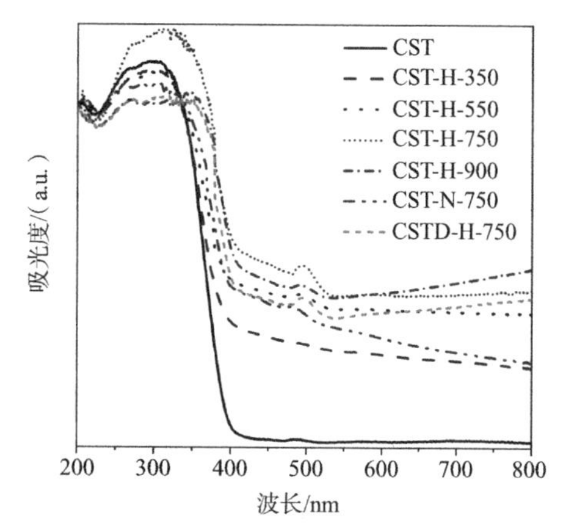

图 6-7 样品的 UV-vis-DRS

(在 200 nm 处归一化)

图 6-8(a)是 CST 和 CST-H-750 样品的 XPS 价带谱。氢化处理后的 CST-H-750 样品存在一条明显的价带拖尾,研究人员推测它是因为晶格扭曲而形成的,但是 CST 样品就没有这种价带拖尾现象。研究表明,电子从价带拖尾的能级位置或氧空位产生的能级位置向导带位置的转移是造成氢化处理后样品具有可见光吸收能力的原因。结合紫外-可见漫反射光谱数据(图 6-7),吸收边的红移和能带拖尾都能够使样品中产生更多的载流子,这意味着可能有更多的载流子迁移到表面参与反应。图 6-8(b)是 CST 和 CST-H-750 样品的荧光发射光谱。测试范围是 350~700 nm,激发波长为 325 nm。光生电子和空穴复合后,会向外辐射荧光,因此荧光光谱可以用来检测半导体中光生载流子的分离和转移能力。CST 和 CST-H-750 样品的荧光光谱峰的位置分别在 415 nm 和 427 nm 处,归属为禁带跃迁产生的荧光辐射。CST-H-750 样品的荧光光谱峰强度远远低于 CST 样品。考虑到样品的吸光能力会影响产生载流子的总量,也会影响荧光光谱峰强度,为了更准确地比较样品的载流子分离效率,又比较了在 325 nm 处 CST 和 CST-H-750 样品的光吸收能力。在 325 nm 处, CST-H-750 样品的吸收能力更强,那么在该样品上会产生更多的光生电子和空穴。因此, CST-H-750 样品的荧光光谱峰强度降低主要是由于氢化处理之后光生电子和空穴的复合被抑制而造成的。根据紫外-可见漫反射吸收光谱、XPS 价带谱及荧光发射光谱的结果可知,氢化处理过程引入的缺陷,使 CST-H-750 样品的表面产生了更多的有效光生电子和空穴。

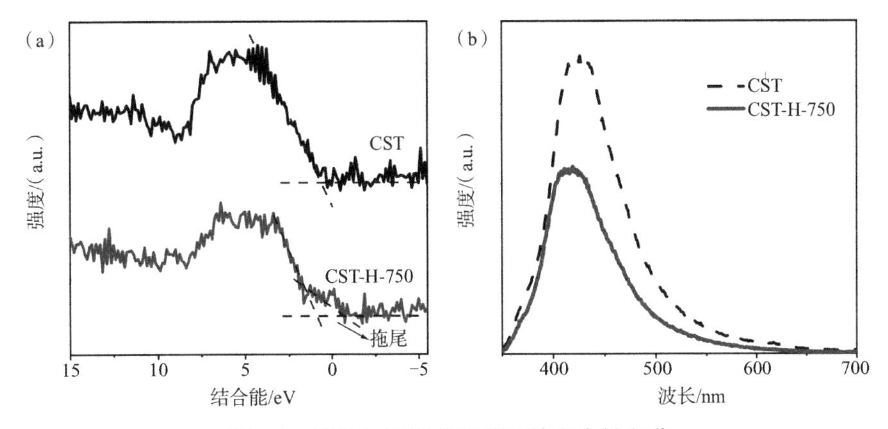

图 6-8　样品的 XPS 价带谱和荧光发射光谱

(a)样品的 XPS 价带谱(图中虚线表示用线性外插法得到了 TiO_2 样品的能带位置)(b)样品的荧光发射光谱

6.1.3　缺陷分析

本节我们会对氢化处理后的 TiO_2 的缺陷产生情况进行分析。图 6-9 是样品的 XPS 光谱，XPS 光谱可以反映样品的表面信息。如图 6-9(a)所示,未氢化的样品和氢化处理后的所有样品的 Ti 2p XPS 光谱形状和出峰位置基本一致。它们的 Ti 2p XPS 光谱有两个峰,位置分别在 458.3 eV 和 464.1 eV 附近,分别对应 Ti $2p_{3/2}$ 和 Ti $2p_{1/2}$ 峰,可以归属为 TiO_2 中 Ti^{4+}—O 键。所有样品在 Ti 2p XPS 光谱中均没有观察到 Ti^{3+}的峰,表明 Ti^{3+}主要分布在体相,表面不含 Ti^{3+}使样品的稳定性增强。在图 6-9(b)中,未氢化的样品和氢化处理后的所有样品的 O 1s XPS 光谱峰在高结合能处均有一个肩峰,将 O 1s XPS 光谱峰进行分峰拟合后,得到了两个小峰。位于 529.7 eV 附近的峰归属为表面晶格氧(O_L),位于 532.0 eV 附近的峰归属为表面羟基氧(O_{OH})。可以用 XPS 光谱峰面积的比例推测对应物种的含量百分比。将 $O_{OH}/(O_{OH}+O_L)$结果统计在表 6-3 中。相比于未氢化的 CST 样品,CST-H-350、CST-H-550 和 CST-H-750 样品的表面羟基氧的比例 $O_{OH}/(O_{OH}+O_L)$依次升高,CST-H-750 样品的表面羟基氧的比例是最高的,为 42%。但是,氮气处理后的 CST-N-750 样品的表面羟基氧的比例基本不变,这一现象表明氢化处理之后的 TiO_2 样品表面形成了高浓度的羟基基团。

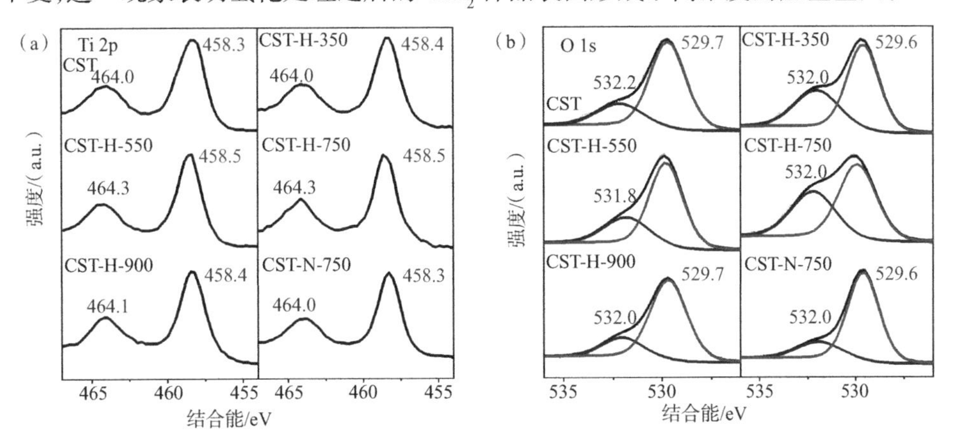

图 6-9　样品的 XPS 光谱

(a)Ti 2p　(b)O 1s

表 6-3 CST、CST-H-x（x=350、550、750 或者 900）和 CST-N-750 样品的结合能和不同表面氧物种的比值

样品名称	O 1s 结合能/eV		$O_{OH}/(O_{OH}+O_L)$
	O_L	O_{OH}	
CST	529.7	532.2	0.25
CST-H-350	529.6	532.0	0.37
CST-H-550	529.8	531.8	0.30
CST-H-750	529.9	532.0	0.42
CST-H-900	529.7	532.0	0.22
CST-N-750	529.6	532.0	0.21

图 6-10 是系列样品的拉曼光谱图。在样品当中检测出了 TiO_2 锐钛矿相和金红石相的拉曼峰。位置在 143、195、395、514 和 636 cm^{-1} 处的拉曼峰可以归属为 TiO_2 锐钛矿相的拉曼振动峰，而在 237、447 和 610 cm^{-1} 处的拉曼峰可以归属为 TiO_2 金红石相的拉曼振动峰。TiO_2 锐钛矿相属于四方晶相，而在四方晶系当中，E_g 模式的振动峰的变化可以作为生成氧空位的直接证据。当半导体被光照后产生了电子-空穴对时，氧空位可以作为电子捕获陷阱，有效地分离载流子，抑制载流子的复合。不仅如此，氧空位的产生还可以极大地增强样品的导电性和电荷转移能力。图 6-10 中右上角的插图是所有样品的锐钛矿相的 E_g 模式的最强振动峰（约 143 cm^{-1} 处），我们将峰位置数据整理到了表 6-4 中。当氢化温度从 350 ℃升到 750 ℃时，E_g 模式的振动峰的峰位置向高波数方向偏移，这表明 TiO_2 纳米晶格当中产生了更多的缺陷。与 CST-N-750 样品相比，最强 E_g 模式的振动峰的蓝移表明 CST-H-750 样品的晶格结构中有更多的氧空位，这也进一步证明了氧空位的产生是氢化处理引起的。

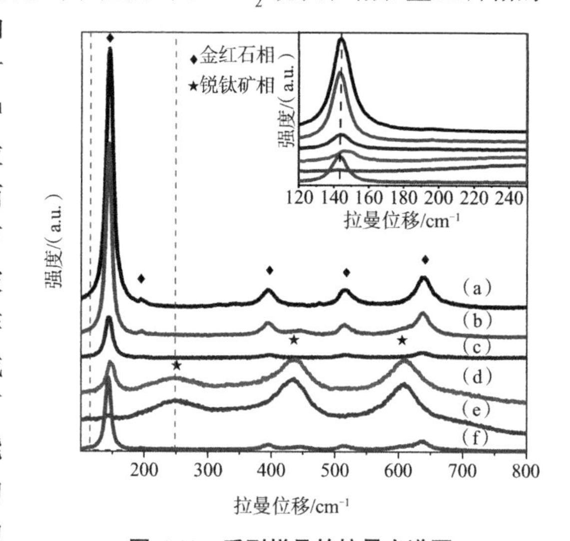

图 6-10 系列样品的拉曼光谱图

（右上角插图为锐钛矿相 TiO_2 的 E_g 模式的最强振动峰）

（a）CST （b）CST-H-350 （c）CST-H-550

（d）CST-H-750 （e）CST-H-900 （f）CST-N-750

表 6-4 CST、CST-H-x（x=350、550、750 或者 900）和 CST-N-750 样品中 TiO_2 锐钛矿相的 E_g 模式的最强振动峰的位置

样品名称	峰位置/cm^{-1}	样品名称	峰位置/cm^{-1}
CST	144.3	CST-H-750	146.7
CST-H-350	143.3	CST-H-900	—
CST-H-550	144.3	CST-N-750	143.0

注：样品 CST-H-900 中不含锐钛矿相。

为了得到更多的有关样品局域配位结构的信息，我们对样品进行了扩展 X 射线吸收精细结构的测试，结果如图 6-11 所示。在图 6-11（a）中用虚线框标注的为 Ti—O 配位键的第一配位壳层。我们对该壳层进行了拟合，并把拟合得到的相对局域配位结构参数放到了表 6-5 中。从图 6-11（b）可以看出，拟合结果与实验数据吻合得很好。CST-H-750 样品的 Ti—O 壳层的键长为 1.971 Å，配位数为 5.4；而 CST 样品的键长为 1.955 Å，配位数为 5.9。之前的理论计算结果显示，氧空位和羟基基团附近的 Ti—O 配位键的配位键长会被拉长。因此，CST-H-750 样品当中拉长的键长和增加的配位数表明其有丰富的缺陷（氧空位和羟基基团），与拉曼光谱结果一致。然而与 CST 样品相比，CST-N-750 样品的键长和配位数变化不大，键长为 1.964 Å，配位数为 5.9，这表明 CST-N-750 样品的缺陷含量不多。推测 CST-H-750 样品的结构扭曲是由于氢化过程使得[TiO_6]正八面体中 Ti 周围的氧被夺走而造成的。

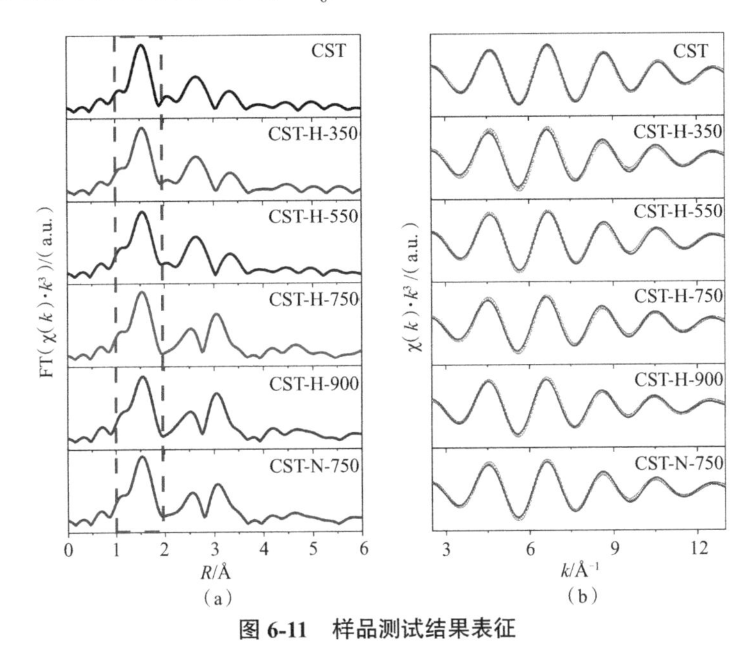

图 6-11　样品测试结果表征

（a）R 空间的滤波 EXAFS 振荡谱 $k^3 \cdot \chi(k)$ 的傅里叶变换　（b）k 空间样品的 Ti K 边的对应 $k^3 \cdot \chi(k)$ 谱（实线代表拟合结果，圆圈代表实验结果）

表 6-5　CST、CST-H-x（x = 350、550、750 或者 900）和 CST-N-750 样品的 Ti K 边 EXAFS 的 Ti—O 第一配位壳层的局域结构参数

样品名称	壳层	CN①	R②/Å	$\sigma^2$③/（×10^{-3} $Å^2$）	$\Delta E_0$④/eV	R_f⑤/%
CST	Ti—O	5.9	1.955	4.0	−1.8	0.90
CST-H-350	Ti—O	5.9	1.963	4.7	−1.0	0.77
CST-H-550	Ti—O	5.7	1.969	4.3	−1.5	1.36
CST-H-750	Ti—O	5.4	1.971	4.5	−3.5	1.23
CST-H-900	Ti—O	5.4	1.980	4.7	−3.3	0.83
CST-N-750	Ti—O	5.9	1.964	5.0	-3.5	0.98

注：①表示配位数；②表示配位距离；③表示无序度因子；④表示内部势能修正值；⑤表示剩余因子。

根据以上结果，推测出氢化处理过程，如图 6-12 所示。表面晶格氧与解离氢（H•）作用生成水分子，而生成氧空位（i）。或者表面晶格氧与 Ti 的键在氢化处理过程中因为解离氢（H•）的作用而断裂，在 TiO_2 的表面形成了一个羟基基团和氧空位（ii）。在这一过程中，体相氧空位（iii）和 Ti^{3+}也会随之生成。因此在氢气处理过程中，表面羟基氧的浓度升高能够间接地证明氧空位的生成。此外，表面上的高浓度羟基也可以通过钝化悬空键来稳定表面的晶格扭曲。因此，推测表面无定形层实质上是含有大量羟基和氧空位的晶格高度扭曲的缺陷层。

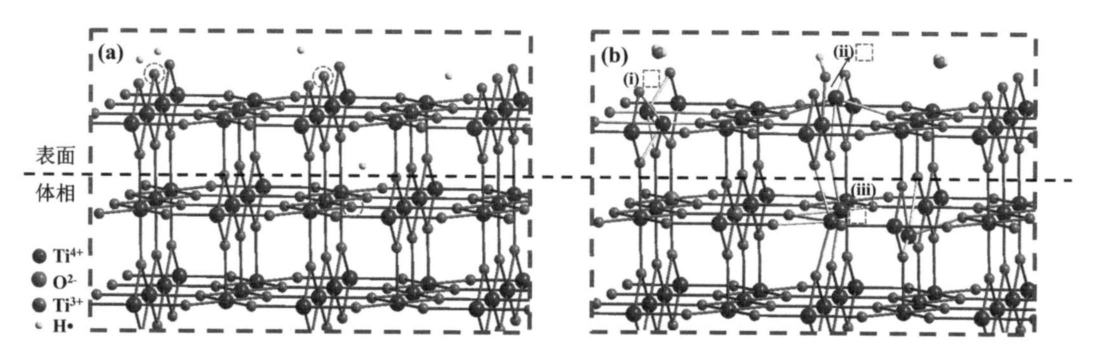

图 6-12 金红石 TiO_2（110）面的原子结构侧视图

（a）氢化前化学计量比的 TiO_2 （b）有点缺陷（羟基、氧空位和体相 Ti^{3+}）的晶格扭曲的 TiO_2

（图中用虚线方框代表氧空位，其中（i）和（ii）代表表面氧空位，（iii）代表体相氧空位）

6.1.4 本部分小结

本部分工作研究了在模拟太阳光下具有高光催化产氢活性的缺陷中空笼状 TiO_2 空心球。原始的中空球 CST 是由硬模板法合成的，通过 SEM、TEM 和 HRTEM 照片证实了随后的氢化处理过程成功合成了笼状的孔和无定形层结构。随着氢化温度从 350 ℃升高到 750 ℃，光催化产氢活性不断提高。当破坏 CST-H-750 样品的结构，降低它的光吸收能力之后，其光催化活性降低了 69%。XPS、拉曼光谱和拓展 X 射线吸收精细结构（EXAFS）结果表明，相比于 CST 样品，CST-H-750 样品在氢化处理过程产生了高浓度的羟基和氧空位。羟基基团能够稳定晶格扭曲而氧空位能够促进载流子分离过程。此外，Ti^{3+}主要存在于体相，这对样品的稳定性有一定的促进作用。结构优化和缺陷修饰的协同作用可以提高材料的太阳能利用率，同时降低载流子的复合，最终得到的材料具有优异的光催化产氢活性。

6.2 三氧化钨用于光催化分解水制氧

WO_3 由于带隙相对狭窄（2.4~2.8 eV），可以在水氧化过程中利用可见光而引起广泛关注。然而，WO_3 也存在电子传输效率较低，以及电子和空穴复合速度较快等金属氧化物光催化剂的常见问题。控制产生诸如氧空位等固有缺陷可以有效调节金属氧化物材料的光学和电学性质，很有可能同时提高光吸收效率和载流子分离效率。在 TiO_2 催化剂中，已经有很多针对这方面的研究。例如，Wang 等在 H_2 气氛下处理 TiO_2 纳米阵列催化剂，其光电催化性能得到了明显改善。H_2 是一种还原性气体，将 Ti^{4+} 还原为 Ti^{3+} 的同时，产生了大量的氧空位。Chen 等同样在 H_2 气氛下处理白色 TiO_2 粉末，得到了黑色 TiO_2。此后，还原气氛热处理引入氧空位缺陷的方法被成功地扩展到了其他过渡金属氧化物，如 WO_3、ZnO、CeO_2、$BiFeO_3$ 等。

氧空位是金属氧化物型半导体催化剂中最主要的缺陷之一，对半导体的电性质和光性质都有很重要的影响，从而最终影响半导体的光催化性能。近年来，有一些关于 WO_3 的缺陷调控方面的研究。但是，WO_3 中的氧空位对其光催化活性的影响作用仍然存在争议。一方面，一些研究者证实 WO_3 中的氧空位可以有效提高光生载流子的分离效率而极大地促进光催化过程。氧空位也能够将 WO_3 的光吸收范围拓展到更长的波段从而提高光催化活性。例如，有研究工作已经证实 WO_{3-x} 有很强的局域表面等离子体共振（LSPR）效应。另一方面，其他研究者发现氧空位作为光生载流子的复合中心抑制了光催化活性。目前，很少有研究者专注于研究氧空位在体相/表面的分布对光催化剂性能的影响。一些研究者只是感性地认为引入表面氧空位是有益的，但却没有进行系统的论证并找到确凿的证据。

在缺氧气氛下对 WO_3 进行热处理是最常见的产生氧空位的方法。Wang 和 Liu 等在纯 H_2 气氛下以不同温度处理 WO_3，成功地在氢化 WO_3 中引入了氧空位或 H_xWO_3。Zhang 等在纯 N_2 气氛中焙烧 $WO_3 \cdot H_2O$ 粉末成功制备了含有氧空位的 WO_3。通常情况下，研究人员通过调节处理温度或者处理时间来研究氧空位对光催化活性的影响。然而，处理条件的改变会不可避免地造成半导体催化剂的比表面积和晶相的改变，从而改变光催化性能。所以，很难通过已有研究清楚地阐明氧空位对于光催化活性的影响。

为了克服这个难题，我们在纯 N_2 气氛、纯 H_2 气氛、N_2 和 H_2 混合气氛（H_2 体积分数分别为 8%、20%、50%）中，在固定温度和处理时间的条件下处理 WO_3。最终，在催化剂比表面积和晶相在处理前后基本不变的前提下，我们成功地通过调节处理气氛中 H_2 的浓度理性调控了表面和体相氧空位的量。表征结果证实了表面和体相氧空位对于 WO_3 的光催化活性的影响。此外，我们还讨论了在热处理过程中，氧空位的变化引起的电子能带结构的改变。

6.2.1　物理性质

图 6-13 为 WO_3、WO_3-N、WO_3-H8、WO_3-H20、WO_3-H50 和 WO_3-H100 样品的 XRD 谱图。所有样品的 XRD 衍射峰都归属为 WO_3 单斜晶相（JCPDF 20-1324），且并未观察到其他晶相。为了更清楚地观察到 XRD 峰的偏移情况，我们将红色虚线框标注的区域放大，得到如图 6-13（b）所示结果。（001）、（020）和（200）晶面对应的衍射峰强度随着热处理气氛中 H_2 浓度的升高而逐渐降低，推测可能是由 WO_3 的结晶性降低造成的。相比于原始的 WO_3 样品，热处理后的 WO_3 样品的所有特征衍射峰都没有发生明显偏移，这表明热处理过程没有破坏样品的主要晶体结构。此外，我们还测量了系列样品的比表面积，样品的比表面积在热处理过程中基本没有发生变化，都在 3.0 m^2/g 左右，具体的比表面积数据列于表 6-6 中。

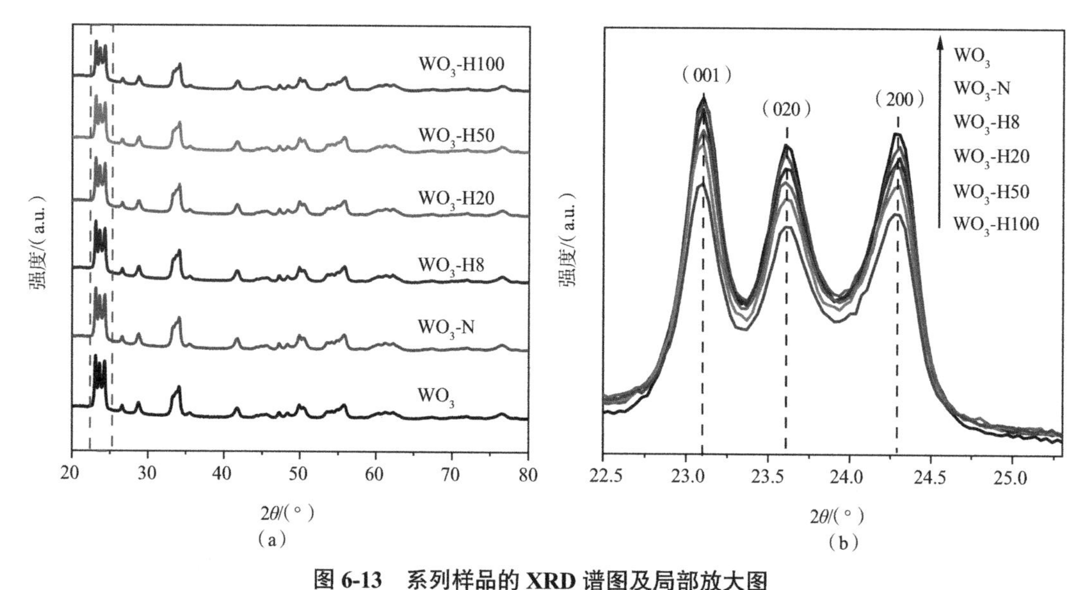

图 6-13 系列样品的 XRD 谱图及局部放大图

(a)WO_3、WO_3-N、WO_3-H8、WO_3-H20、WO_3-H50 和 WO_3-H100 样品的 XRD 谱图 (b)图(a)方框中谱图的放大图

表 6-6 样品的物理结构参数

样品名称	平均粒径/nm	S_{BET}/(m^2/g)
WO_3	36.7	3.2
WO_3-N	37.8	3.2
WO_3-H8	37.5	3.1
WO_3-H20	36.8	2.9
WO_3-H50	37.8	3.0
WO_3-H100	36.9	2.8

注:S_{BET} 由 BET 曲线的线性部分计算得到。

图 6-14 和图 6-15 分别是已制备样品的 TEM 和 SEM 照片,由此可以直观地得到样品的形貌及微观结构信息。经过偏钨酸铵直接焙烧研磨后得到的 WO_3 样品为颗粒块状。经过热处理之后的样品均很好地保持了原有 WO_3 的形貌,且样品的表面小颗粒在热处理之后并没有消失或长大,证明热处理并没有使样品产生烧结现象。通过谢乐公式计算了样品的晶粒大小,并把计算结果列入表 6-6 中。热处理前后,样品的晶粒大小基本保持一致,这也与 TEM 和 SEM 照片的结果一致。根据以上的分析结果,可以得出结论,本研究中采用的热处理过程对于晶体结构、比表面积和形貌的影响都比较小。

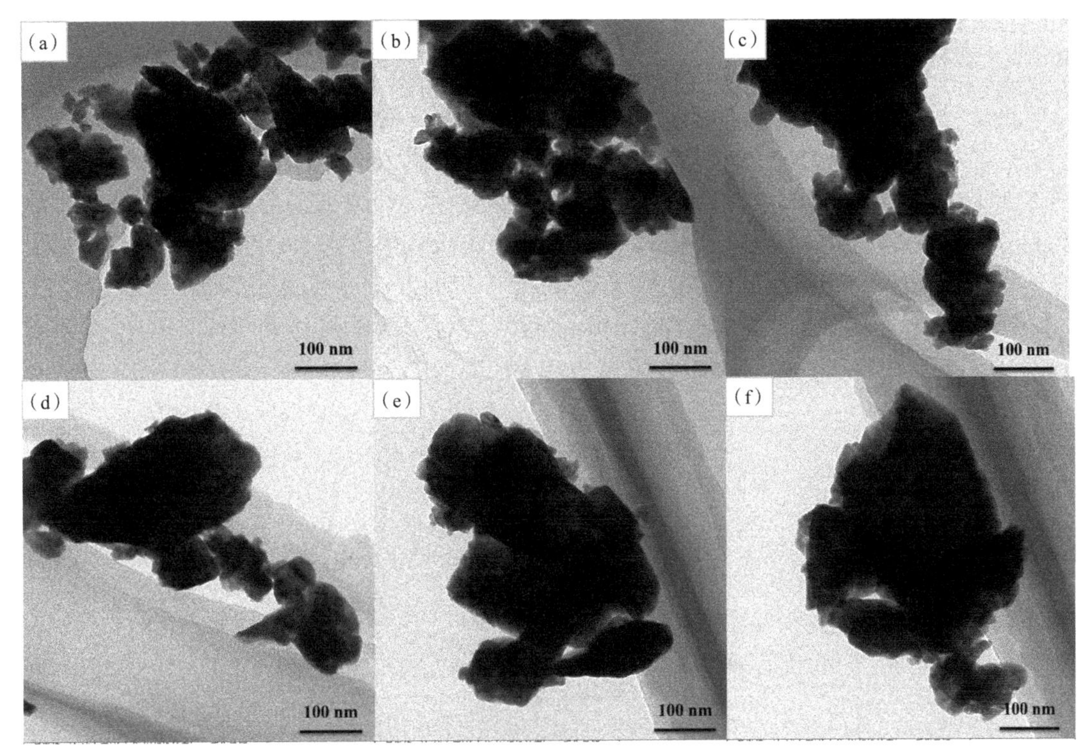

图 6-14　已制备样品的 TEM 照片

(a) WO_3　(b) WO_3-N　(c) WO_3-H8　(d) WO_3-H20　(e) WO_3-H50　(f) WO_3-H100

图 6-15　已制备样品的 SEM 照片

(a) WO_3　(b) WO_3-N　(c) WO_3-H8　(d) WO_3-H20　(e) WO_3-H50　(f) WO_3-H100

6.2.2 表面缺陷和体相缺陷

图 6-16 是 WO_3、WO_3-N、WO_3-H8、WO_3-H20、WO_3-H50 和 WO_3-H100 样品的 O 1s XPS 谱图。我们对 O 1s XPS 谱图进行了分峰拟合，将其分为三个峰，把出峰位置在 530.2 eV 附近的峰归属为表面晶格氧（O_L），把出峰位置在 531.7 eV 附近的峰归属为表面羟基氧（O_{OH}），把出峰位置在 533.2 eV 的峰归属为表面吸附水分子（O_{H_2O}）。在 H_2 热处理过程中，H_2 分子可以和表面晶格氧反应，生成表面氧空位。同时在生成表面氧空位的区域，羟基基团可以和钨离子成键，形成表面羟基（W—OH），从而使体系保持电中性。因此，羟基氧（O_{OH}）信号的百分比与表面氧空位的数量有很大的关系。

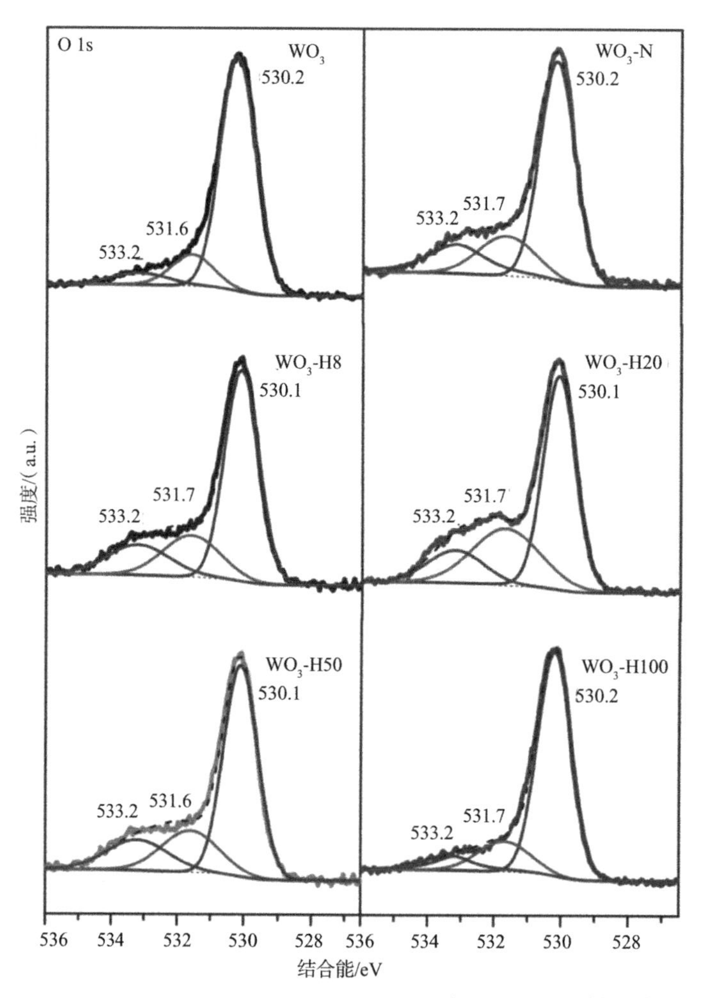

图 6-16 WO_3、WO_3-N、WO_3-H8、WO_3-H20、WO_3-H50 和 WO_3-H100 样品的 O 1s XPS 谱图

将每个氧物种的百分比列入表 6-7 中。所制得样品的羟基氧的数量存在以下的规律：WO_3-H20 > WO_3-H8 ≈ WO_3-H50 > WO_3-N > WO_3-H100 > WO_3。通过上一章的分析可知，通过还原性气氛热处理在金属氧化物表面生成氧空位的同时，有可能会对应产生表面羟基氧

（W—OH）。因此，样品羟基氧的数量规律可以从侧面反映样品表面氧空位的含量规律。当热处理混合气氛中 H_2 的浓度低于或等于 20 %时（WO_3-H8 和 WO_3-H20 样品），表面氧空位的数量随着热处理混合气氛中 H_2 浓度的升高而增长；当热处理气氛中 H_2 的浓度高于 20%时（WO_3-H50 和 WO_3-H100 样品），表面氧空位的数量随着热处理混合气氛中 H_2 浓度的升高而下降。从以上结果可以看出，所制得样品的表面氧空位的数量随着热处理气氛中 H_2 浓度的升高，呈现出先升后降的趋势，即呈现“火山形”曲线。WO_3-H20 样品的表面氧空位的数量最多，而 WO_3-H100 样品的表面氧空位数量最少。在纯 N_2 气氛下处理得到的 WO_3-N 样品的表面羟基氧的含量只有 18.5%，低于在氢氮混合气氛下处理得到的大部分样品。因此，可以推测出，还原性气体 H_2 的存在有利于表面羟基氧和表面氧空位的生成。

表 6-7　O 1s XPS 谱图峰的结合能、峰面积以及表面不同氧物种的百分比

样品名称	O 1s 结合能/eV			峰面积/counts			百分比/%		
	O_L	O_{OH}	O_{H_2O}	O_L	O_{OH}	O_{H_2O}	O_L	O_{OH}	O_{H_2O}
WO_3	530.2	531.6	533.2	57 451.9	9 617.3	4 670.8	80.1	13.4	6.5
WO_3-N	530.2	531.7	533.2	39 449.6	11 382.4	10 954.2	63.8	18.5	17.7
WO_3-H8	530.1	531.7	533.2	33 942.4	11 223.8	9 279.8	62.3	20.6	17.1
WO_3-H20	530.1	531.7	533.2	77 246.3	43 374.6	20 275.0	54.8	30.8	14.4
WO_3-H50	530.1	531.6	533.2	33 938.4	11 230.6	9 281.3	62.3	20.7	17.0
WO_3-H100	530.2	531.7	533.2	42 518.8	9 015.0	4 650.7	75.7	16.0	8.3

图 6-17 是 WO_3、WO_3-N、WO_3-H8、WO_3-H20、WO_3-H50 和 WO_3-H100 样品的 W 4f XPS 谱图。同样，我们也对谱图进行了分峰拟合。在进行拟合之前，对 W^{6+}和 W^{5+}两个峰的峰面积、出峰位置和峰宽设置一些限定条件。峰面积的限定条件为（$W\ 4f_{7/2} : W\ 4f_{5/2} = 4 : 3$）；出峰位置的限定条件为（$\Delta B.E.(W\ 4f_{5/2} - W\ 4f_{7/2}) = 2.0 \sim 2.2\ eV$）；峰宽的限定条件为（$FWHM(W\ 4f_{5/2}) = FWHM(W\ 4f_{7/2}) \pm 0.05\ eV$）。通过这些拟合限定条件进行分峰拟合，能够估测样品中钨元素的价态以及不同价态钨元素的相对含量。对于未处理的 WO_3 粉末样品，在 37.7 eV 和 35.6 eV 处观察到了峰，分别对应 W^{6+}的 W $4f_{5/2}$ 和 W $4f_{7/2}$ 峰。经过热处理之后的样品在 36.6 eV 和 34.5 eV 处出现了两个明显的肩峰，对应于 W^{5+}。W^{6+}和 W^{5+}都是双峰。

将分峰拟合的结果列入表 6-8 中。从表中可以看出，经过热处理的 WO_3 样品中 W^{5+}的含量为零。不管是在纯 H_2 气氛下、纯 N_2 气氛下还是在它们的混合气的气氛下，所有经过热处理的样品都产生了 W^{5+}物种，证明 WO_3 样品在这些气氛下热处理都会被还原。经过热处理之后，各样品的表面 W^{5+}的百分比（7.2%~8.7%）是比较接近的。

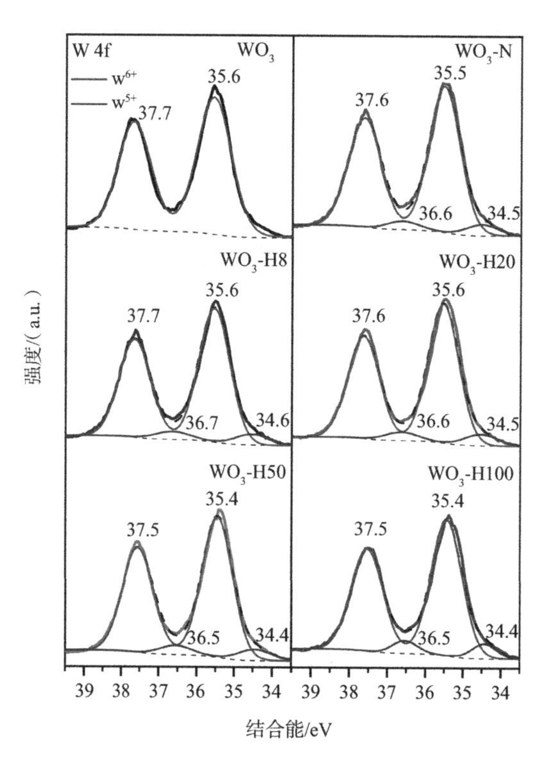

图 6-17 WO_3、WO_3-N、WO_3-H8、WO_3-H20、WO_3-H50 和 WO_3-H100 样品的 W 4f XPS 谱图

表 6-8 W 4f 谱图峰的结合能、峰面积以及 W^{5+}和 W^{6+}的百分比

样品名称	结合能/eV				峰面积/counts		百分比/%	
	W^{6+}		W^{5+}		W^{6+}	W^{5+}	W^{6+}	W^{5+}
	$4f_{5/2}$	$4f_{7/2}$	$4f_{5/2}$	$4f_{7/2}$				
WO_3	37.7	35.6	—	—	90 376.7	—	100	—
WO_3-N	37.6	35.5	36.6	34.5	60 333.5	4 657.7	92.8	7.2
WO_3-H8	37.7	35.6	36.7	34.6	54 477.6	4 662.4	92.1	7.9
WO_3-H20	37.6	36.6	36.6	34.5	61 209.7	5 258.5	92.1	7.9
WO_3-H50	37.5	35.4	36.5	34.4	123 071.0	10 833.7	91.9	8.1
WO_3-H100	37.5	35.4	36.5	34.4	67 139.7	73 555.9	91.3	8.7

图 6-18 和图 6-19 是系列样品的拉曼光谱。拉曼光谱的采样深度随着激发光波长的增加而增加。为了能够同时获得样品的表面信息和体相信息，我们使用了不同波长的激发光，分别为 325 nm 和 532 nm。所有样品的拉曼光谱的谱图信息都可以归属为 WO_3 的单斜晶相结构，这个结果和 XRD 谱图结果是一致的。图 6-18 为系列样品的紫外拉曼光谱，激发光的波长为 325 nm。因为紫外拉曼光谱的激发光源为紫外光，能量较高，容易被测试样品的表面结构吸收，所以紫外拉曼光谱一般能够较准确地反映样品的表面信息。

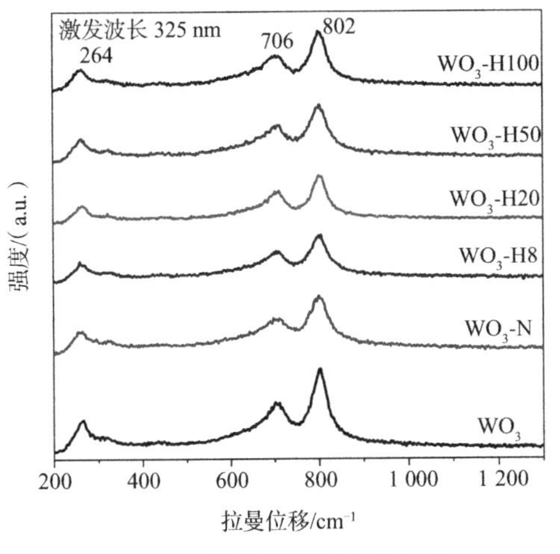

图 6-18 样品的拉曼光谱(1)

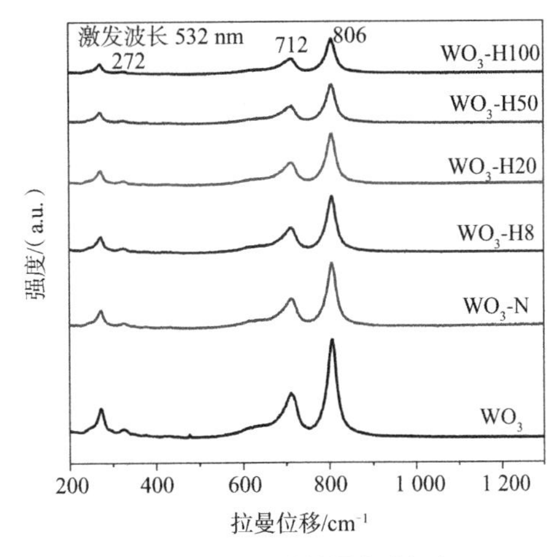

图 6-19 样品的拉曼光谱(2)

表 6-9 中总结了所有样品在 802 cm^{-1} 处的拉曼峰的半峰宽。因为拉曼峰的峰宽与氧空位含量有很大的关系,所以拉曼光谱是一种非常强大的检测氧空位的表征技术。未处理的 WO_3 样品的半峰宽为 42.7 cm^{-1},而处理之后的 WO_3 样品的半峰宽均有了提高,这表明热处理之后样品的表面氧空位含量升高。样品的表面氧空位的含量存在着以下的规律:WO_3-H20 > WO_3-H8 ≈ WO_3-H50 > WO_3-N > WO_3-H100 > WO_3。这个规律与之前得到的 O 1s XPS 的数据规律完全一致。这一结果进一步证明表面氧空位的含量随着热处理气氛中 H_2 浓度的升高,呈现出先升后降的"火山形"变化趋势。

表 6-9 拉曼主峰的半峰宽

样品名称	半峰宽/cm^{-1}	
	激发波长 325 nm①	激发波长 532 nm②
WO_3	42.7	21.4
WO_3-N	51.6	23.2
WO_3-H8	54.5	23.9
WO_3-H20	55.9	25.1
WO_3-H50	54.4	29.6
WO_3-H100	50.6	30.1

注:①拉曼峰 802 cm^{-1};②拉曼峰 806 cm^{-1}。

接下来的部分,是针对系列样品的体相缺陷,尤其是体相氧空位进行的测试。图 6-19 为样品的可见拉曼图谱。可见拉曼光谱的激发光的波长为 532 nm,其一般反映样品的体相信息。在可见拉曼光谱中,所有样品拉曼光谱峰的相对出峰位置以及数量都与紫外拉曼光谱相似。806 cm^{-1} 和 712 cm^{-1} 处的拉曼峰都归属为 W—O—W 键的伸缩振动, 272 cm^{-1} 处的拉曼峰归属为 W—O—W 键的弯曲振动。拉曼峰的宽化程度可以反映晶格的缺陷程度。表格 6-9 中总结了所有样品在最强峰 806 cm^{-1} 处的拉曼峰的半峰宽。在可见光激发时,该峰的半峰宽随着热处理气氛当中 H_2 的浓度的升高而逐渐变大。这证明随着热处理气氛当中 H_2 浓度的升高，WO_3 样品中体相氧空位的浓度逐渐变大。我们推测这一结果可能是由于热处理气氛中高浓度的 H_2 破坏了原始 WO_3 中的晶格有序排列和对称性,从而得到了更多的体相氧空位。

根据之前的分析结果可知,在热处理之后的样品中，WO_3-H20 样品的表面氧空位含量是最高的,而 WO_3-H100 样品的表面氧空位的含量是最低的。但是,体相氧空位含量的变化规律与表面氧空位含量的变化规律不同，WO_3-H100 样品的体相氧空位含量是最高的。这个结果表明:在温和气氛下处理的样品,更容易形成表面氧空位;在高浓度 H_2 气氛下处理的样品,则更容易形成体相氧空位。

图 6-20 是 WO_3、WO_3-N、WO_3-H8、WO_3-H20、WO_3-H50 和 WO_3-H100 样品的电子顺磁共振(EPR)谱图。EPR 谱图是一种非常有效的检测缺陷(氧空位)存在和检测缺陷(氧空位)浓度的研究方法。在未处理 WO_3 样品的 EPR 谱图中,并没有观察到氧空位或者任何其他缺陷的信号峰。而在经过热处理之后的样品中,均在 2.002 处观察到了一个 EPR 的信号峰,这个峰代表了未成对电子的氧空位。在 $g = 2.002$ 处的 EPR 信号峰的强度与样品中总氧空位的含量有直接关系,因此我们比较了热处理之后的样品在 $g = 2.002$ 处的 EPR 峰的强度(注: g 是反映自旋角动量和轨道角动量贡献大小的重要参数)。从图中可以看出,随着处理气氛中 H_2 浓度的增加,处理后样品 WO_3 的总氧空位含量是逐渐增加的，WO_3-H100 样品的总氧空位含量是最高的,这可能是由纯 H_2 气氛有非常强的还原性导致的。

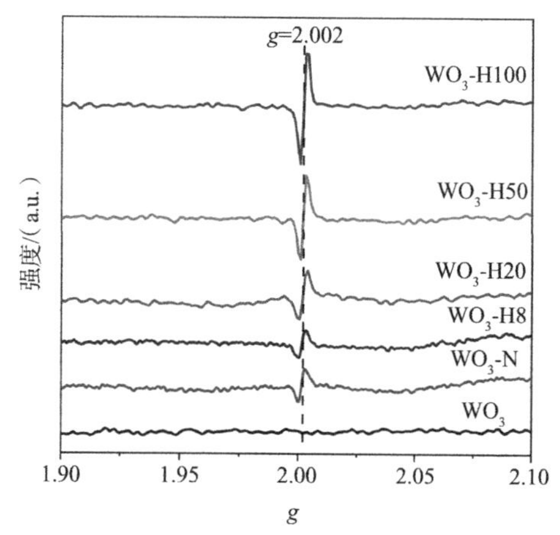

图 6-20 WO_3、WO_3-N、WO_3-H8、WO_3-H20、WO_3-H50 和 WO_3-H100 样品的 EPR 谱图

图 6-21 是 WO_3、WO_3-N、WO_3-H20 和 WO_3-H100 样品在 50 nm 深度处的 O 1s XPS 谱图。我们使用氩离子束轰击,表面原子从高能粒子处吸收能量而脱离表面,最终达到剥离表面原子层,得到样品的体相结构信息的目的。在 XPS 分析之前,将样品用氩离子束轰击,这种分析方法称为深度 XPS 分析。随着处理气氛中 H_2 浓度的升高,WO_3 样品的 O 1s XPS 峰位置逐渐向高峰位置处偏移。氧元素的电子结合能升高,证明氧元素周围的电子云密度降低以及体相氧空位的形成。WO_3-H100 样品的 O 1s XPS 峰位置偏移最大,有 0.7 eV。这一结果表明该样品中体相氧空位的含量是最高的,与 EPR 谱图的统计结果一致。

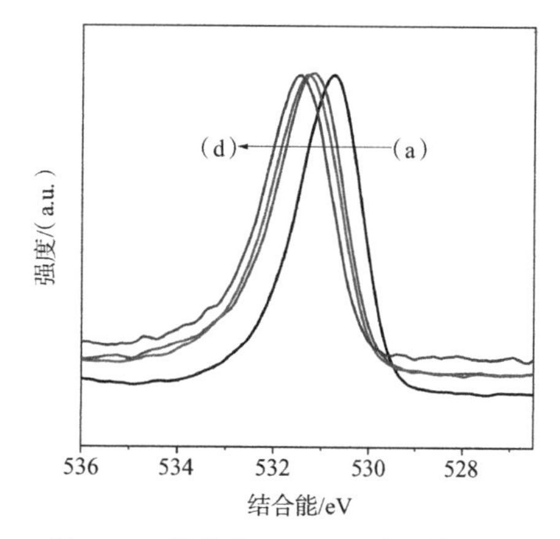

图 6-21 样品在 50 nm 深度处的 O 1s XPS 谱图

(a)WO_3 (b)WO_3-N (c)WO_3-H20 (d)WO_3-H100

但是，不得不提的是，使用氩离子束轰击辅助的深度 XPS 分析是有弊端的。氩离子束除了去除表面层，还会对样品产生其他影响。如：由于各个组分不同的溅射速率而引起的优先溅射；当被溅射组分的轰击速率较低，则轰击颗粒有可能注入样品的溅射表面；表面层和高能溅射离子的相互作用会引起大面积的表面发热；等等。离子束轰击法的这些副作用会使 XPS 深度分析更加复杂。在样品经过氩离子束轰击后测得的 W 4f XPS 谱图中，W^{6+}被大量还原为 W^{5+}和 W^{4+}等低价态离子，但并不能确定大量的 W^{5+}和 W^{4+}是体相结构的信息还是由于氩离子束轰击导致的，因此本章并没有参考经离子束轰击后测得的 W 4f XPS 谱图中的结果。当然，无论哪一种处理方法，都很难保证在去除掉表面层之后，不会使样品的体相结构发生变化。而想要得到更加客观的体相缺陷分析结果，还需要借助其他表征手段。

图 6-22 为不同气氛中程序升温实验中质谱仪记录的产生 H_2O 的信号值。程序升温实验的热处理条件与样品制备过程的热处理条件是一致的（50 mL/min，300 ℃，1 h）。H_2O 的信号值的峰面积随着处理气氛中 H_2 浓度的升高而逐渐增大，而这也进一步证明氧空位是随着热处理气氛中 H_2 浓度的升高逐渐生成的。

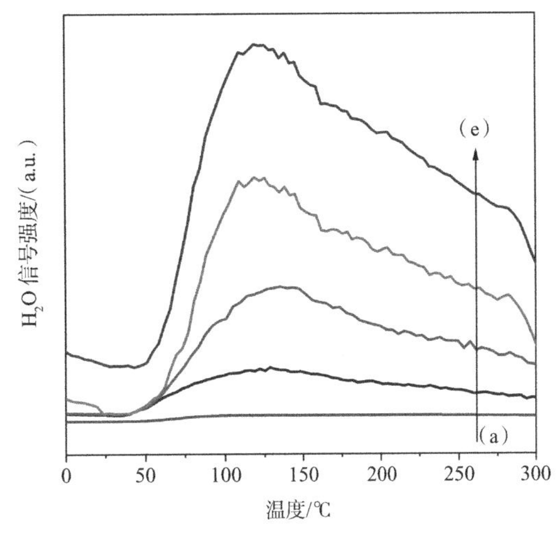

图 6-22　WO_3 在不同气氛中热处理时生成的水的质谱信号谱图

（a）纯 N_2　（b）8% H_2　（c）20% H_2　（d）50% H_2　（e）纯 H_2

对 WO_3、WO_3-N、WO_3-H20 和 WO_3-H100 样品进行 EXAFS 表征，结果如图 6-23 所示。对前两个配位峰进行拟合得到了样品的相对本征配位结构参数，并将拟合结果列入表 6-10 中。如图 6-23（b）所示，拟合结果与实验数据很吻合，这从表 6-10 中剩余因子（R_f）较小也能看出。从得到的本征配位结构数据中，能够观察到两个配位距离不同的 W—O 配位键，配位的距离约为 1.76 Å 和 2.12 Å，把这两个配位键记为 W—O_1 和 W—O_2。产生两个不同配位距离的 W—O 配位键主要是由单斜晶相的 WO_3 晶格中[WO_6]八面体结构扭曲造成的。因此，比较了系列样品的两个配位峰的总配位数（CN），发现经过热处理之后，WO_3 的总配位数都有了一定程度的减小。这一现象说明，在热处理过程中钨原子周围的氧原子被提取出来，使得钨氧配位数减小。WO_3-H100 样品的钨氧配位数最小，为 5.09，说明该样品中氧空位数量可能最多。继续比较 W—O_2 的键长，即配位距离（R）：未处理 WO_3 样品的 W—O_2 的键长为 2.112 Å，而经过缺陷修饰后的 WO_3-N、WO_3-H20 和 WO_3-H100 样品的 W—O_2 的键长分别为 2.118、2.123 和 2.150 Å。这意味着 W—O_2 键长会随着热处理气氛中 H_2 浓度的升高而增加。经过热处理之后样品的键长发生了明显变化，验证了氧原子的去除和样品结构的扭曲。配位数和键长的变化都主要发生在更长的钨氧键（即 W—O_2 键）上，这与之前的研究结果是一致的。这一实验结果暗示在氢氮混合气热处理过程当中，配位距离较长的钨氧键更易发生断裂与扭曲。另外，经过热处理之后的样品的无序度因子（σ^2）更大，这也进一步证明了样品的结构扭曲程度变大。

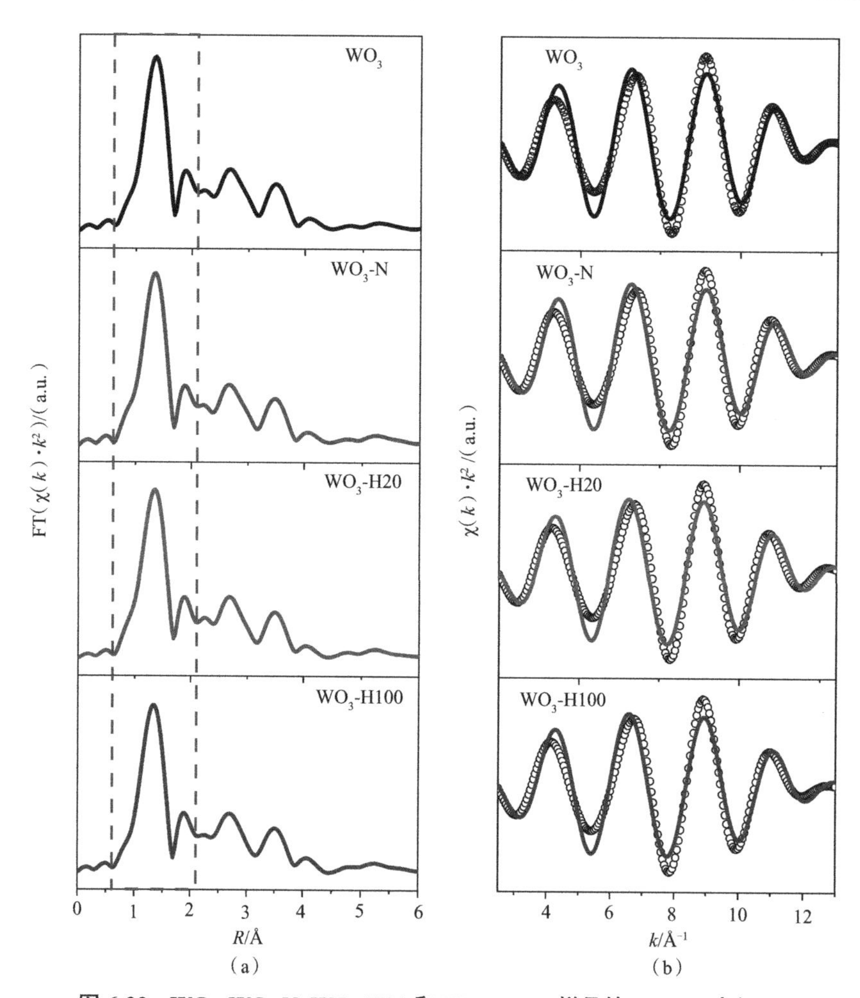

图 6-23 WO_3、WO_3-N、WO_3-H20 和 WO_3-H100 样品的 EXFAS 表征

(a)样品中钨元素 L_3 边的 R 空间的信息 (b)由傅立叶变换得到的样品在 k 空间的信息

(实线代表拟合结构,圆圈代表实验结果)

表 6-10 WO_3、WO_3-N、WO_3-H20 和 WO_3-H100 样品的 EXAFS 谱图的钨元素 L_3 边的 W—O 配位壳层的本征结构参数

样品名称	壳层	CN①	总 CN	R②/Å	$\sigma^2$③/($\times 10^{-3}$ Å²)	$\Delta E_0$④/eV	R_f⑤/%
WO_3	W—O_1	3.57	5.41	1.762	2.9	1.7	1.78
	W—O_2	1.84		2.112	3.0	9.0	
WO_3-N	W—O_1	3.57	5.37	1.762	3.1	2.8	1.61
	W—O_2	1.80		2.118	4.0	10.0	
WO_3-H20	W—O_1	3.56	5.32	1.763	3.1	1.8	2.10
	W—O_2	1.76		2.123	4.4	11.7	
WO_3-H100	W—O_1	3.55	5.09	1.763	3.4	1.8	2.43
	W—O_2	1.54		2.150	6.8	12.8	

注:①表示配位数;②表示配位距离;③表示无序度因子;④表示内部势能修正值;⑤表示剩余因子。

6.2.3　光吸收能力和载流子分离效率

图 6-24 是系列样品的紫外-可见-近红外漫反射吸收光谱图。与未处理的 WO_3 样品相比，经过热处理之后的样品在可见光区和近红外光区的吸光度都有明显的增大。吸光度是随着体相氧空位的增多而变大的，样品的颜色也从黄色变成了橄榄绿色，如图 6-24(c)所示。在可见光区和近红外光区，WO_3-H100 样品的吸光度是最大的。以$(\alpha h\nu)^{1/2}$对光子能量作图，并取曲线的切线与 x 轴的交点，我们得到了禁带宽度(E_g)的值，并将结果列入图 6-24(b)的表格中。未处理的 WO_3 样品的禁带宽度为 2.47 eV，而经过热处理之后的样品的吸收边随着样品中体相氧空位的含量增加逐渐向高波长方向偏移，从 2.41 eV 偏移到了 2.25 eV。WO_3-H100 样品含有最多的体相氧空位，同时也表现出最高的光吸收强度以及最窄的禁带宽度。从这一结果可以推测，氧空位尤其是体相氧空位可以有效地促进可见光和近红外光的吸收。

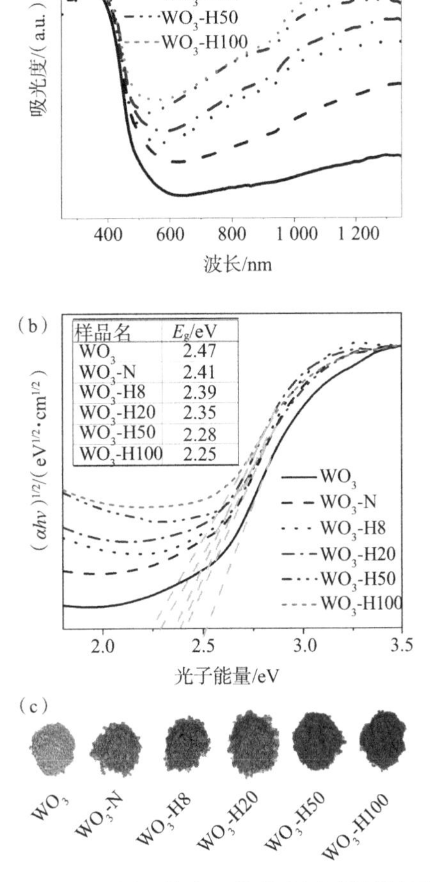

样品名	E_g/eV
WO_3	2.47
WO_3-N	2.41
WO_3-H8	2.39
WO_3-H20	2.35
WO_3-H50	2.28
WO_3-H100	2.25

图 6-24　系列样品的光吸收能力测试及样品照片

(a)样品的紫外-可见-近红外漫反射吸收光谱图

(b)样品紫外-可见-近红外漫反射吸收光谱图的 Kubellka-Munk 变换　(c)样品照片

考察制得的 WO_3、WO_3-N、WO_3-H8、WO_3-H20、WO_3-H50 和 WO_3-H100 样品的光生载流子分离效率。图 6-25 是样品的 PL 光谱图，激发光的波长为 360 nm。相对于未处理的 WO_3 样品，所有热处理过的 WO_3 样品的 PL 光谱峰的强度都明显降低。这表明热处理可以促进光生电子和空穴的分离过程。WO_3-H20 样品的 PL 光谱峰的强度最低，推测这主要是由该样品中表面氧空位的含量最多导致的。此外，将 WO_3-H50 和 WO_3-H8 样品的 PL 光谱峰的强度进行比较。这两个样品的表面氧空位含量差不多，但是含有更多体相氧空位的 WO_3-H50 样品的 PL 光谱峰强度比 WO_3-H8 样品更小。这表明体相氧空位也可以抑制光生电子和空穴的复合过程。然而，在纯 H_2 气氛下处理的 WO_3-H100 样品的 PL 光谱峰的强度明显增强，这可能是由该样品含有的表面氧空位数量过少导致的。通过以上分析可得，丰富的表面氧空位和适当的体相氧空位对于高效的载流子分离过程是十分必要的。

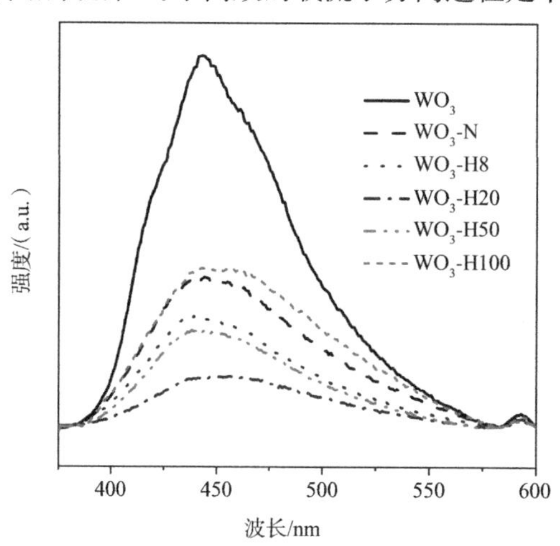

图 6-25 WO_3、WO_3-N、WO_3-H8、WO_3-H20、WO_3-H50 和 WO_3-H100 样品的 PL 光谱图

6.2.4 光催化和光电催化活性

图 6-26 是 WO_3、WO_3-N、WO_3-H8、WO_3-H20、WO_3-H50 和 WO_3-H100 样品在可见光照射下的光催化产氧量，入射波长 $\lambda > 400$ nm。通过 XRD、拉曼光谱及物理性质数据分析可得，热处理后的 WO_3 催化剂的比表面积和晶相基本保持一致，因此能够更准确地构建氧空位与光催化性能之间的构效关系理论模型。由图 6-26 可知，所有经过热处理之后的样品的光催化产氧活性都比未处理的 WO_3 样品要高。这也证明了对 WO_3 来说，纯 H_2 或者纯 N_2 以及氢氮混合气的气氛热处理都可以提高光催化分解水产氧活性。样品的活性规律为 WO_3-H20 > WO_3-H50 > WO_3-H8 > WO_3-N > WO_3-H100 > WO_3。同时，我们计算了在 400 nm 处样品的产氧表观量子效率（AQE），并把结果列入表 6-11 中。WO_3-H20 样品的表观量子效率为 1.68%，而 WO_3 样品为 0.67%。

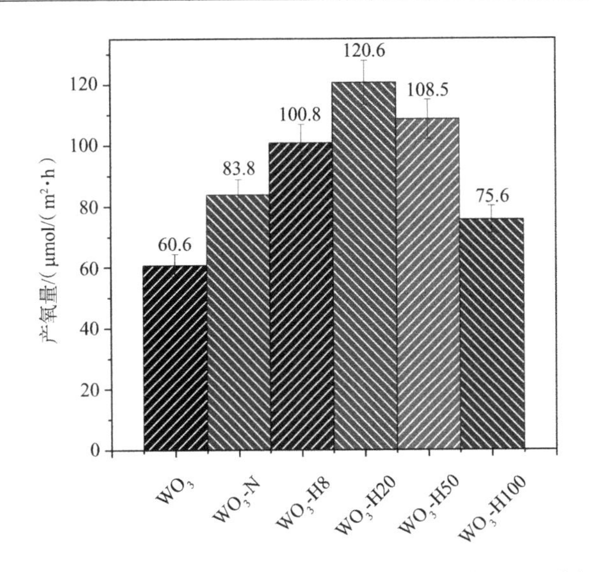

图 6-26　系列样品在可见光(λ > 400 nm)照射下的光催化产氧量

表 6-11　所制得样品的产氧表观量子效率

样品名称	AQE/%	样品名称	AQE/%
WO_3	0.67	WO_3-H20	1.68
WO_3-N	1.16	WO_3-H50	1.46
WO_3-H8	1.31	WO_3-H100	1.07

图 6-27 是 WO_3、WO_3-N、WO_3-H20 和 WO_3-H100 样品的光电催化性能测试结果。图 6-27(a)是瞬时光电流密度随时间变化的曲线,固定偏压为 0.5 V。经过热处理之后的样品(WO_3-N、WO_3-H20 和 WO_3-H100)相比于未处理的 WO_3 样品有更高的光电流密度,这个结果与光催化产氧量一致。同时,WO_3-H20 样品的最高瞬时光电流密度值也是最大的,接近未处理 WO_3 样品的 2 倍。这一结果证明 WO_3-H20 样品中的光生载流子分离和转移效率更高,与荧光光谱结果一致。

图 6-27(b)为样品在模拟太阳光(AM 1.5G)下的电化学阻抗的奈奎斯特曲线。电化学阻抗谱是一种非常有效的测试半导体的电化学性质的表征手段,尤其是其可以有效地测量电子传递与分离效率。奈奎斯特曲线的圆弧半径的大小与工作电极的电子传递动力的大小有关。与未处理的 WO_3 样品相比,经过热处理之后的样品的圆弧半径减小,证实了该样品的电子迁移阻抗变小,电子分离效率更高。在所有的样品中,WO_3-H20 样品的圆弧半径是最小的。以上的表征结果进一步证实含有最多的表面氧空位的 WO_3-H20 样品的光生载流子分离效率是最高的。

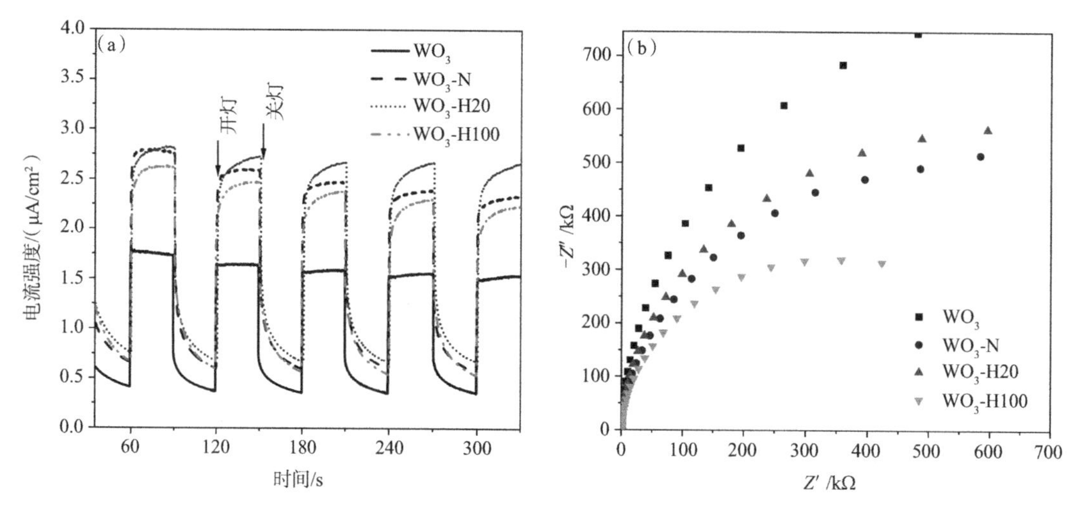

图 6-27 WO_3、WO_3-N、WO_3-H20 和 WO_3-H100 样品在模拟太阳光下的光电催化性能

(a)光电流响应曲线 (b)电化学阻抗的奈奎斯特曲线

6.2.5 本部分小结

在本部分工作中,以 WO_3 作为光催化剂模型,通过改变热处理气氛中 H_2 和 N_2 的浓度,调控 WO_3 光催化剂表面氧空位与体相氧空位的含量,考察氧空位对光催化分解水产氧性能的影响,成功揭示了表面氧空位和体相氧空位的含量与光催化性能之间的构效关系。通过 XPS 和紫外拉曼表征手段测得了表面氧空位含量变化趋势;通过可见拉曼光谱、EPR、深度 XPS、质谱和 EXAFS 谱图测得了体相氧空位含量变化趋势。体相氧空位的含量随着热处理气氛中 H_2 浓度的升高而逐渐升高;而表面氧空位的含量随着热处理气氛中 H_2 浓度的升高,呈现先升后降的"火山形"变化趋势。提高体相氧空位的含量能够促进样品对可见光的吸收,从而生成更多的光生电子和空穴,同时窄化禁带宽度对抑制电子和空穴复合也有微弱的促进作用;而提高表面氧空位的含量可以降低样品的价带位置,从而明显提高载流子分离效率。对 WO_3 光催化分解水反应来说,电子和空穴的分离相比于可见光吸收是光催化反应中更关键的步骤,因此表面氧空位相比于体相氧空位可以更有效地促进光催化反应。理论上来说,如果能够产生尽可能多的表面氧空位,就能得到更高的光催化分解水活性。在 WO_3 半导体中,这种通过理性构建氧空位的缺陷修饰方法为设计高效光催化半导体催化体系提供了新思路。

6.3 三维有序大孔金属氧化物用于光催化分解水

近年来,形貌调控被认为是最有希望改善光催化剂活性的途径之一。光催化反应通常是基于表面的过程,因此光催化效率与半导体的形貌和微观结构密切相关。在 6.1 节中研究的缺陷中空笼状 TiO_2 球,由于其空腔内部多重散射效应,增强了 TiO_2 半导体的光利用率,进而提高了光催化性能。此外,半导体材料的特殊形貌结构还可以提高催化剂的比表面积来提供更多活性位,促进可见光吸收和电子与空穴的分离。光子晶体是一种具有不同折射率的介质在空间上周期性有序排列的材料。其内部的特殊周期性微观结构使光产生衍射、干涉或散射。当光以等于光子能带带隙的频率射入光子晶体时,周期性的布拉格散射使光形成了类似于半导体电子禁带的光子禁带(PBG)。光子禁带会使特定频率的光在光子晶体中不能传播。同时,在光子禁带边缘处会产生慢光效应,从而延长光在材料中的停留时间。当材料的电子禁带与光子禁带的红边或蓝边重合时,慢光效应会增强光的吸收。光子晶体由于其独特的驾驭光传播的能力,在许多领域得到广泛应用,如光波导、光纤、滤波器、低阈值激光器、催化和生物传感器等。

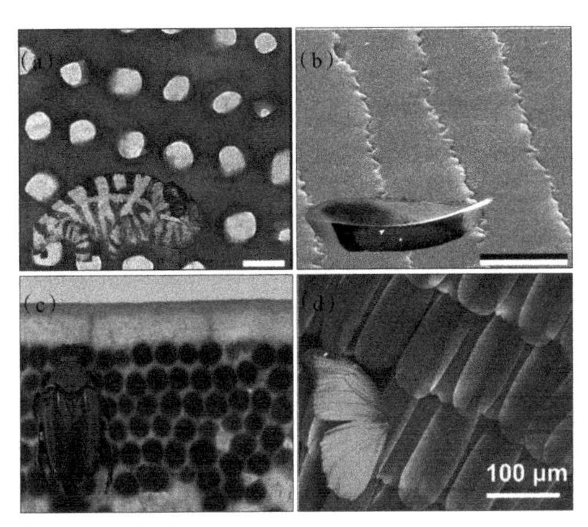

图6-28　自然界中光子晶体的照片及SEM照片

(a)变色龙　(b)鸟的羽毛　(c)甲壳虫　(d)蝴蝶翅膀

在本部分工作中,我们把光子晶体的慢光效应与表面无定形层结构相结合,制备出缺陷三维有序大孔 WO_3 光子晶体。通过对单一半导体进行形貌和缺陷设计,同时实现了对光的高效捕获和光生电子与空穴的高效分离,进而有效改善半导体的光催化水氧化性能。具体的研究过程如下:以直径分别为225 nm、270 nm和340 nm的三维有序排列的聚苯乙烯(PS)小球为模板,制备了不同孔径的三维有序大孔 WO_3,并选取了具有最佳孔径的三维有序大孔 WO_3 进行不同温度的氢氮混合气热处理。处理温度分别为300、400和500 ℃。经过分析比较,选定了材料的最佳孔径270 nm和最佳处理温度400 ℃。期望这种对单一半导体进行形貌和缺陷设计的方式,也适用于其他的光催化能量转换体系,以实现高效的太阳能转化。

6.3.1　结构调控

在聚苯乙烯小球的制备过程中,通过改变苯乙烯加入量和反应温度来调节聚苯乙烯小球的直径,并把结果列入表6-12中。我们发现减少苯乙烯加入量和升高反应温度可以减小聚苯乙烯小球的直径。最终,我们成功制备了直径分别为340、270、225和195 nm的聚苯乙烯小球,并选取340、270和225 nm的聚苯乙烯小球为模板,通过离心作用使聚苯乙烯小球重排形成蛋白石结构。

表 6-12 聚苯乙烯小球直径与反应温度和苯乙烯加入量之间的关系

反应温度/℃	苯乙烯加入量/mL	聚苯乙烯小球直径/nm
88	24	340
88	15	270
98	15	225
108	15	195

选用偏钨酸铵作为浸渍钨前驱体溶液。偏钨酸铵易溶于水，且加热后会发生分解反应 $(NH_4)_6H_2W_{12}O_{40} \longrightarrow 12WO_3+6NH_3+4H_2O$，生成 WO_3 固体。因此，偏钨酸铵是一种理想的制备三维有序大孔 WO_3 的前驱体。为了确定去除模板的焙烧温度，我们对偏钨酸铵样品进行了热重测试。如图 6-29 所示，偏钨酸铵在 600 ℃附近完全分解，此时的总失重率为 11.5%，剩余的量为 88.5%。偏钨酸铵分解反应的理论失重率为 5.9%。实际总失重率高于理论失重率，主要是由于偏钨酸铵中含有部分结晶水。我们尝试在 600 ℃下制备三维有序大孔 WO_3，所得到的样品中出现了颗粒烧结和结构坍塌的现象。为了得到三维有序大孔结构及结晶性良好的 WO_3 样品，我们最终选定了 500 ℃作为样品的焙烧温度，在此温度下将聚苯乙烯小球模板除去，得到不同孔径的三维有序大孔结构。

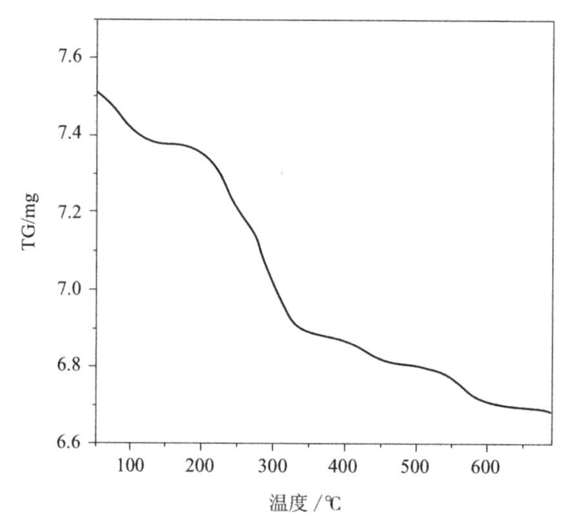

图 6-29 样品偏钨酸铵的 TG 曲线

为了确认样品的形貌结构，我们对 W225、W270 和 W340 样品及对应的模板进行了 SEM 分析，得到的照片结果如图 6-30(a)~(f)所示。从图 6-30(a)~(c)的 SEM 照片可以看出，聚苯乙烯小球的直径分别为 225 nm、270 nm 和 340 nm。聚苯乙烯小球规则排列形成面心立方(fcc)蛋白石结构。在图 6-30(d)~(f)中可以观察到，通过焙烧除去模板后，在模板缝隙处生成的 WO_3 也呈现出高度有序的面心立方(fcc)排列的反蛋白石结构。其具有大孔网络和周期性 3D 连接骨架(即三维有序大孔结构)。图 6-30(g)~(i)是对应三维有序大孔样品的 TEM 照片。TEM 照片进一步证实了样品具有大范围规整的三维有序大孔结构。

且从 TEM 照片中得到了 W225、W270 和 W340 样品的平均孔径，分别为(169 ± 10 nm)、(211 ± 10 nm)和(269 ± 10 nm)。我们将聚苯乙烯模板的直径以及三维有序大孔的孔径和收缩率总结在了表 6-13 中。模板小球的直径越大，则得到的三维有序大孔结构的孔径越大，且三维有序大孔的孔径与模板小球的直径相比有一定的收缩现象，收缩率在 21%~25% 之间。收缩的主要原因是聚合物模板剂的分解和前驱体的分解结晶。因此，通过调节聚苯乙烯模板小球的直径，可以成功调节三维有序大孔的孔径。

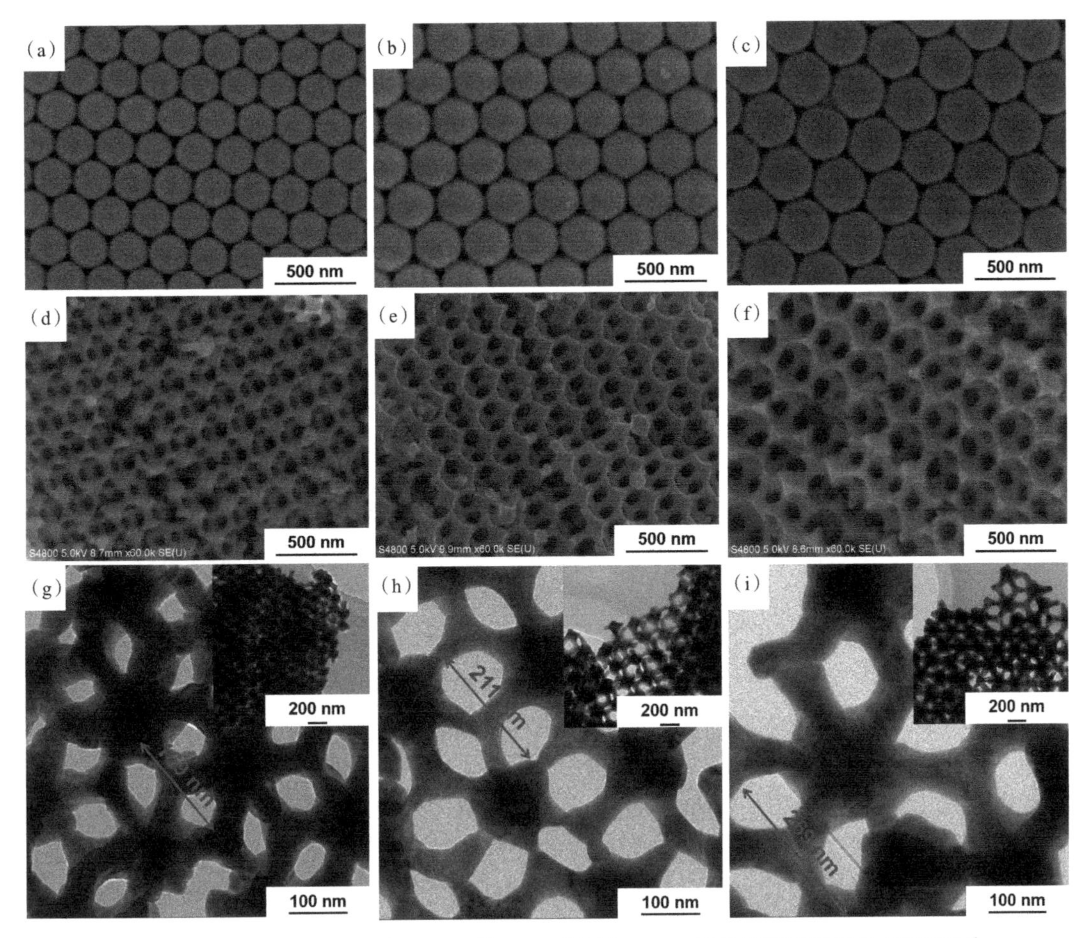

图 6-30 样品 W225、W270 和 W340 的 SEM 照片和 TEM 照片及对应模板的 SEM 照片

(a)PS225、(b)PS270、(c)PS340、(d)W225、(e)W270 和(f)W340 样品的 SEM 照片
(g)W225、(h)W270 和(i)W340 样品的 TEM 照片

表 6-13 样品的 PS 球模板直径、平均孔径和收缩率

样品名称	模板直径/nm	平均孔径/nm	收缩率/%
W225	225	169	25
W270	270	211	22
W340	340	269	21

对不同孔径的 W225、W270 和 W340 三维有序大孔样品进行了 XRD、拉曼光谱、紫外-可见漫反射光谱和可见光催化产氧活性测试。图 6-31(a)为系列样品的 XRD 谱图。样品的 XRD 谱图的所有衍射峰都与 WO_3 单斜晶相(JCPDF 20-1324)相匹配,且不同孔径样品的 XRD 峰位置和峰强度均未发生明显变化,由此证明通过本节的方法可以成功合成结晶性良好的三维有序大孔 WO_3,而且模板聚苯乙烯小球的直径变化也不影响样品的晶相、结晶性和晶粒大小。

图 6-31(b)为样品的可见拉曼光谱图,图中 274、328、717 和 806 cm^{-1} 处的峰都可以归属为单斜晶相 WO_3,其中 274 和 328 cm^{-1} 处的峰归属为 W—O—W 键的弯曲振动, 717 和 806 cm^{-1} 处的峰归属为 W—O—W 键的伸缩振动。拉曼光谱图结果进一步证实了样品的 WO_3 单斜晶相。样品 W225、W270 和 W340 的拉曼峰基本重合,表明这三个不同孔径的样品的物理化学性质接近。

图 6-31(c)为样品的紫外-可见漫反射光谱图。在图中可以观察到 W270 和 W340 样品分别在 474 nm 和 570 nm 处有一个反射峰,为对应样品光子禁带效应生成的峰。当光的波长位于光子禁带红边或者光子禁带蓝边的时候,光的群速度会发生减速,这种现象被称为慢光效应。人们普遍认为,在光子禁带红边的慢光效应导致的光吸收增强效果更好。W340 样品的红边位置在 630 nm 左右,不包括在 WO_3 的本征吸收边范围内,但是该样品的蓝边位置在 520 nm 左右,与 WO_3 的本征吸收边接近。W270 样品的红边位置在 500 nm 左右,与 WO_3 的本征吸收边接近。慢光效应的位置与半导体的本征吸收边重合可以极大地提高光的利用率。W225 样品的慢光效应不明显,在图中未找到光子禁带的位置,可能是由于跃迁吸收抵消了光子禁带的效应。从以上分析可知, W270 样品由于红边位置与 WO_3 的本征吸收边重合,使得慢光效应对光的利用率的提高效果最明显,其次是 W340 样品,最后是 W225 样品。

图 6-31(d)为样品在可见光($\lambda > 400$ nm)激发下的光催化产氧活性。将上一节颗粒状样品 WO_3 作为对比样品。相比于颗粒状的 WO_3 样品,所有具有三维有序大孔结构的样品的光催化产氧活性都明显升高。我们推测三维有序大孔样品活性提高的原因主要有以下几点:①反蛋白石结构具有的内部相互连接的大孔孔道和孔窗有利于水分子和生成的氧气分子的动态扩散;②纳米尺度的孔壁缩短了光生电子-空穴对的传输路径,使其更容易传输到表面参与表面反应,从而抑制了它们的复合过程;③慢光效应有效增加了光子与半导体之间的接触机会从而提高了能量转换效率。具有三维有序大孔的样品的催化活性也有一定的规律。活性最高的为 W270 样品,产氧量为 29.9 μmol/h(50 mg);其次是 W340 样品,产氧量为 27.2 μmol/h(50 mg);最次是 W225 样品,产氧量为 23.7 μmol/h(50 mg)。鉴于样品的 XRD 和拉曼数据相似,推测活性差异是由于不同样品的孔径不同,导致光子禁带的位置不同。W270 样品的慢光效应位置与 WO_3 本征吸收边位置最接近,光吸收能力最强,因此光催化产氧活性最高。W340 样品的红边位置远高于 WO_3 本征吸收边,但是蓝边位置与半导体本征吸收边的位置重合,光吸收能力略有增强,光催化活性也相应提高但低于 W270 样品。W225 样品的慢光效应不明显,这一点从紫外-可见漫反射光谱也能够看出。因此, W225 样品的产氧活性是三维有序大孔样品中最低的。通过以上分析和研究可知,我们通过制备三维有序大孔结构提高了光的利用率,接下来会从促进电子和空穴分离的角度继续

开展研究。我们选定慢光效应最强的 W270 样品，在 300、400 和 500 ℃下进行氢氮混合气热处理，并研究其光催化分解水产氧能力。

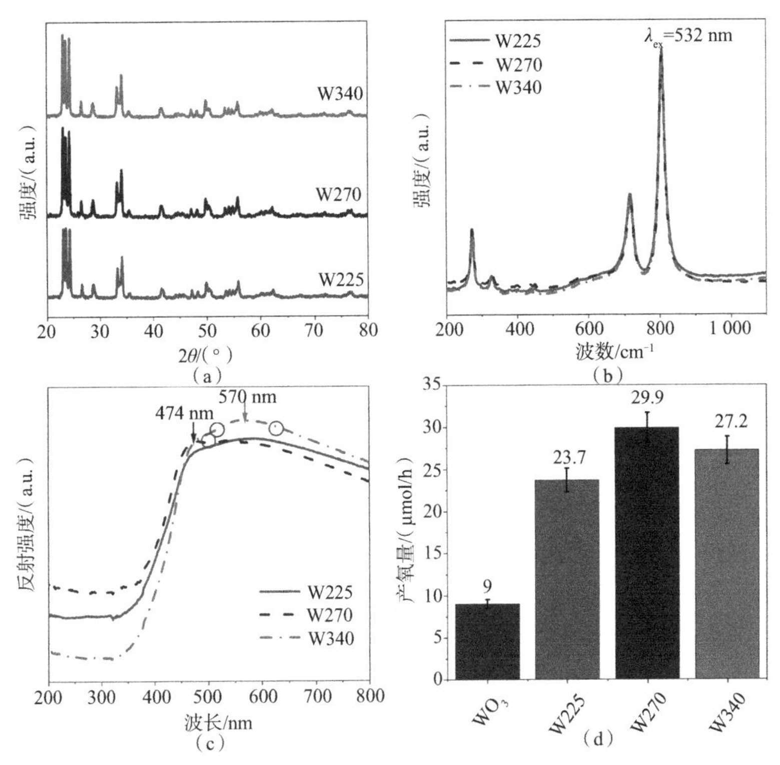

图 6-31　系列样品的 XRD 谱图、可见拉曼光谱图、紫外-可见漫反射光谱图和光催化产氧活性

(a)XRD 谱图　(b)可见拉曼光谱图　(c)紫外-可见漫反射光谱图　(d)光催化产氧活性

6.3.2　本部分小结

本部分通过胶晶模板法制备了不同孔径三维有序大孔 WO_3 催化剂，并对具有最佳孔径尺寸的催化剂进行了缺陷修饰处理。调节三维有序大孔孔径使光子禁带的红边位置与 WO_3 本征吸收边位置重合，极大地提高了催化剂的光吸收能力。这些结果表明构建具有表面缺陷的光子晶体能够同时提高光子捕获能力和光生电子与空穴的分离效率，有效提高了光催化材料的能量转化效率。

第 7 章　非金属材料型光催化材料应用实例

7.1　元素掺杂氮化碳用于光催化降解四环素和分解水制氢

有大量研究证明，在 g-C_3N_4 分子内引入缺陷能够改变其电子结构并加速光生电子-空穴对的迁移过程。Li 等通过分子自组装和分子插层策略，制备了带有 N 缺陷的超薄 g-C_3N_4 纳米片，另外通过飞秒瞬态吸收光谱的表征方法揭示了缺陷增强光催化活性的机制是缺陷能够为离域的光生电荷提供更强的动力。此外，N 缺陷还可以在 CO_2 还原过程中充当活性位点，促进光催化剂对 CO_2 的吸附和活化过程。然而，关于共聚过程中引入烷基缺陷的研究比较少，本章我们从这个角度进行了一些研究分析，希望可以为其他学者提供一些思路。我们通过简单的共聚方法在 g-C_3N_4 分子内引入缺陷，通过改变共聚单体的加入量调控 g-C_3N_4 的缺陷浓度，揭示了缺陷和光催化反应过程之间的联系。

本部分研究了一种简便高效的方法——一锅法，通过直接焙烧尿素和乙烯硫脲（ETU）的混合物将乙基缺陷引入 g-C_3N_4 的结构骨架中。UV-vis DRS 结果证明乙基官能团的引入可以促进半导体对可见光的吸收，样品 CN-E-*x*（*x*=0、25、75、200、300）的带隙值从 2.75 eV 减小至 1.71 eV，显著地增强 g-C_3N_4 吸收可见光的能力。另外，乙基缺陷能够促进 g-C_3N_4 产生的载流子的迁移和分离过程。因此，具有最佳缺陷浓度的样品 CN-E-75 在光催化降解盐酸四环素（TC）和光解水产生 H_2 的实验中，其活性显著提高。

7.1.1　形态结构与理化性质

如图 7-1（a）~（c）所示，样品 CN-E-0 表现为典型的 2D 层状结构，有一定程度的堆叠与团聚现象。其他添加 ETU 的样品仍呈现 2D 层状结构，但团聚现象较 CN-E-0 更加严重，片材厚度明显增加。这种形态变化进一步表明，ETU 在聚合过程中将乙基整合到 g-C_3N_4 的骨架中并蚀刻了 g-C_3N_4 的表面。图 7-1（d）~（f）显示了 CN-E-0、CN-E-75 和 CN-E-300 的 TEM 照片。样品 CN-E-0 显示出传统的非晶二维片状结构和光滑的表面，边缘部分卷曲，这主要是由于其是在高温下通过热缩聚制备的。样品 CN-E-75 和 CN-E-300 具有相似的片状结构，但是其薄片的内部具有一些直径为 30~50 nm 的小孔。这些孔的形成原因可能是引入 ETU 后不完全聚合导致的边缘的结构缺陷，在热聚合的过程阻断了三均三嗪环单元的延伸并且释放了部分含硫物质。进一步对样品 CN-E-75 进行 EDS 面扫（图 7-1（g））和相应的能谱（图 7-1（h））测试，EDS 面扫和能谱的结果证明样品 CN-E-75 存在 C、N 和少量的 O 三种元素，并且 C、N 和 O 元素均匀分布在 CN-E-75 的纳米片中。形貌的变化证明 ETU 的加入确实改变了 g-C_3N_4 的形貌特征，并且在 ETU 和尿素聚合的过程中将缺陷成功地引入 g-C_3N_4 杂环中。

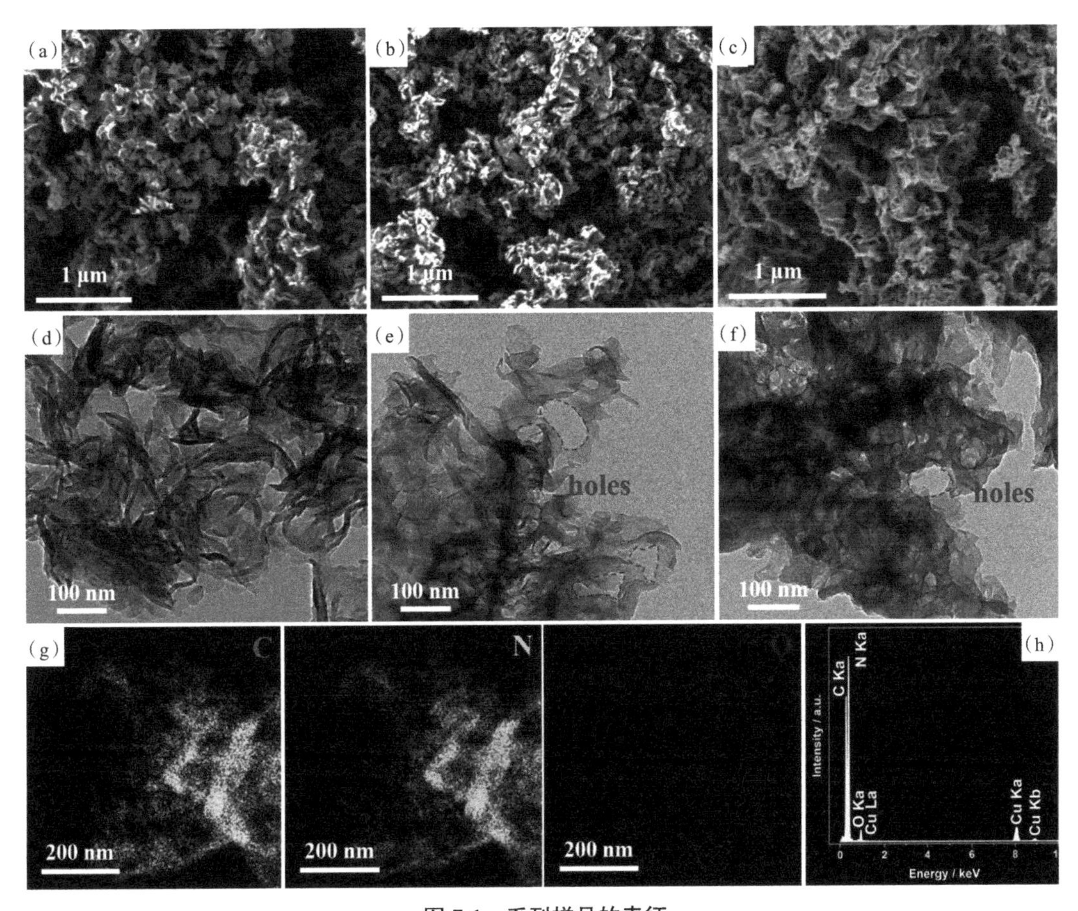

图 7-1 系列样品的表征

(a)~(c)CN-E-0、CN-E-75、CN-E-300 的 SEM 照片 (d)~(f)TEM 照片
(g)CN-E-75 的 EDS 面扫 (h)CN-E-75 的 EDS 能谱

图 7-2(a)显示出所有样品 CN-E-x 的 XRD 谱图,从 XRD 结果来看,加入 ETU 之后得到的催化剂仍然保持与纯 g-C_3N_4 相同的晶相。在 2θ 衍射角约为 27.7° 处的衍射峰代表着 g-C_3N_4 层与层之间堆叠产生的(002)晶面,该衍射角的位置与垂直方向的层间距关系密切。另外一个衍射峰在 13.0°,代表着层间三均三嗪环周期性有序排列产生的(100)晶面的衍射结果。催化剂的结晶度随着 ETU 加入量的逐渐增加呈现下降的趋势。另外,衍射角的位置同样发生了改变,衍射角逐渐朝着低角度的方向移动,当 ETU 的加入量从 0 增加至 300 mg 时,衍射峰所在位置从约为 27.7° 逐渐变成 26.9°,这说明层间距增加。另外,2θ 约为 13.0° 处的衍射峰的强度变宽,说明层内的三均三嗪环的周期性有序排列程度在下降,验证了 ETU 的加入改变了聚合过程。

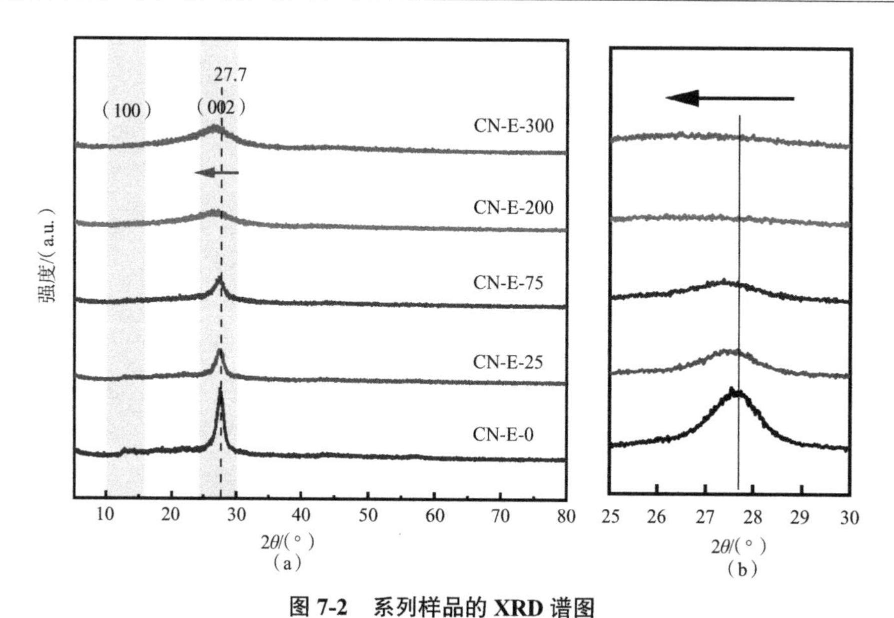

图 7-2　系列样品的 XRD 谱图

(a)样品 CN-E-x(x=0、25、75、200、300)的 XRD 谱图　(b)局部放大的谱图

图 7-3(a)为样品 CN-E-x 的 FTIR 谱图。波数为 810 cm^{-1} 处产生的红外峰被认定为类石墨相 g-C_3N_4 平面内由三均三嗪环结构单体产生的呼吸振动峰；1 200~1 650 cm^{-1} 波段之间的多个红外峰归属于桥连形成 C—N 共价键产生的伸缩振动峰以及芳香族杂环中 C—N 共价键产生的典型伸缩振动峰；波数在 3 000~3 400 cm^{-1} 范围内的红外峰源于未缩合的末端氨基(—NH_2 或 ═NH)和催化剂表面吸附的极少量水分子。为进一步分析样品的官能团种类，把 FTIR 谱图中波数在 2 800~3 000 cm^{-1} 的范围放大，如图 7-3(b)所示，在 2 920 和 2 850 cm^{-1} 处的红外峰分别对应亚甲基(—CH_2)的非对称和对称伸缩振动峰，而在 2 950 cm^{-1} 处的红外峰对应甲基(—CH_3)非对称伸缩峰。FTIR 表征结果能够证实 g-C_3N_4 基本结构存在乙基官能团，证明在骨架中引入了乙基缺陷。

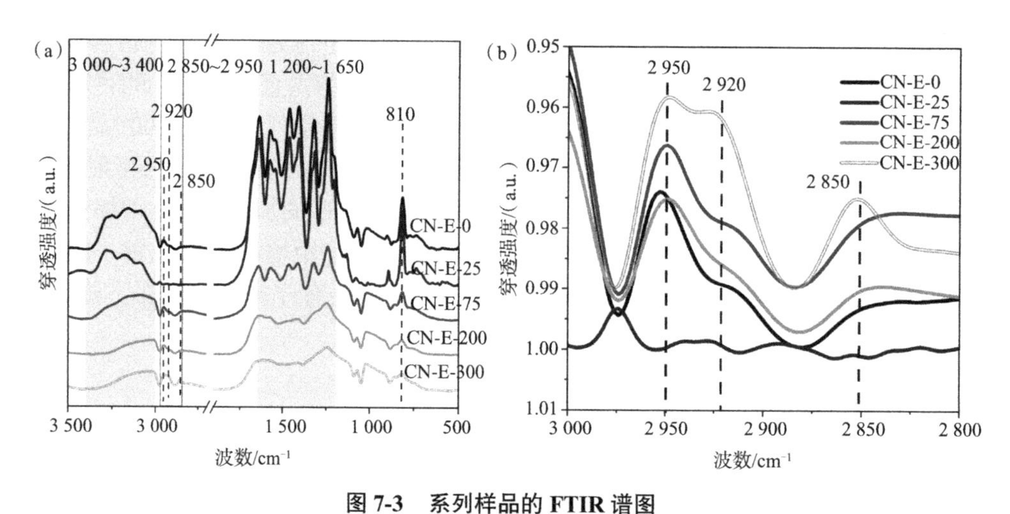

图 7-3　系列样品的 FTIR 谱图

(a)样品 CN-E-x(x=0、25、75、200、300)的 FTIR 谱图　(b)波长 2 800~3 000 cm^{-1} 的局部放大谱图

XPS 谱图用于研究 CN-E-*x* 光催化剂的组成和化学状态。如图 7-4 所示，XPS 全谱证明 CN-E-*x* 样品均由 C、O 和 N 元素组成，并且 O 元素微弱的峰源自 O_2 或 H_2O 的表面吸附。样品的 C 和 N 原子比值从 0.808（CN-E-0）增加到 1.079（CN-E-300），如表 7-1 所示，这意味着 ETU 通过热聚合过程成功地将乙基结合到主体结构上导致 C 元素含量的升高。元素分析（EA）测试各个元素的含量如表 7-2 所示，样品 CN-E-300 的 C 和 N 原子比（0.84）也明显高于 CN-E-0（0.66），这与 XPS 全谱结果的趋势相似。

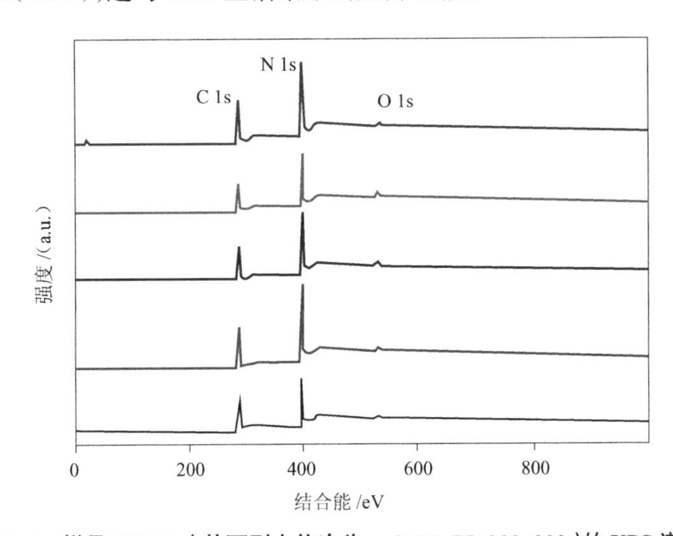

图 7-4 样品 CN-E-*x*（从下到上依次为 *x*=0、25、75、200、300）的 XPS 谱图

表 7-1 样品的 XPS 全谱中各种元素的种类以及比例

样品名称	C/（at.%）	N/（at.%）	O/（at.%）	C/N
CN-E-0	43.79	54.17	2.04	0.808
CN-E-25	42.01	56.52	1.47	0.743
CN-E-75	43.25	54.72	2.03	0.791
CN-E-200	46.25	50.87	2.88	0.909
CN-E-300	49.93	46.29	3.78	1.079

表 7-2 元素分析计算 CN-E-*x*（*x*=0、25、75、200、300）中各种元素的质量分数

样品名称	C/（wt.%）	N/（wt.%）	H/（wt.%）	C/N
CN-E-0	35.78	62.68	1.51	0.66
CN-E-25	35.61	62.08	1.49	0.67
CN-E-75	34.90	59.45	1.79	0.68
CN-E-200	35.43	52.52	2.12	0.79
CN-E-300	36.64	51.12	2.15	0.84

图 7-5 为样品 CN-E-*x*（*x*=0、25、75、200、300）的高分辨率 N 1s XPS 光谱。N 1s 光谱可以划分为三个特征峰，结合能分别为（398.5 ± 0.1）、（399.7 ± 0.1）和（400.9 ± 0.1）eV 的三个峰可归因于双配位氮原子（N_{2C}）、三配位氮原子（N_{3C}）以及在庚嗪骨架中与 H 原子结合（C-

NH)的氮原子。当少量桥接的 N 上的原子连接乙基时,原来的双配位氮原子(N_{2C})就会转换为三配位氮原子(N_{3C}),如图 7-5(f)所示,理论上会导致三配位氮原子(N_{3C})占所有 N 物种的比例上升。因此,分析 N_{3C} 的比例可以证明 g-C_3N_4 分子的缺陷程度。我们根据 N 1s XPS 拟合的结果计算所有样品 N 物种的比例,并将结果列在表 7-3 中。结果显示样品 CN-E-0 的 N_{3C} 的比例为 13.9%, ETU 的加入导致 N_{3C} 的占比逐渐增加。N_{3C} 的比例随着 ETU 的增加呈现增长的趋势,说明连接到氮化碳的分子内的乙基越来越多,证明缺陷的含量越来越高。

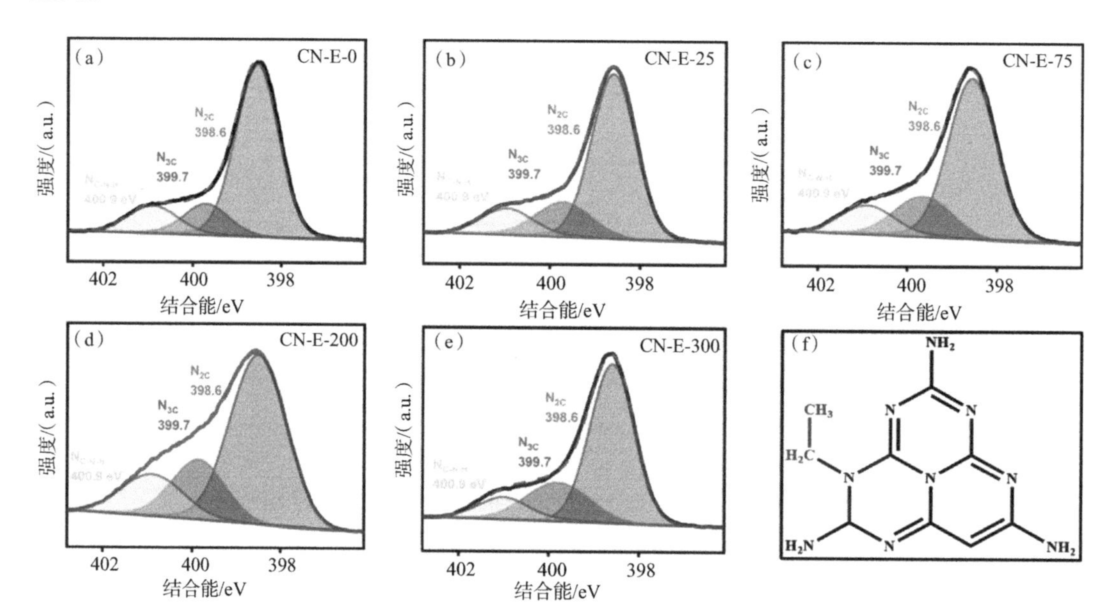

图 7-5 样品 CN-E-x(x=0、25、75、200、300)的高分辨率 N 1s XPS 光谱及乙基修饰的氮化碳分子结构示意图

(a)~(e)CN-E-0、CN-E-25、CN-E-75、CN-E-200、CN-E-300 的高分辨率 N 1s XPS 光谱 (f)乙基修饰的氮化碳分子结构示意图

表 7-3 样品 CN-E-x(x=0、25、75、200、300)N 1s XPS 光谱中的 N 物种的比例

样品名称	N_{C-NH}/%	N_{3C}/%	N_{2C}/%
CN-E-0	12.4	13.9	73.7
CN-E-25	12.5	18.7	68.8
CN-E-75	13.1	19.2	67.7
CN-E-200	15.1	21.4	63.5
CN-E-300	16.3	21.6	62.1

图 7-6 为样品 CN-E-x(x=0、25、75、200、300)的高分辨率 C 1s XPS 光谱,对其进行拟合,得到结合能分别位于(284.8 ± 0.1) eV 和(287.9 ± 0.2) eV 处的两个峰。其中(284.8 ± 0.1)eV 处的峰可归因于 C—C 键(C_C),这通常与原始 g-C_3N_4 中尿素分子的不完全聚合和引入的乙基基团有关;另一个峰位于(287.9 ± 0.2)eV 处,归因于含 N 芳环(C_N)中存在 sp^2 杂化 C 原子。表 7-4 同样列出了样品的高分辨 C 1s XPS 光谱中各种 C 物种的比例, C—C 键的含量呈现先减小后增加的趋势。相较于样品 CN-E-0,样品 CN-E-25 的 C—C

键所占的比例降低，这表明少量加入的 ETU 可以促进三均三嗪环的聚合过程。继续增加 ETU 的用量，C—C 键的含量逐渐增加，这主要是因为乙基的引入导致 C 物种增加和缺陷程度加深。因此当 ETU 的加入量达到 300 mg 时，C—C 键的含量高达 27.3%，证明有大量的乙基基团被引入 g-C_3N_4 的网络骨架中。以上所述证明加入 ETU 可以在 g-C_3N_4 中引入缺陷。

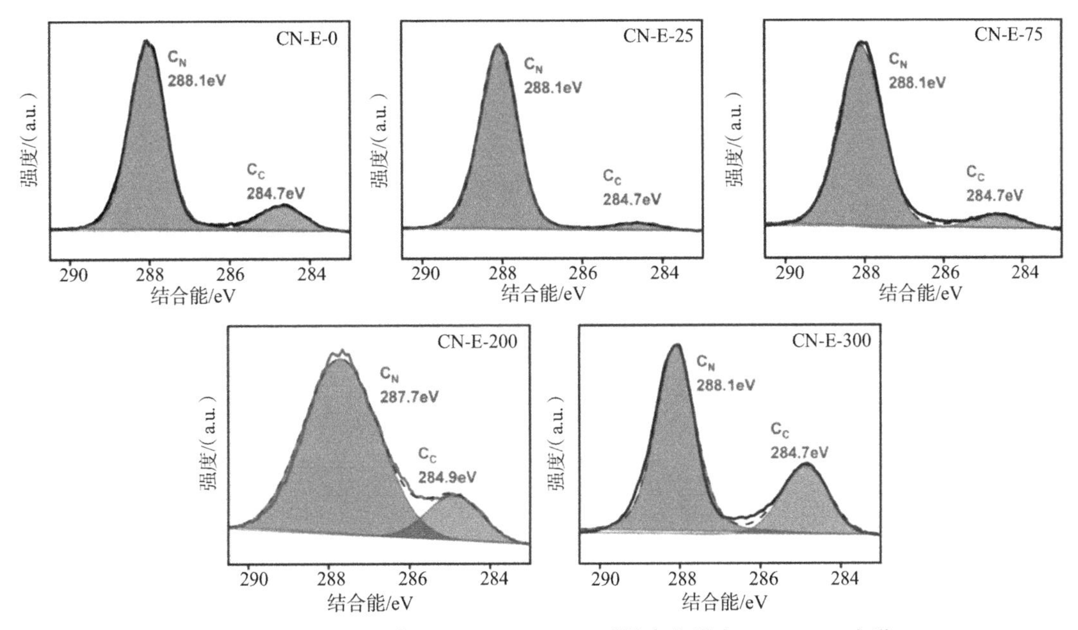

图 7-6　样品 CN-E-*x*（*x*=0、25、75、200、300）的高分辨率 C 1 s XPS 光谱

表 7-4　样品 CN-E-*x*（*x*=0、25、75、200、300）的 C 1s XPS 光谱中的 C 物种的比例

样品名称	C_N/%	C_C/%
CN-E-0	87.6	12.4
CN-E-25	96.4	3.6
CN-E-75	91.3	8.7
CN-E-200	84.3	15.7
CN-E-300	63.7	27.3

固态 ^{13}C NMR 光谱用于研究 CN-E-*x*（*x*=0、25、75、200、300）中 C 元素的化学环境，如图 7-7 所示。对于纯样品 CN-E-0 分析，化学位移 δ = 165.3 ppm、163.3 ppm 和 157.0 ppm 处出现三个光谱信号，分别代表 g-C_3N_4 的 C_β（CN_2（—NH_2））、C_β（CN_2（—NH））和 C_α（CN_3）三种 C 原子（注：1 ppm=10^{-6}）。随着 ETU 用量逐渐增加，165.3 ppm 和 163.3 ppm 处的两个峰逐渐合并为一个峰，并且明显向低场偏移，这表明样品中 CN_2（—NH）和 CN_2（—NH_2）基团部分被替换为乙基，影响了 C 元素的化学环境。此外，δ = 157.0 ppm 处的尖峰逐渐变成带拖尾的宽峰，这可能是由于乙基的引入使得 C 元素产生了新化学环境。总之，FTIR、XPS 和固态 ^{13}C NMR 光谱结果证实了 C-N 配位的变化和碳氮杂环中乙基官能团的引入。

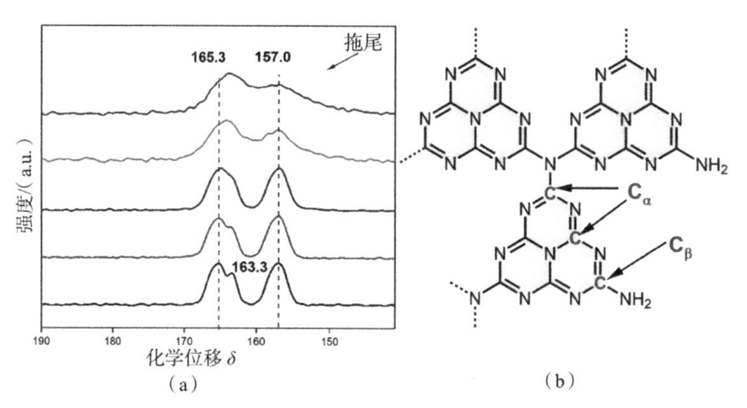

图 7-7 系列样品的固态 ^{13}C NMR 谱图及 C 原子的配位环境

(a)样品 CN-E-*x* 的固态 ^{13}C NMR 谱图(从下到上依次为 *x*=0、25、75、200、300) (b)C 原子的配位环境

图 7-8(a)为尿素聚合生成纯 g-C_3N_4 的可能的反应路径。尿素分子先在高温下脱去氨气,再结合另一个尿素分子脱去氮分子并缩合得到六元杂环,进一步转换得到三聚氰胺。三聚氰胺聚合得到三均三嗪环,最后聚合形成 g-C_3N_4 骨架。如图 7-8(b),带有乙基缺陷的样品 CN-E-x 的形成过程与纯 g-C_3N_4 的形成过程类似。体系中加入 ETU,ETU 先与一个尿素分子缩合,形成骨架 N 原子上含有乙基官能团的六元杂环,随后含有乙基官能团的六元杂环继续进行转换聚合反应,最终形成带有乙基官能团局部缺陷的 g-C_3N_4 骨架结构,并且可以通过控制 ETU 的用量调节 g-C_3N_4 骨架的缺陷程度。

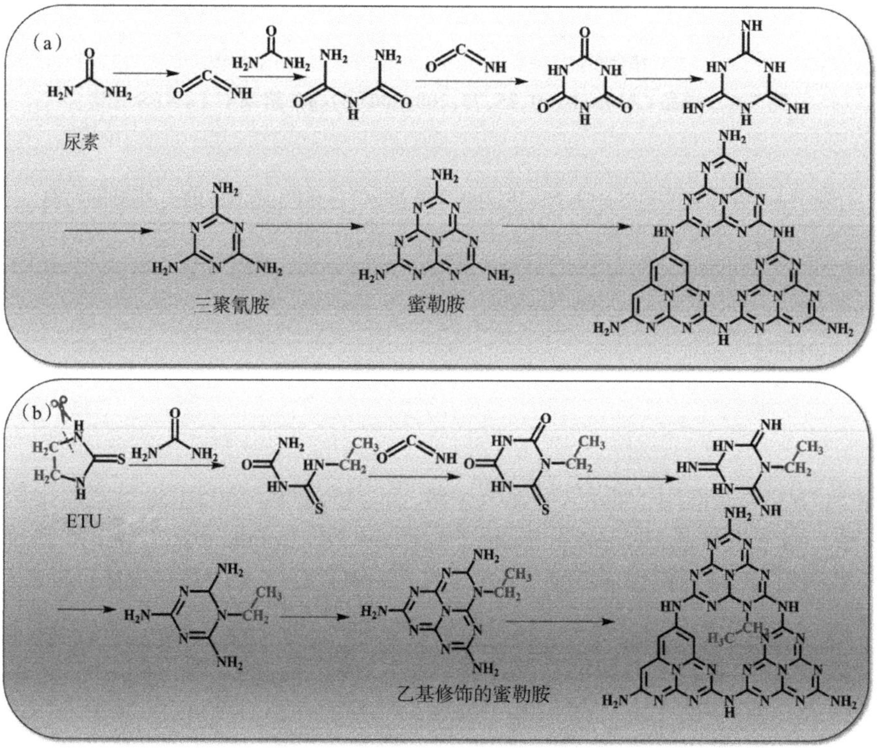

图 7-8 尿素与乙烯硫脲(ETU)在热聚合过程中可能的反应机理

(a)反应机理(1) (b)反应机理(2)

7.1.2 光催化活性

为了测试合成后的光催化剂的光催化活性,选择总碳(TC)作为目标污染物。图 7-9(a)显示 CN-E-*x* 在可见光(λ>400 nm)照射下对 TC 的光催化降解活性。实验结果显示 CN-E-*x*(*x*=25、75、200、300)表现出比 CN-E-0 更高的光催化降解能力,光催化降解 TC 活性由高到低的顺序为 CN-E-75 > CN-E-25 > CN-E-200 > CN-E-300。活性最高的样品 CN-E-75 的光催化性能在 50 min 内约为 80%。然而,继续增加 ETU 的用量会导致光催化活性降低。为了评价合成后的光催化剂的稳定性,对样品 CN-E-75 进行循环稳定性实验,如图 7-9(b)所示,经过 4 次光催化降解 TC 实验之后,样品 CN-E-75 基本保持着最初的活性,证明合成的光催化剂具有良好的稳定性。图 7-9(c)为在可见光照射下光催化分解水生成 H_2 的速率。在开始实验之前采用光沉积的方法负载 3% Pt 助催化剂,样品 CN-E-75 的光催化析氢速率为 1 150 μmol/(g · h)在 400 nm 处的 AQE 为 4.90%,其可见光光催化产氢活性比样品 CN-E-0(655 μmol/(g · h))显著提高。其产氢活性高于目前大多数研究中的 g-C_3N_4 光催化剂的活性。表 7-5 列出了常见 g-C_3N_4 光催化剂的数据。样品 CN-E-75 的活性增强的主要原因是乙基基团的引入改变了样品的电子能带结构,影响了材料的光电性能。活性最高的样品 CN-E-75 经过 4 次光催化分解水产氢实验后, H_2 的产量没有出现明显的下降,因此可以得出结论:CN-E-75 具有优异的稳定性。由于催化剂与底物的吸附作用非常微弱,因此可以通过高速离心沉淀的方式回收催化剂。

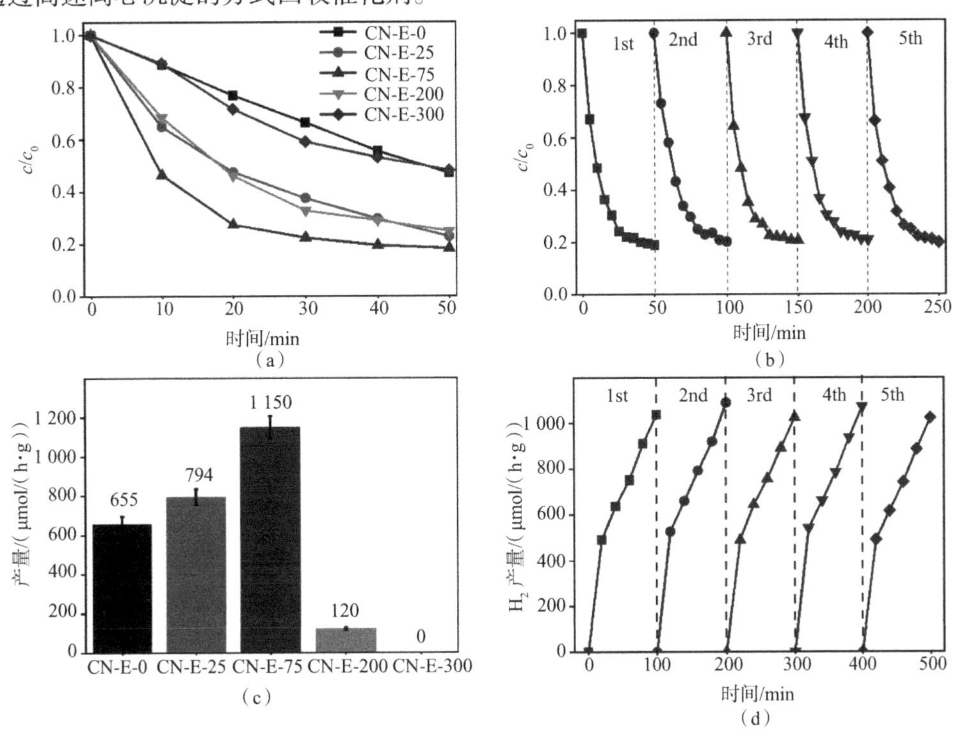

图 7-9 系列光催化剂的性能表征

(a)CN-E-*x* 光催化降解四环素的活性 (b)CN-E-75 降解四环素循环稳定性实验

(c)CN-E-*x* 光催化分解水产生 H_2 的活性 (d)CN-E-75 光催化分解水产氢循环稳定性实验

表 7-5 部分 $g\text{-}C_3N_4$ 光催化剂的光催化分解水制取 H_2 的活性

样品名称	光源	助催化剂	T/℃	反应溶液	HER/(μmol/(g·h))	参考资料
$g\text{-}C_3N_4$ NS	300 W 氙灯(λ≥420 nm)	3 wt.% Pt	5	100 mL 蒸馏水	101.4	*Nano Energy*, 2019, 59, 644-650
SSCN	300 W 氙灯(λ≥420 nm)	3 wt.% Pt	10	100 mL 10% 乙醇胺	496	*Small*, 2016, 26, 3543-3549
CNU0.075	300 W 氙灯(λ≥500 nm)	3 wt.% Pt	5	100 mL 10% 乙醇胺	94.1	*Appl. Catal. B: Environ*, 2019, 254, 128-134
CCN-1	300 W 氙灯(λ≥420 nm)	3 wt.% Pt	10	100 mL 10% 乙醇胺	529	*Appl. Catal. B: Environ*, 2019, 229, 114-120
$g\text{-}C_3N_{4+x}$	300 W 氙灯(λ≥400 nm)	3 wt.% Pt	5	100 mL 10% 乙醇胺	557	*J. Mater. Chem. A*, 2015, 26, 13819-13826
CCN-550	300 W 氙灯(λ≥420 nm)	3 wt.% Pt	20	100 mL 10% 甲醇	330	*Appl. Catal. B: Environ*, 2018, 231, 234-241
CNO-96	300 W 氙灯(λ≥400 nm)	3 wt.% Pt	7	100 mL 10% 乙醇胺	264	*Appl. Catal. B: Environ*, 2017, 206, 417-425
P10-550	300 W 氙灯(λ>420 nm)	3 wt.% Pt	5	100 mL 10% 乙醇胺	506	*J. Mater. Chem. A*, 2015, 3, 3862-3867

7.1.3 自由基捕获实验和机理讨论

图 7-10 显示了样品 CN-E-0、CN-E-75 和 CN-E-300 在添加不同自由基捕获剂的条件下对 TC 的光降解活性。当我们向反应溶液中加入 •OH 的捕获剂叔丁醇(TBA)后,样品的光催化降解活性受到了微弱的抑制;当我们向反应溶液中加入 h^+捕获剂叔丁醇(AO)后,样品的光催化降解活性同样受到了微弱的抑制。这说明 •OH 和 h^+在整个降解过程中并不是起主要作用的物种。但是,当我们向反应溶液中加入 $•O_2^-$捕获剂叔丁醇(向反应体系持续通 N_2 排除体系的溶解 O_2)后,三个样品的光催化活性均受到明显的抑制,TC 的浓度几乎没有发生变化。这说明 $•O_2^-$活性物种在整个降解过程中起着重要的作用。

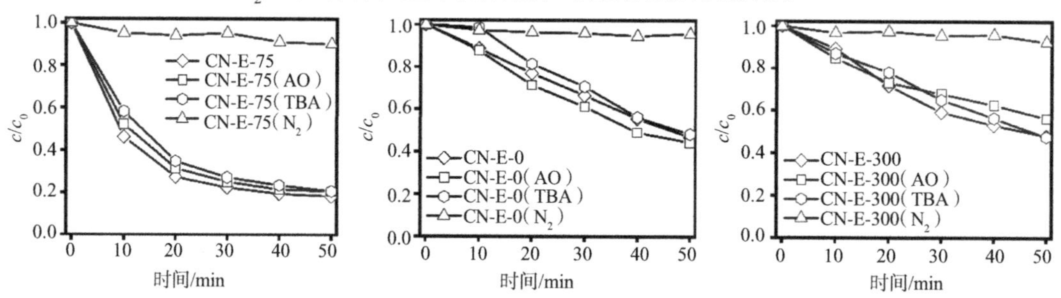

图 7-10 CN-E-75、CN-E-0、CN-E-300 加入不同的自由基捕获剂对 TC 的光降解活性

图 7-11(a)中样品 CN-E-0 和 CN-E-75 的莫特肖特基谱图都具有正的斜率,这说明样品 CN-E-0 和 CN-E-75 都是典型的 N 型半导体。催化剂 CN-E-0 和 CN-E-75 相对于 Ag/AgCl 标准电极电势的平带电位可以通过作切线的方法获得,从图 7-11(b)可看出,通过向 x 轴引切线的方法得到 CN-E-0 和 CN-E-75 的平带电位(E_{fb})分别为−1.63 V 和−1.11 V。已知 Ag/AgCl 标准电极测得的平带电位和标准氢电极电势(NHE)的平带电位通过下式转换:

$$E_{fb(vs.\ NHE)} = 0.059pH + E_{fb(pH=0,vs.\ Ag/AgCl)} + E_{AgCl} \tag{7-1}$$

其中,标准的 E_{AgCl} 为固定的常数 0.197 V,实验开始前配置好的 0.5 mol/L 的硫酸钠溶液,经过 pH 计测量是 6.8。因此,计算得出样品 CN-E-0 和 CN-E-75 相对于 NHE 的平带电位分别为−1.03 V 和−0.512 V。根据大量研究报道,N 型半导体导带位置(CBM)比 E_{fb} 高出 0.3 V,最后计算得到 CN-E-0 和 CN-E-75 的 CBM 值为−1.33 V 和−0.812 V。另外,前面已经通过 UV-vis DRS 计算出样品 CN-E-0 和 CN-E-75 的带隙值为 2.75 eV 和 2.18 eV。结合莫特肖特基谱图得到的导带位置,可以计算出样品 CN-E-0 和 CN-E-75 的价带顶(VBM)的位置为 1.42 eV 和 1.36 eV。综上所述,通过莫特肖特基谱图计算的结果与通过 XPS 价带谱表征的结果(1.42 eV 和 1.37 eV)几乎完全吻合(图 7-11(b))。

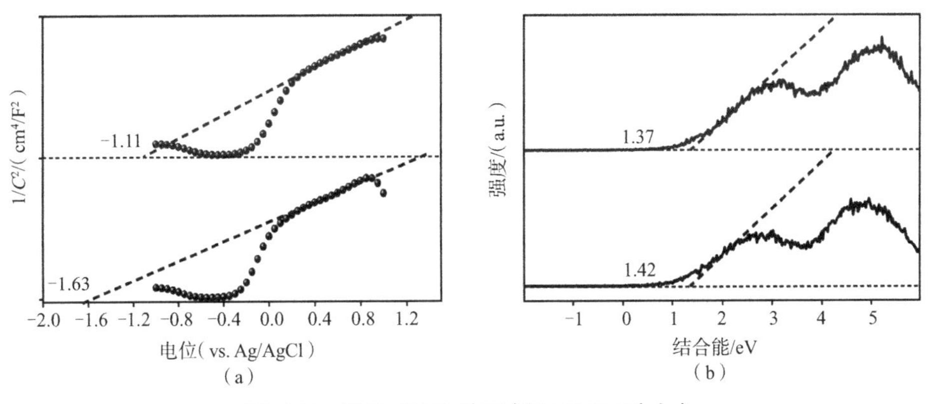

图 7-11 样品 CN-E-0(下)和 CN-E-75(上)

(a)莫特肖特基谱图 (b)XPS 价带谱

在焙烧尿素的过程中 ETU 和尿素聚合将乙基引入 $g\text{-}C_3N_4$ 的骨架内,通过 FTIR、XPS、固态 ^{13}C NMR 等表征手段证明乙基缺陷的存在。用乙基连接在骨架上三均三嗪环(N_{2C})的上面,将原来的规整排列(N_{2C})变成局部带有乙基(N_{3C})缺陷的结构,进而影响 $g\text{-}C_3N_4$ 的光吸收和电荷分离性能。实验采用 UV-vis DRS 证明乙基缺陷的引入能够促进 CN-E-x 的最大吸收边发生红移,增强 $g\text{-}C_3N_4$ 对可见光的吸收,并且乙基缺陷的程度加深同样会增强对可见光的吸收。乙基被引入 $g\text{-}C_3N_4$ 的分子内形成局部的缺陷,能加速光生电荷的迁移过程,降低光生电子-空穴对在迁移过程中的复合率,提高光催化反应过程中 $g\text{-}C_3N_4$ 对光生电荷的利用率。乙基缺陷的引入还会改变 $g\text{-}C_3N_4$ 的导带位置,导带位置的下移既能增强对可见光的吸收又能充分地把水还原成氢气,有利于光催化反应的进行。当缺陷的程度过高时,$g\text{-}C_3N_4$ 的形貌与结构就会发生改变,抑制整个反应的进行。因此,在制备缺陷型半导体材料的过程中,调控缺陷浓度对于整个光催化反应过程至关重要。

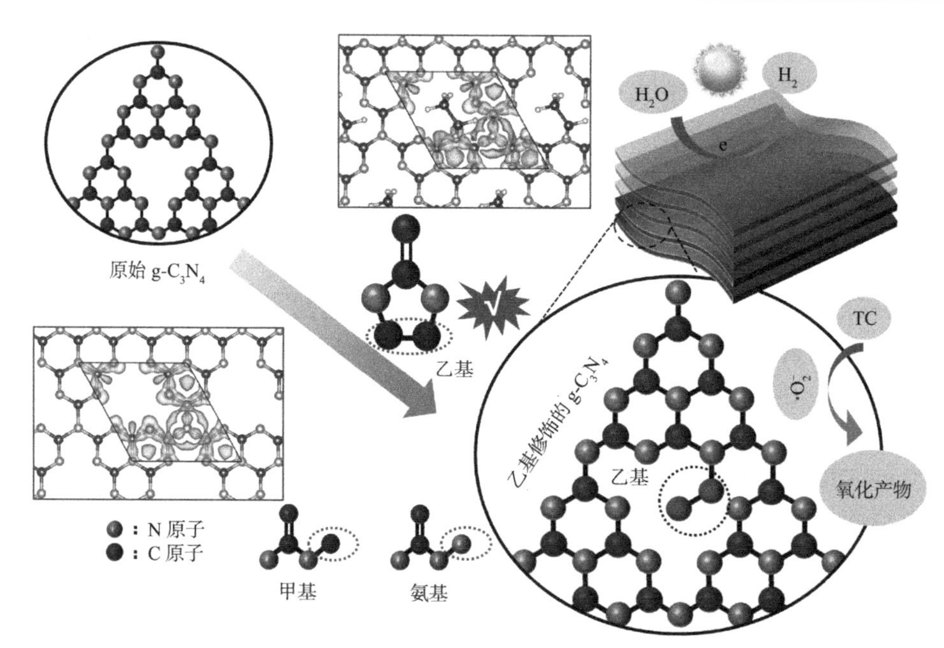

图 7-12 样品 CN-E-0 和 CN-E-75 的能带结构及光催化反应机理

7.1.4 本部分小结

1）对于乙基缺陷型 g-C_3N_4 光催化剂，乙基缺陷的浓度对 g-C_3N_4 光催化剂的活性有着显著的影响。当 10 g 尿素加入 75 mg 的乙烯硫脲时，得到的光催化剂的活性最高。其在 50 min 可见光照射下对四环素的降解率为 80%，光催化分解水产氢的速率为 1 150 μmol/(g·h)，相比于原始的氮化碳，光降解四环素的活性提高了 1.5 倍，光催化分解水产氢的活性提高了 1.6 倍。

2）采用 XRD、FTIR、XPS、EA、^{13}C NMR 等表征手段验证了乙基缺陷连接到 g-C_3N_4 骨架中三均三嗪环的 N 原子上。

3）分析考察了不同浓度的乙基对 g-C_3N_4 光催化剂光吸收性能的影响。乙基的引入减小了 g-C_3N_4 的禁带宽度，增强了对可见光的捕获能力，并且光吸收性随着乙基数量增加而逐渐增强。加入 300 mg 的乙烯硫脲后，催化剂的禁带宽度由原始的 2.75 eV（CN-E-0）减小至 1.71 eV（CN-E-300）。

4）通过 PL 光谱、瞬态荧光、*I-T* 曲线、EIS 等表征手段揭示了乙基如何影响 g-C_3N_4 载流子的迁移过程和分离。在 g-C_3N_4 骨架引入适量的乙基能够促进载流子的产生和分离，减小载流子迁移过程中的阻抗。PL 光谱峰强度变弱以及寿命变短，从 CN-E-0 的荧光寿命 4.01 ns 缩短至 CN-E-75 的荧光寿命 1.76 ns，证明电荷在迁移过程的复合率降低，载流子可以更快地迁移至活性位点参与氧化还原反应。

5）通过自由基捕获实验证明在光催化氧化降解四环素的实验过程中，主要发挥作用的活性物种是 $\cdot O_2^-$。

6）过量的乙基缺陷会破坏 g-C_3N_4 原来的二维平面结构，降低比表面积，不利于光催化反应过程。

7.2　氮化碳异质结用于光催化分解水产氢

光催化分解水产氢是一项非常有竞争力的可持续的能源生产技术。许多研究者致力于发展高效的光催化体系。g-C_3N_4 由于它的非金属性、良好的化学稳定性以及合适的能带结构吸引了研究者的广泛关注。然而，目前它仍然存在载流子分离效率低、可见光吸收能力弱以及氧化还原能力有限等不足。

S 型异质结作为直接 Z 型结构的一种，通常由能级交错的两个 N 型半导体组成。在内建电场、能带弯曲以及库仑吸引力的驱动下，其异质结界面的光生电子和空穴重组在一起，而原有的较高的氧化还原电势被保留了下来。将 g-C_3N_4 半导体与其他的半导体相结合可以构筑 S 型异质结，它可以在不牺牲氧化还原能力的前提下提高光生载流子的分离效率。在许多半导体中，WO_3 由于成本低和具有良好的可见光响应，常常被用来与 g-C_3N_4 复合。例如，Yu 等通过两步法合成了超薄的 WO_3/g-C_3N_4 S 型异质结，从而提高了光催化分解水产氢性能。Huang 等合成了氧空位修饰的 WO_{3-x}/g-C_3N_4 Z 型异质结，其中氧空位扩展了可见光响应并促进了载流子的分离。Zhang 等发现助催化剂 NiS 可以为 WO_3/g-C_3N_4 异质结提供额外的活性位点并加速光生载流子转移。然而，S 型异质结作为异质结的一个新概念仍然存在一些不足：①目前的合成方法是非常有限的；②合成过程相对复杂，通常先单独合成两个半导体，然后将两者耦合在一起形成异质结。因此，发展一种新型并且简易的方法去构筑 S 型异质结是非常迫切的。

作为一种常见的缺陷，氧空位可以通过调节金属氧化物半导体的电子和光学性质显著影响光催化活性。例如，通过氢化处理形成含有缺陷的 TiO_2，由于缺陷提高了载流子分离效率，它表现出优越的光催化产氢活性。需要注意的是，表面和体相氧空位可以通过不同的方式影响半导体的电子和光学性质。将含有缺陷的金属氧化物半导体与 g-C_3N_4 相结合可能会有效地提高 S 型异质结界面的载流子转移效率并改善其光学性质，进而有效地提高光催化性能。迄今为止，在光催化剂合成中，很少有研究成功地将缺陷工程引入 S 型异质结。同时，对于表面和体相氧空位在 S 型异质结中具体的作用机制还不清楚，然而这对于理解光催化过程是非常重要的。

本部分通过简便的一步合成法成功构筑了缺陷工程的 S 型异质结，并将其用于光催化分解水产氢。研究发现，在 S 型异质结和缺陷工程的耦合作用下，光催化分解水产氢能力和降解活性得到显著提高。另外，我们研究并且证明了表面和体相氧空位在 S 型系统中的不同功能机制，这项工作将会为发展其他太阳能利用体系提供思路。

本小结内容主题如图 7-13 所示。

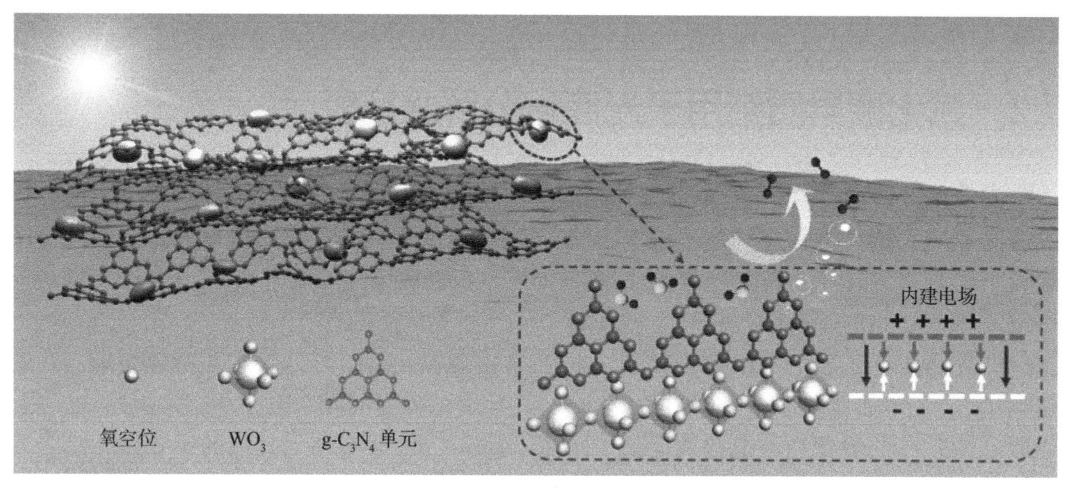

图 7-13 本小结内容主题图

7.2.1 形貌和物理性质

图 7-14(a)是 WO_3、nWCN 和 $g\text{-}C_3N_4$ 的 XRD 谱图。$g\text{-}C_3N_4$ 在 13.1° 和 27.4° 处的衍射峰可以分别归属为(100)和(002)面,与标准卡片 JCPDS No. 87-1526 相一致。前者较弱的峰对应着晶面间距为 0.676 nm 的三均三嗪环面内结构,后者较强的峰则对应着晶面间距为 0.325 nm 的层间堆叠。WO_3 则表现为标准的单斜晶相(JCPDS No. 89-4476)。*n*WCN 样品的特征峰则是 $g\text{-}C_3N_4$ 和 WO_3 特征峰的重叠,表明两者共存。图 7-14(b)是 22°~26° 衍射角范围内的慢扫 XRD 谱图,*n*WCN 样品中 WO_3 的(002)和(020)面的衍射峰均向高角度偏移,这表明可能存在的氧空位造成了晶格扭曲。图 7-14(h)是样品的 TG 分析曲线。WO_3 没有明显的质量损失,证明其在高温下不会被分解。而 $g\text{-}C_3N_4$ 则在 700 ℃时完全被分解,因此可以通过剩余的质量来计算 WO_3 实际的质量百分比。在 $g\text{-}C_3N_4$ 以及 *n*WCN 的 TG 曲线中, 30~150 ℃范围内有轻微的质量损失,这是由样品表面吸附的水分子蒸发造成的。在排除水分的影响后,计算出 WO_3 实际的质量百分比分别为 4.2 wt.%、15.0 wt.%以及 17.6 wt.%,这与原始的偏钨酸铵使用量相吻合。在 7-14(b)中可以观察到 *n*WCN 的峰强度随着 WO_3 含量升高先增强后变弱,这个现象暗示了 17.6WCN 的结晶性变差。

图 7-14(c)~(g)显示了样品的 SEM 照片。WO_3 由直径为 50~100 nm 的颗粒组成。$g\text{-}C_3N_4$ 则表现出板岩状和晶体堆积层,这是通过热聚合方法合成的 $g\text{-}C_3N_4$ 的典型二维层状形貌。在与 WO_3 复合后, *n*WCN 仍然保持着典型的二维层状结构,并且在层间装饰着许多 WO_3 纳米颗粒。

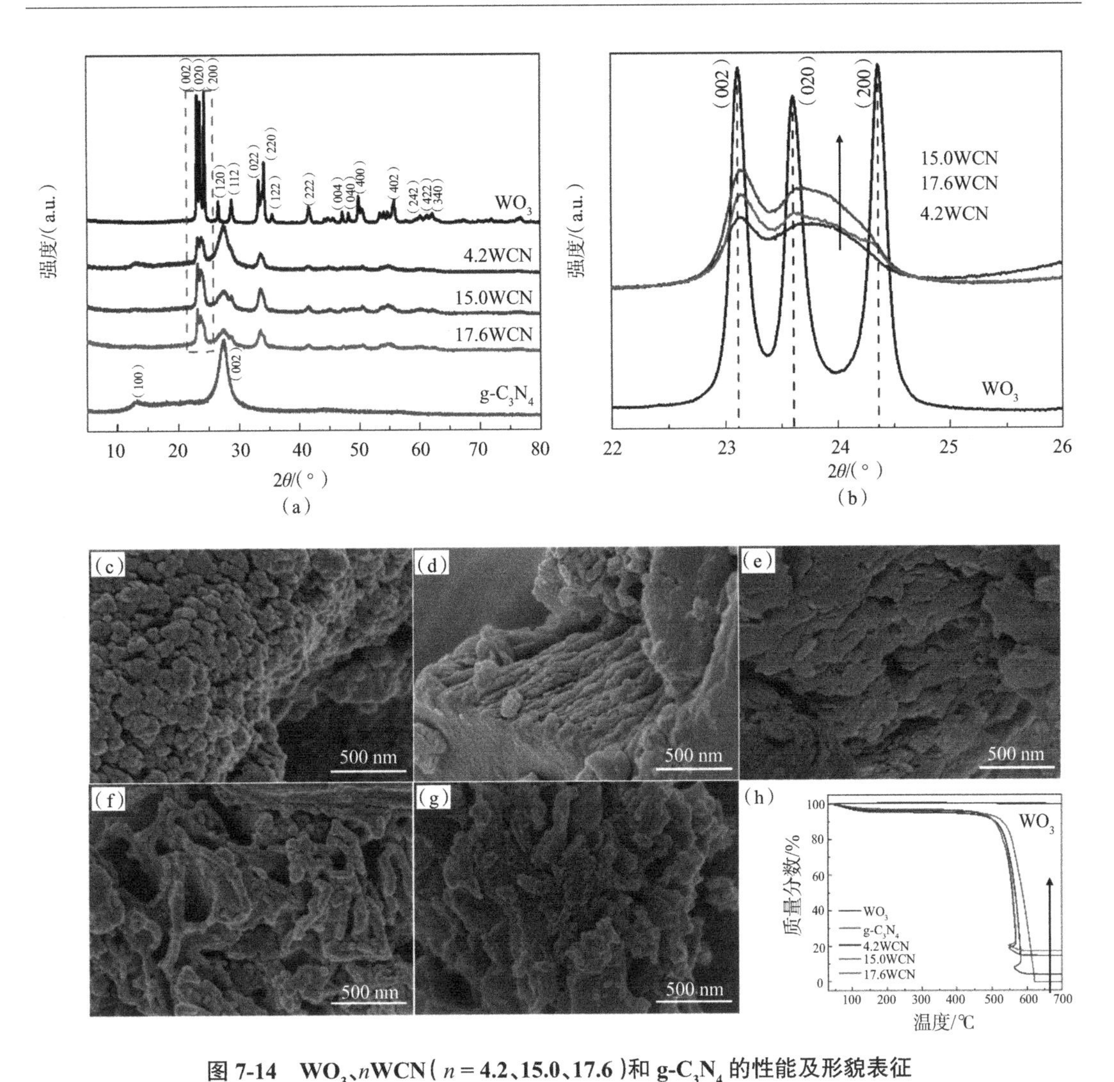

图 7-14　WO_3、nWCN（n = 4.2、15.0、17.6）和 g-C_3N_4 的性能及形貌表征

（a）WO_3、nWCN（n = 4.2、15.0、17.6）和 g-C_3N_4 的 XRD 谱图　（b）慢扫 XRD 谱图　（c）WO_3、（d）g-C_3N_4、（e）4.2WCN、（f）15.0WCN 和（g）17.6WCN 的 SEM 照片　（h）样品的 TG 分析曲线

通过 TEM 和 HRTEM 照片进一步表征样品的形貌。在图 7-15（a）和（b）中，可以观察到 WO_3 为颗粒状形貌，g-C_3N_4 则表现为具有多个堆叠层的层状结构，这与 SEM 照片结果一致。在图 7-15（c）~（e）中看到，nWCN 复合材料呈现出均匀分散的 WO_3 纳米颗粒装饰的层状结构。图 7-15（f）展示了 WO_3 的 HRTEM 照片，可以清晰地观察到 0.386 nm 的晶格条纹，这对应着 WO_3 的（002）面。在 15.0WCN 的 HRTEM 照片（图 7-15（g））中，g-C_3N_4 和 WO_3 紧密地结合在一起，这表明了异质结的形成。

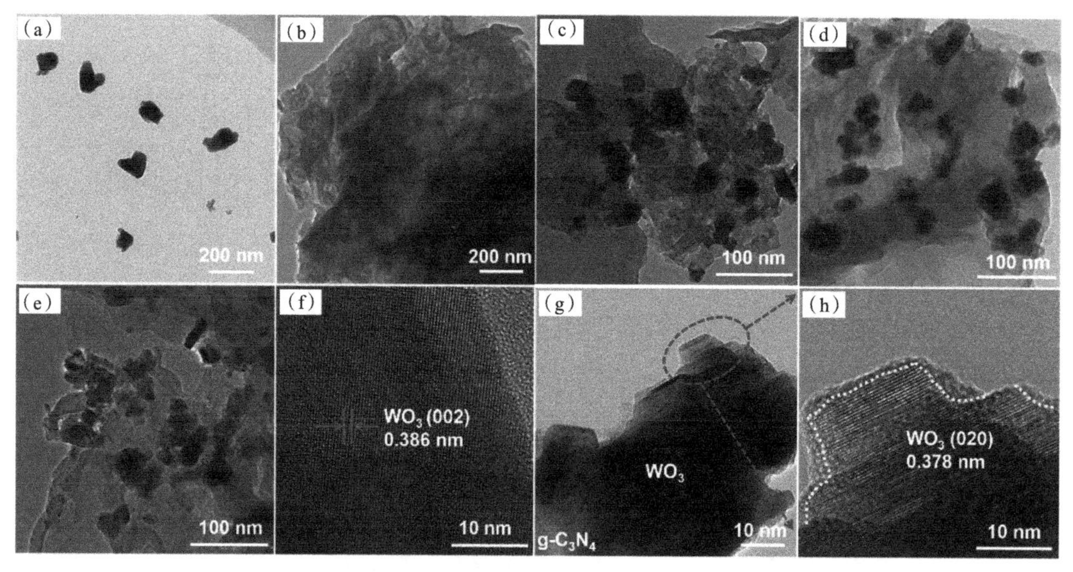

图 7-15 样品的 TEM 和 HRTEM 照片

(a)WO_3、(b)g-C_3N_4、(c)4.2WCN、(d)15.0WCN 和(e)17.6WCN 的 TEM 照片
(f)WO_3 和(g)15.0WCN 的 HRTEM 照片 (h)图(g)中虚线框放大的 15.0WCN 的 HRTEM 照片

我们通过 FTIR 光谱表征样品的官能团。如图 7-16(a)所示，g-C_3N_4 在 800~1 650 cm^{-1} 范围显示出典型的 IR 吸收峰，812 cm^{-1} 处最强的吸收峰代表了三均三嗪环的呼吸振动。位于 1 250~1 650 cm^{-1}(1 254、1 327、1 417、1 574 和 1 632 cm^{-1})范围内的红外峰对应着碳氮杂环典型的拉伸振动。在 3 000~3 500 cm^{-1} 范围内的宽吸收峰则属于未缩合的末端氨基(—NH_2 或 =NH 基团)和吸附的 H_2O 分子。对于 WO_3，在 500~1 000 cm^{-1} 范围内有明显的红外峰，归属于 W—O—W 和 O—W—O 键的伸缩振动模式。*n*WCN 样品的 FTIR 光谱与 g-C_3N_4 相似，表明其主要结构为 g-C_3N_4。然而，WO_3 的特征吸收峰未被识别，这可能是因为重叠峰或 WO_3 进入 g-C_3N_4 的层间结构所致，该结果与 SEM 照片结果相吻合。

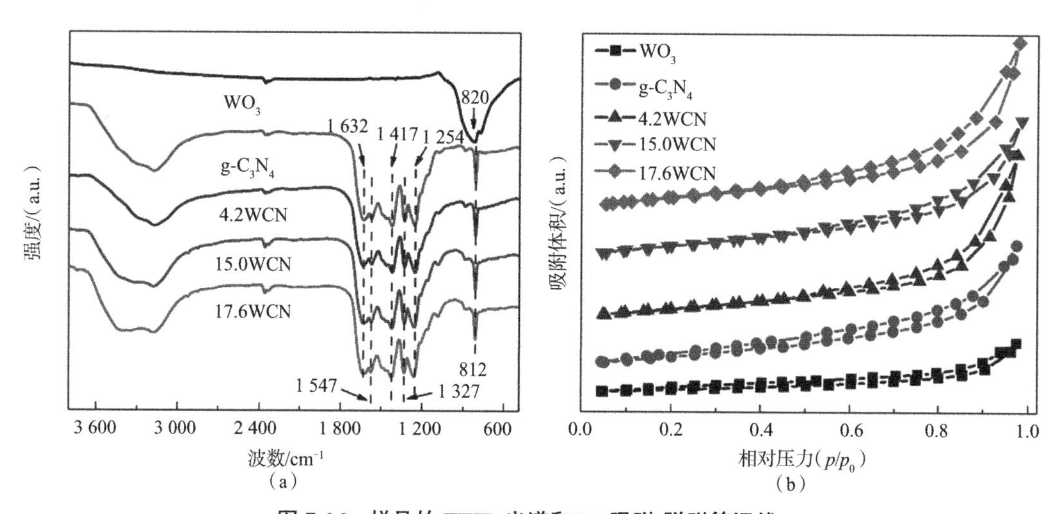

图 7-16 样品的 FTIR 光谱和 N_2 吸附-脱附等温线

(a)样品的 FTIR 光谱 (b)样品的 N_2 吸附-脱附等温线

图 7-16（b）显示了样品的 N_2 吸附-脱附等温线。所有的样品都呈现出典型的 H3 型磁滞回线的 IV 型曲线，表明了它们的介孔特性。这种狭缝状孔和中孔的存在是由片状颗粒的聚集和热解过程中气体（NH_3 和 H_2O）的排放造成的。同时我们在表 7-6 中列出了样品比表面积等特征参数。g-C_3N_4 的比表面积、孔体积和平均孔径分别为 15 m^2/g、0.03 cm^3/g 和 4.8 nm，远大于 WO_3（4 m^2/g、0.01 cm^3/g 和 2.1 nm）。与 g-C_3N_4 相比，*n*WCN 的比表面积略有增大，这可以解释为释放的 NH_3 冲入 g-C_3N_4 片层破坏了层状结构，或者 WO_3 进入 g-C_3N_4 纳米片之间。然而，*n*WCN 复合材料之间没有明显的区别，这证明比表面积不是影响光催化活性的关键因素。

表 7-6　样品的 BET 比表面积以及孔结构

样品名称	S_{BET}/（m^2/g）	孔体积/（cm^3/g）	平均孔径/nm
WO_3	4	0.01	2.1
g-C_3N_4	15	0.03	4.8
4.2WCN	17	0.04	4.7
15.0WCN	19	0.03	4.7
17.6WCN	19	0.04	4.7

7.2.2　光催化活性

图 7-17（a）是样品在可见光（$\lambda > 400$ nm）下的光催化分解水产氢活性。WO_3 由于导带位置较低不能产生 H_2，而 g-C_3N_4 光催化分解水产氢活性较低，它的产氢速率是 227 μmol/（h · g）。对于机械物理混合的样品 *n*W+CN 样品来说，其活性相较于纯的 g-C_3N_4 有了一定程度的提高。众所周知，g-C_3N_4 产生的光生电子比 WO_3 产生的光生电子具有更强的还原能力，因此可以驱动水分解产生 H_2。*n*W+CN 样品正是由于保留了具有较强还原电势的电子才具有较高的光催化活性。然而随着 *n* 值的增大，其活性基本不变甚至略有下降，说明 WO_3 在催化剂中的含量对活性没有影响。相比于 *n*W+CN，*n*WCN 样品的产氢活性则有了显著提高。15.0WCN 表现出最优越的光催化活性，达到了 1 034 μmol/（h·g），分别是 15.0W+CN 和 g-C_3N_4 的 1.7 倍和 4.5 倍。这表明在形成 S 型异质结的基础上还存在其他的因素影响着光催化活性。此外，我们计算出了样品在 400 nm 单波长下的 AQE，测试结果列在表 7-7 中。g-C_3N_4 的 AQE 仅仅为 1.7%，但 *n*WCN 的 AQE 均有了一定程度的提高，样品 15.0WCN 的 AQE 则高达 7.4%。我们同时研究了 15.0WCN 的稳定性（图 7-17（b）），在经过四个循环的光催化分解水产氢实验后，其活性并没有明显地降低，表明其具有良好的稳定性。

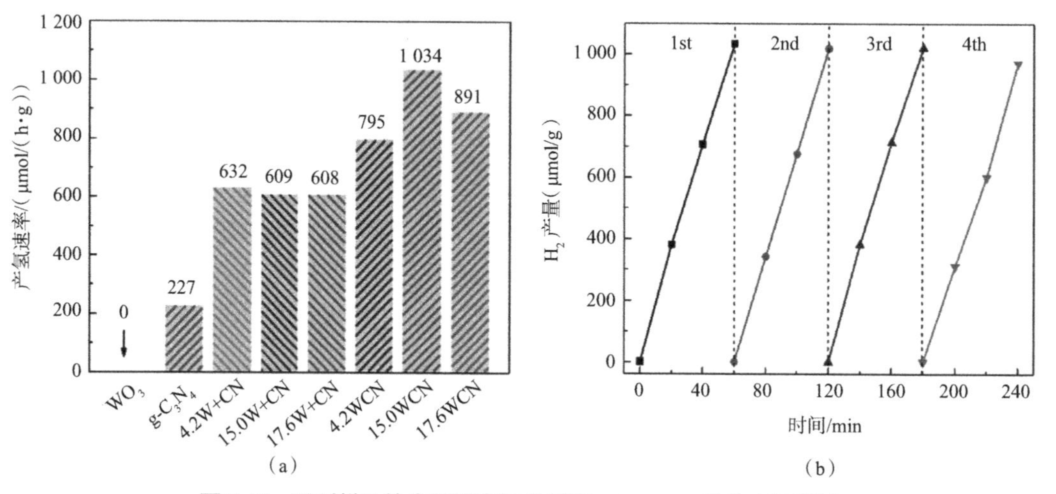

图 7-17 系列样品的光催化产氢性能和 15.0WCN 的稳定性测试

(a)样品的光催化产氢性能 (b)15.0WCN 的稳定性测试(反应条件为:30 mg 样品,20 mL 三乙醇胺(20 vol.%),80 mL 蒸馏水,40 μL 氯铂酸溶液(2 wt.% Pt),温度 T 为 5 ℃,波长 λ > 400 nm)

表 7-7 样品的产氢速率以及表观量子效率

样品名称	产氢速率/(μmol/h)	AQE/%
$g-C_3N_4$	5.8	1.7
4.2WCN	11.2	3.3
15.0WCN	24.5	7.4
17.6WCN	12.4	3.7

与此同时,我们考察了样品在可见光(λ > 400 nm)下降解 RhB 的反应性能。图 7-18(a)显示, WO_3 基本不具备降解 RhB 的能力,而 $g-C_3N_4$ 则表现出较低的降解活性。在与 WO_3 原位复合后,nWCN 的降解活性有了显著的提高,其中 15.0WCN 表现出最优越的光催化性能,它在 30 min 内基本将 RhB 完全降解。为了更清晰地看到它们降解活性的差异,我们通过一级反应模型进行了动力学拟合和计算。从图 7-18(b)可以看到 $-\ln(c/c_0)$与反应时间线性相关,在所有样品中, 15.0WCN 表现出了最高的活性,其表观一级反应速率常数 K 为 0.118 min^{-1},是样品 $g-C_3N_4$ 的 9.8 倍。

7.2.3 氧空位分析表征

XPS 可以用来考察样品所含元素种类以及表面化学状态。从图 7-19 中可以观察到 $g-C_3N_4$ 包含 C、N 和 O 元素,而 nWCN 的主要组成元素为 C、N、O 和 W。这证明硫脲焙烧后产生的 $g-C_3N_4$ 中没有杂质元素存在,例如 S。同时可以观察到随着 n 值的增大, W 和 O 元素的信号逐渐增强,这与热重分析得到的 WO_3 含量逐渐增加的趋势是相吻合的。

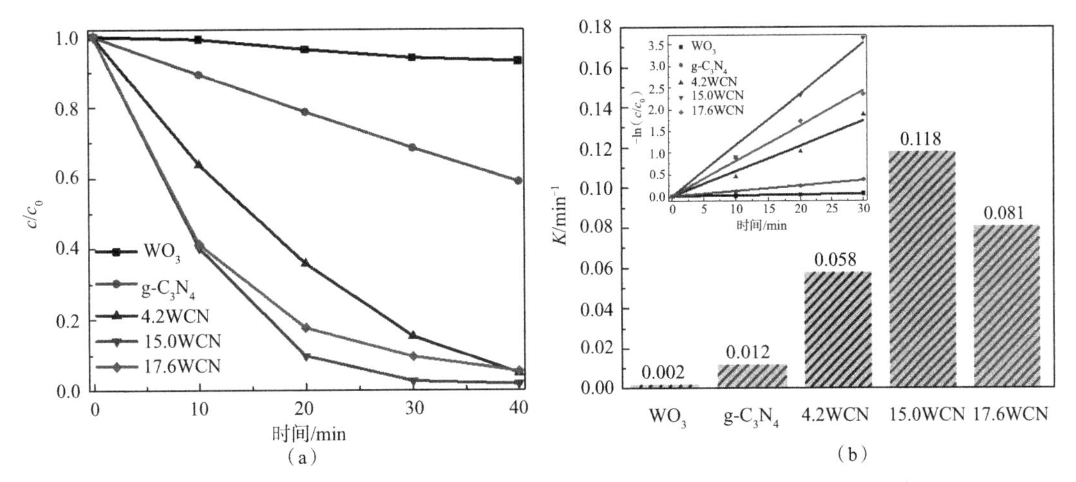

图 7-18　样品在可见光下降解 RhB 的活性曲线和样品的动力学数据线性拟合图

(a)可见光下样品降解 RhB 的活性曲线　(b)样品的动力学数据线性拟合图

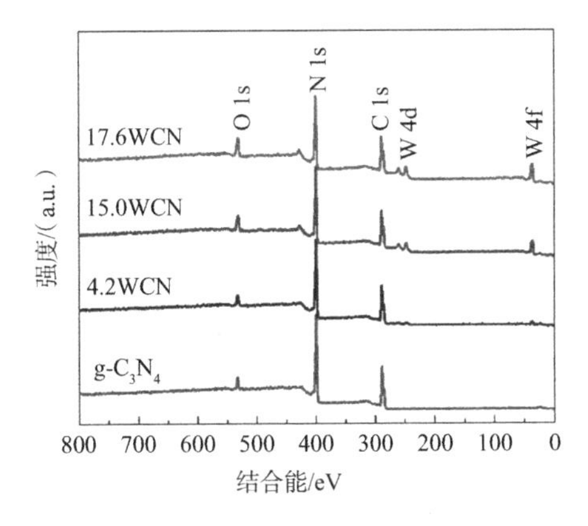

图 7-19　$g-C_3N_4$ 和 *n*WCN 的 XPS 全谱图

图 7-20 显示了样品的 C 1s 和 N 1s XPS 谱图。$g-C_3N_4$ 的 C 1s XPS 谱图可以识别到 284.8、286.1 和 288.3 eV 位置处的三个结合能峰，它们分别代表碳杂质物种(C—C)、C—N 配位以及在 $g-C_3N_4$ 晶格中与相邻的三个氮原子键合的 sp^2 杂化的碳原子(N—C═N)。从 *n*WCN 的 C 1s XPS 谱图也相应地可以识别出与 $g-C_3N_4$ 相同的三个峰。有所区别的是，*n*WCN 位于 284.8 和 288.3 eV 处的峰相较于 $g-C_3N_4$ 具有轻微地向高结合能偏移的现象。$g-C_3N_4$ 和 *n*WCN 的 N 1s XPS 谱图经过分峰拟合处理，得到了位于 398.8、400.0、401.0 和 404.3 eV 的四个峰，分别归属于 sp^2 杂化的氮物种(C═N—C)、sp^3 杂化的 N—$(C)_3$ 基团中的氮原子、氨基官能团中的氮原子(C—N—H)以及 π 键激发的碳氮杂环。在与 WO_3 复合后，C═N—C 处的结合能峰向高结合能方向有了一定的偏移。结合 C 1s XPS 谱图，它们具有相同的偏移方向，初步猜测在 $g-C_3N_4$ 和 WO_3 之间存在电子转移。

此外，我们还考察了 W 4f 和 O 1s XPS 谱图中 *n*WCN 样品的偏移情况。从图 7-21 中，可以明显地观察到 *n*WCN 的峰相比较于 WO_3 均向低结合能方向偏移。这证明 $g-C_3N_4$ 失去电子而 WO_3 得到电子，暗示着在异质结的界面电子从 $g-C_3N_4$ 转移到 WO_3。这是由于这两种半导体的费米能级不同，在两者接触时为了保持费米能级相持平，g-C_3N_4 失去电子带正电荷，而 WO_3 得到电子带负电荷。自然地，在两者的接触界面，会产生一个内建电场。在这种情况下，界面处 g-C_3N_4 的能带将会自动向上弯曲，而 WO_3 的能带将会向下弯曲。这非常有利于光激发下 g-C_3N_4 价带处的空穴与 WO_3 导带处的电子进行复合，进而促进载流子的分离，驱动 S 型电子转移机制的形成。所有这些现象都证明 S-异质结已成功形成。

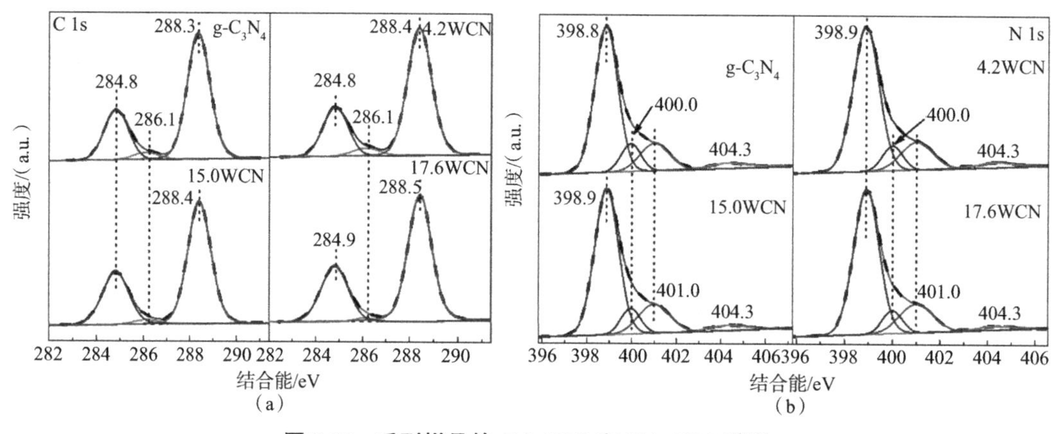

图 7-20 系列样品的 C 1s XPS 和 N 1s XPS 谱图

(a)C 1s XPS 谱图 (b)N 1s XPS 谱图

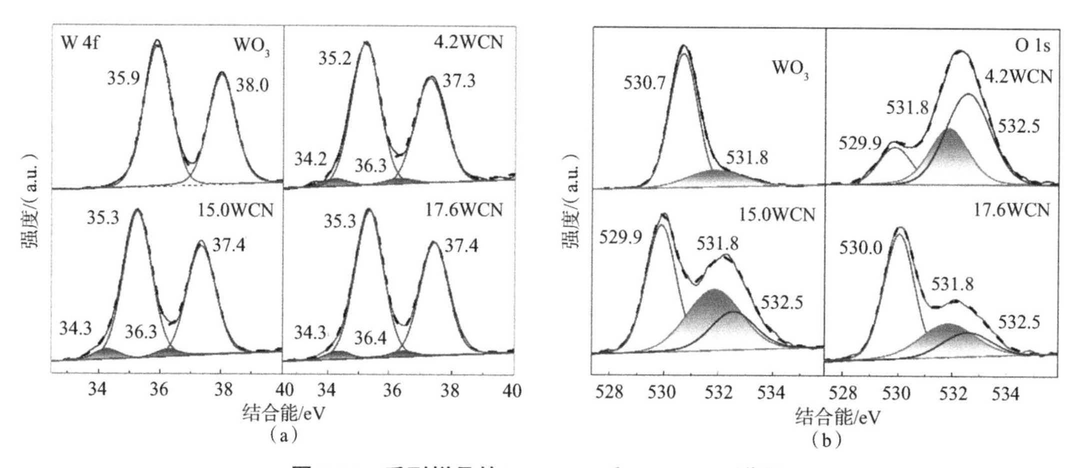

图 7-21 系列样品的 W 4f XPS 和 O 1s XPS 谱图

(a)W 4f XPS 谱图 (b)O 1s XPS 谱图

我们对样品的 W 4f XPS 谱图进行分峰拟合。在拟合时进行一些条件的限定：结合能，W $4f_{5/2}$−W $4f_{7/2}$ = 2.0~2.2 eV；半峰宽，W $4f_{5/2}$−W $4f_{7/2}$ = ± 0.05 eV，相对峰面积：W $4f_{5/2}$/W $4f_{7/2}$ = 0.75。通过分峰拟合后，可以得到 W 元素的价态以及所占的比例。WO_3 可以识别到 35.9 eV 和 38.0 eV 两个位置处的结合能峰，分别代表着 W^{6+}的 W $4f_{7/2}$ 和 W $4f_{5/2}$。而对于 *n*WCN 样品，在 W^{6+}两个峰的基础上，可以观察到另外两个大约处于 34.3 eV 和 36.3 eV 处的结合能峰，分别归属于 W^{5+}的 W $4f_{7/2}$ 和 W $4f_{5/2}$。W^{5+}的出现证明在异质结中存在表面氧空位。将分峰拟合的数据整理到表 7-8 中，可以清晰地看到不同价态的 W 元素的位置以及所占百分比。WO_3 中 W^{5+}的含量为零,而与 g-C_3N_4 原位复合的 *n*WCN 样品均含有 W^{5+}。并且随着 *n* 值的增大, W^{5+}的含量先增大后减小, 15.0WCN 含有最多的 W^{5+}(5.4%),这表明 15.0WCN 生成了更多的表面氧空位。

表 7-8　在 W 4f XPS 谱图中不同钨物种的结合能、峰面积以及百分比

样品名称	W 的结合能/eV				峰面积/counts		百分比/%	
	W^{6+}		W^{5+}		W^{6+}	W^{5+}	W^{6+}	W^{5+}
	$4f_{5/2}$	$4f_{7/2}$	$4f_{5/2}$	$4f_{7/2}$				
WO_3	38.0	35.9	—	—	112 734.6	—	100	0
4.2WCN	37.3	35.2	36.3	34.2	3 135.0	153.6	95.3	4.7
15.0WCN	37.4	35.3	36.3	34.3	13 635.3	781.8	94.6	5.4
17.6WCN	37.4	35.3	36.4	34.3	18 890.6	819.4	95.8	4.2

图 7-21(b)是样品 WO_3 和 *n*WCN 的 O 1s XPS 谱图。WO_3 通过处理后,表现出两个峰,分别位于 530.7 eV 和 531.8 eV 处,代表着 WO_3 的表面晶格氧($O_{W—O—W}$)和表面羟基氧(O_{OH})。在 *n*WCN 样品中,则有一个新的位于 532.5 eV 处的结合能峰,代表着 g-C_3N_4 中的 C—O 键($O_{C—O}$)。我们通过计算不同峰面积的比例,获得了不同氧物种的百分比。从表 7-9 可以清晰地看到,相比于 WO_3, *n*WCN 含有更多的表面羟基氧,其规律符合 15.0WCN > 4.2WCN > 17.6WCN > WO_3。表面羟基氧的多少往往可以反映出表面氧空位的含量高低。因此,15.0WCN 具有最高含量的表面氧空位,这个结果也对应着其含有最多的 W^{5+}。

表 7-9　在 O 1s XPS 谱图中不同氧物种的结合能、峰面积以及百分比

样品名称	O 的结合能/eV			峰面积/counts			百分比/%		
	O_L	O_{OH}	$O_{C—O}$	O_L	O_{OH}	$O_{C—O}$	O_L	O_{OH}	$O_{C—O}$
WO_3	530.7	531.8	—	61 148.0	14 720.9	—	80.6	19.4	—
4.2WCN	529.9	531.8	532.5	2 263.7	4 432.4	7 381.9	16.1	31.5	52.4
15.0WCN	529.9	531.8	532.5	8 087.6	6 732.2	3 749.4	43.5	36.3	20.2
17.6WCN	530.0	531.8	532.5	11 673.1	6 000.6	3 506.7	55.1	28.3	16.6

图 7-22(a)是样品的紫外-拉曼光谱图。由于紫外-拉曼光谱采用的激发光源为紫外光(325 nm),它的能量较高,因此更容易被样品的表面吸收,可以反映样品的表面信息。WO_3 具有明显的四个拉曼特征峰,分别位于 257、323、705 和 797 cm^{-1} 处,对应着 WO_3 的单斜晶相。*n*WCN 的拉曼光谱表现为 g-C_3N_4 和 WO_3 的叠加,表明两者的共存。图 7-22(b)是样品在 615~900 cm^{-1} 范围内的分峰拟合结果。在 *n*WCN 中,新出现的位于 756.6 cm^{-1} 处的峰代表 g-C_3N_4 的层间振动。相比于 WO_3, *n*WCN 在 797 cm^{-1} 处的拉曼特征峰向高的拉曼位移处移动,并且其拉曼半峰宽有了提高,这些现象证明表面氧空位的存在。通常半峰宽和峰位置的改变程度可以揭示表面氧空位含量的变化。从表 7-10 可以看到,表面氧空位的含量

符合规律 15.0WCN > 4.2WCN > 17.6WCN > WO_3，这与之前得到的 XPS 结果是一致的。

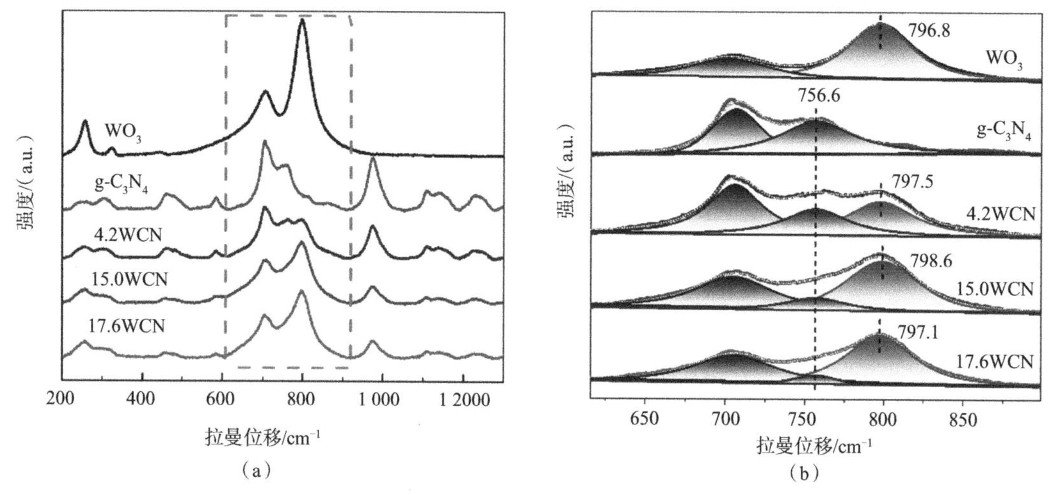

图 7-22 样品的紫外-拉曼光谱及其分峰拟合结果

(a)以 325 nm 为激发波长的样品的紫外-拉曼光谱 (b)样品在 615~900 cm^{-1} 范围内的分峰拟合结果

表 7-10 样品在 797 cm^{-1} 附近的峰位置和半峰宽

样品名称	峰位置/cm^{-1}	半峰宽/cm^{-1}
WO_3	796.8	48.4
4.2WCN	797.5	51.6
15.0WCN	798.6	54.0
17.6WCN	797.1	50.9

样品的体相氧空位则利用 EPR 光谱来进行表征。从图 7-23(a)可以看到，纯的 WO_3 和 g-C_3N_4 没有检测到明显的信号。*n*WCN 则在 1.955 和 2.002 处有明显的 EPR 信号，它们可以分别归属于 W^{5+}物种捕获的未成对电子和带有未成对电子的体相氧空位。随着 WO_3 含量的增加，W^{5+}和氧空位的信号强度均逐渐增强。根据之前的表征结果，可以得到以下结论：随着 WO_3 含量的增加，表面氧空位先增加后减少，体相氧空位则逐渐增加。

XPS、紫外-拉曼光谱和 EPR 结果证明 *n*WCN 中表面和体相氧空位共存。S 型异质结中的氧空位主要是由样品合成过程中的缺氧和富氨环境造成的。NH_3 是在硫脲的热聚合和偏钨酸铵热分解过程中产生的，它与 WO_3 中的晶格氧原子反应生成氧空位。随着偏钨酸铵和硫脲总用量的增加，氧空位含量逐渐增加。因此，17.6WCN 具有最多的体相氧空位。然而通过 XRD 结果发现 17.6WCN 中 WO_3 的结晶度降低。也就是说，过量的 NH_3 有可能破坏 WO_3 表面的晶体结构，进一步减少表面氧空位的数量。因此，15.0WCN 具有最高的表面氧空位。在图 7-23(b)中，可以清晰地观察到样品中体相和表面氧空位的变化规律。

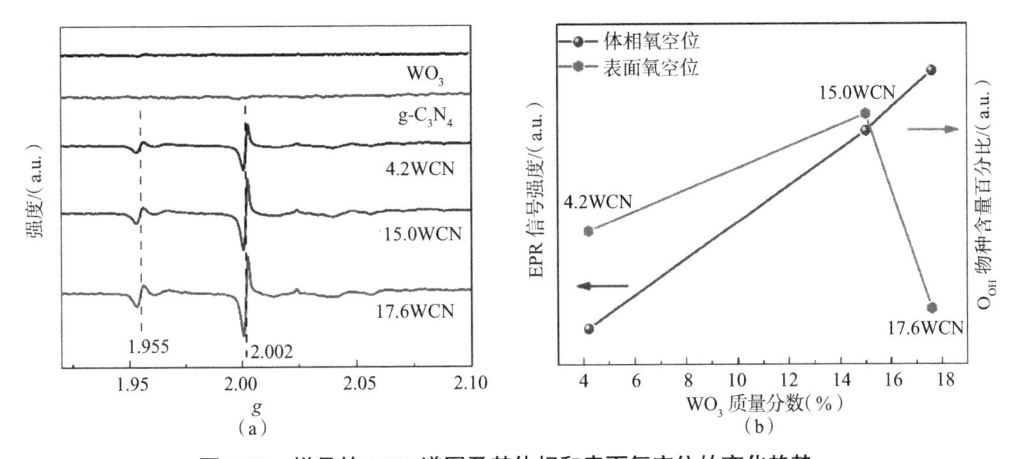

图 7-23　样品的 EPR 谱图及其体相和表面氧空位的变化趋势

(a)样品的 EPR 谱图　(b)体相氧空位(通过样品的 EPR 信号强度而得到)和表面氧空位(通过 O_{OH} 物种百分比得到)随着 *n*WCN 样品中 WO_3 质量分数变化的趋势

7.2.4　机理和讨论

在这项工作中,我们通过简单的一锅法成功地构建了缺陷工程的 WO_3/g-C_3N_4 S 型异质结。我们在 *n*WCN 中保留了 g-C_3N_4 CB 位置处的较强还原能力的光生电子,因此成功驱动了水分解,同时这也是 S 型异质结形成的最有力的证据之一。此外, XPS 结果表明,电子从 g-C_3N_4 转移到了 WO_3,在异质结界面建立了内建电场,这是证明 *n*WCN 中 S 型异质结形成的另一个证据。

此外, XRD、TEM 和 UV-vis DRS 表征结果都证明了氧空位的存在。XPS、Raman 和 EPR 结果作为量化方法评估了缺陷工程 S 型体系中表面和体相氧空位的含量,它们可以进一步提高 S 型异质结的光催化分解水产氢活性。UV-vis DRS 结果显示,在 S 型异质结中,体相氧空位可以通过缩小带隙显著地提高可见光吸收能力。光电化学性质表征结果表明,表面氧空位可以充当 g-C_3N_4 的价带和 WO_3 的导带之间的电子传输媒介,进而有效地提高光生载流子的转移和分离效率,延长光生载流子的存活时间。研究数据表明, 15.0WCN 具有最高含量的表面氧空位,表现出最强的光生载流子的分离效率、最优异的光催化分解水产氢能力和最高的降解活性。这可以从侧面反映出在 S 型光催化制氢和降解体系中,表面氧空位比体相氧空位更重要。

根据以上的分析,我们在图 7-24 中展示了缺陷工程的 WO_3/g-C_3N_4 S 型异质结用于光催化分解水反应的机理。由于 g-C_3N_4 和 WO_3 具有不同的费米能级,当两者接触时,为了达到平衡状态, g-C_3N_4 向 WO_3 转移电子,因此 g-C_3N_4 因失去电子而带正电荷, WO_3 则由于得到电子而带负电荷。自然而然地,在它们两者的接触界面处产生了内建电场。同时 g-C_3N_4 端为了防止电子流失能带向上弯曲,而 WO_3 端则向下弯曲,这就形成了 S 型异质结,这种结构非常有利于光生载流子的分离和转移。在缺陷工程的 S 型系统中, WO_3 导带上的光生电子可以在表面氧空位的帮助下与 g-C_3N_4 价带上的光生空穴有效结合。此外,体相氧空位可以诱导 WO_3 在导带下方形成浅施主能级,进一步提高对可见光的吸收能力。最后, g-C_3N_4

导带上的光生电子和 WO_3 价带上的光生空穴将分别被保留用于分解水产氢反应和牺牲剂三乙醇胺(TEOA)氧化反应。

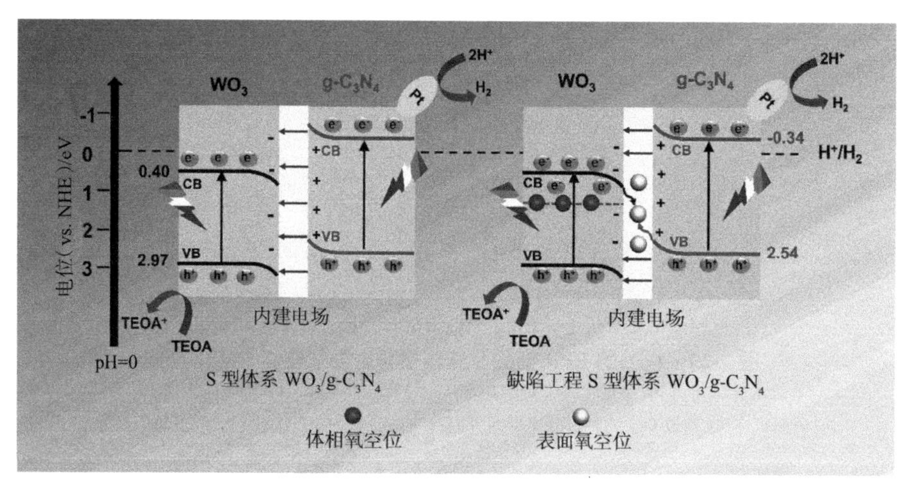

图 7-24 缺陷工程的 S 型异质结的机理图

7.2.5 本部分小结

本节利用简便的一锅法构建了缺陷工程的 WO_3/ g-C_3N_4 S 型异质结，光催化活性和 XPS 表征结果都证明了 S 型异质结的成功形成。XPS、UV-Raman 和 EPR 结果证实了合成的 S 型光催化剂中既存在表面氧空位又存在体相氧空位，并且它们都能提高光催化分解水产氢活性。研究结果表明，表面氧空位提高了光生载流子的分离效率，而体相氧空位提高了可见光捕获能力。提高载流子的分离效率比增强光吸收能力对光催化反应性能的提升效果更为显著，因此在 S 型体系中，表面氧空位比体相氧空位起着更为重要的作用。由于 S 型异质结与缺陷工程的耦合，表面氧空位含量最多的 15.0WCN 具有最高的光催化分解水产氢和降解活性。该研究结果为构筑其他高效的 S 型异质结体系提供了参考。

第 8 章　金属有机骨架型光催化材料应用实例

8.1　金属有机骨架材料概述

金属有机骨架化合物(MOFs)是一类功能性的无机-有机杂化多孔晶体固体材料。MOFs 形成过程如下:无机金属离子或金属簇和多连接的有机桥式配体首先形成二级结构单元,然后二级结构单元和有机配体再通过配位键连接在空间中形成具有有序晶格结构的晶体(图 8-1)。区别于传统的无机材料，MOFS 由于分子合成的可实现性和结构构建的层次性,通过分子工程技术,可以按照设计好的分子模块组装形成金属有机骨架材料。简单来说,MOFs 就是一个个分子按照统一的规则紧密排列在一个晶格内形成的。

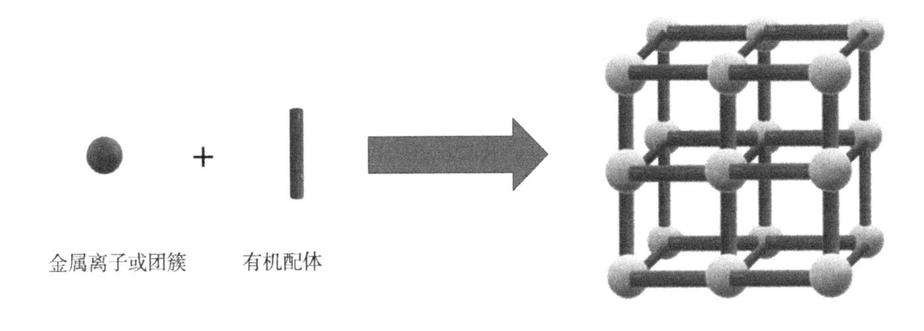

图 8-1　MOFs 的组成和多孔结构

MOFs 作为微孔结晶固体,具有许多类似于沸石的性质,因而在催化领域有着天然的优势。但是 MOFs 也具有许多不同于沸石材料的独特优点。第一,虽然 MOFs 的孔道结构像沸石一样具有形状和尺寸选择性,但是也有一部分 MOFs 具有中孔结构。第二,与沸石、金属氧化物和其他多孔材料相比，MOFs 拥有极大的比表面积,可以产生大量的催化活性位点,为其和其他材料的结合提供更多的机会。第三, MOFs 固有的高结晶度为设计和部署单一活性位点以及均匀分布催化活性物质提供了可能,使得催化剂具有良好的选择性。第四，MOFs 中可调变的有机配体可以将孔尺寸和形状的选择性与已知均相催化剂(例如金属卟啉、金属溶胶和金属硼烷醇)的区域选择性相结合。第五，MOFs 由于具有可调变的孔隙率可以提供特殊的空腔环境,使其与催化活性位点相互作用,进一步增强光催化剂的活性和选择性。第六, MOFs 的多组分复合物可以将不同的活性位点分布于一个平台,实现串联催化反应的发生。基于以上独特的优势和特点，MOFs 及其复合材料近年来得到了广泛的关注并且在气体的吸附、储存、分离以及催化领域（尤其是在光催化领域）都有快速的发展。

早在 1999 年，Yahi 等以硝酸锌和对苯二甲酸为前驱体合成了以 $Zn_4O(BDC)_3(DMF)_8$-(C_6H_5Cl)为单元的 MOF-5。2007 年，Alvaro 等首次将 MOF-5 用于降解水溶液中的苯酚。但是，由于一部分 MOFs 材料的热稳定性和抗水性较差，MOFs 材料在光催化领域的用受到了限制。直到 2008 年，Cavka 等首次合成了 UiO-66，并将其应用于光催化分解水产氢反应中，实验证明 UiO-66 在水中紫外光照 4 h，温度达到 100 ℃的条件下仍然可以保持结构的完整性和材料的稳定性。与此同时，考虑到钛元素具有低毒性和较强的氧化还原能力，Serre 和 Sanchez 于 2009 年以 N，N-二甲基甲酰胺和无水乙醇为溶剂、钛酸四丁酯为钛源合成了具有强吸光能力的 MIL-125（Ti），并且证明了在紫外光下 MIL-125（Ti）的中心金属 Ti 的还原和吸附态乙醇的氧化同时发生，说明 MIL-125（Ti）也是一种稳定的光催化剂。但是以上研究中 MOFs 对光的利用仍然停留在紫外光区域，对于占太阳辐射能量最大比例的可见光仍然无法有效地利用。2013 年，Larurier 等首次报道了铁基 MOFs 可以在可见光的条件下光催化降解罗丹明 B（RhB）。

MOFs 能够作为光催化剂在光催化领域大展身手，首先得益于其对光的吸收能力。宏观上看，MOFs 具有类似于半导体的性质。对于半导体光催化剂，当入射光子提供的能量大于它的禁带能量时，其价带上带负电的电子会跃迁到导带，并在价带上留下带正电的空穴，因此在导带和价带会分别发生还原和氧化反应。对于 MOFs，有机配体可以被视为价带，而中心金属簇则起导带的作用。从微观角度来讲，MOFs 具有光吸收能力的原因在于有机配体吸收了光子被激发后产生的光生电子，光生电子再经具有导电性的有机配体传递到中心金属或金属簇，实现了类似于半导体的电子激发和跃迁过程。

导电性是证实 MOFs 具有半导体性质的最直接的证据。Kobayashi 等曾合成了一种新型的以 $Cu[Ni(pdt)_2]$为结构单元的 MOF（注：$(pdt)_2$ 为吡嗪-2，3-二（硫醇）），这种 MOF 的禁带宽度较小，仅为 2 eV。导电性测试证明，这种复合物的导电性为 1×10^{-8} S/cm，这个值低于金属的导电性（$10 \sim 10^5$ S/cm）但是高于绝缘体的导电性（小于 10^{-10} S/cm），说明 $Cu[Ni(pdt)_2]$是一种半导体。此外，在 50 ℃的碘蒸气处理条件下，$Cu[Ni(pdt)_2]$的导电性得到大幅提升，说明它是 P 型半导体。在 MOFs 参与的光催化反应中，在提升光催化活性方面，MOFs 中电子和空穴的移动性比其导电性更重要。Gason 等曾发表过 MOFs 载流子移动性方面的文章。他们指出：在波长为 340 nm 的灯光照射下，MIL-125（Ti）的载流子移动速率为 10^{-5} $cm^2/(V \cdot s)$；将温度下降到 153 K 以下，载流子移动速率明显降低；而 TiO_2 的载流子移动速率几乎与温度无关。

8.1.1 UiO-66 概述

虽然 MOFs 具有比表面积大、孔结构有序、中心金属和配体可调变等优势，但是大多数 MOFs 在酸碱环境中或者高温条件下骨架会发生坍塌，甚至有一部分 MOFs 的水稳定性不佳，这些都限制了 MOFs 在光催化领域的进一步应用。因此，提高 MOFs 的稳定性十分重要。MOFs 的稳定性取决于中心金属或金属簇以及有机配体的固有性质，Zr^{4+}、Ti^{4+}等硬碱和羧酸组成的 MOFs 都具有较好的水稳定性和热稳定性。其中以 Zr^{4+}为中心金属的 UiO 系列

MOFs 种类最为繁多且大多具有很好的水稳定性、热稳定性和化学稳定性，并且与其他 MOFs 相比，也具有良好的导电性。

在 UiO 系列 MOFs 中，UiO-66 具有极强的化学稳定性，在水、DMF、苯、甲醇和乙醇等溶剂中都可以长期保持稳定，其骨架在强酸和强碱环境中也不会坍塌。此外，UiO-66 还具有较好的热稳定性。在空气中，375 ℃时，UiO-66 的骨架虽然会脱羟基但结晶度仍然保持不变，直到 500 ℃左右时，UiO-66 的骨架才会因高温而被破坏。UiO-66 由于具有很强的化学稳定性和热稳定性，所以应用十分广泛。UiO-66 以 $Zr_6O_4(OH)_4$ 为次级结构单元，再通过和 12 个桥式配体相连，形成了含有 1 个八面体中心笼和 8 个四面体角笼的三维网状结构（图 8-2）。

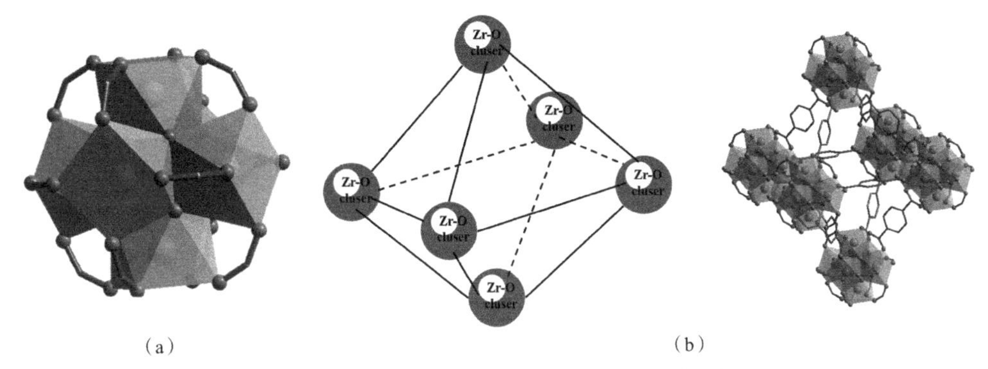

图 8-2　UiO-66 的次级结构单元和八面体笼结构

（a）UiO-66 的次级结构单元　（b）UiO-66 的八面体笼结构

虽然 UiO-66 可用于光催化分解水产氢，但是其对太阳能的利用也只局限在仅占太阳辐射能量 7%的紫外光区域，对太阳能的利用还十分有限。通过将 UiO-66 的有机配体对苯二甲酸替换成 2-氨基对苯二甲酸，可以制备出一种典型的 UiO-66 衍生物，即 UiO-66-NH_2。相比于 UiO-66，UiO-66-NH_2 对光的响应能力在一定程度上有所增强，不仅吸收紫外光的能力增强，而且在可见光区域也具备一定的吸光能力。因此 UiO-66-NH_2 在光催化分解水产氢、光催化还原 CO_2、光催化还原 Cr（Ⅵ）和光催化降解有机污染物等领域都有不少的应用。

8.1.2　UiO-66 的修饰及其在光催化中的应用

由于 UiO-66 应用于光催化领域时仍然存在无法吸收可见光和光生电子-空穴对快速复合两大缺陷，因此对 UiO-66 进行后合成修饰以改善其缺点是必不可少的。针对以上两大缺陷，对 UiO-66 的修饰重点在于提高其可见光吸收能力和加速光生电子与空穴的分离这两方面。从修饰方法上分，主要可以分为有机配体或中心金属修饰、与半导体复合、负载贵金属、敏化和与还原氧化石墨烯（RGO）等功能材料复合这五种方式。

（1）有机配体或中心金属修饰

有机配体或中心金属修饰是从分子水平调变光催化剂的化学和物理性质，尤其是改变其光学性质的一种十分简便的方法。通过改变有机配体可以在一定程度上改变 UiO-66 的禁带宽度，使得其对光的吸收边从紫外光区域移动到可见光区域。Silva 等通过将合成 UiO-

66 的有机配体由对苯二甲酸替换成 2-氨基对苯二甲酸，首次制备出了 UiO-66-NH_2。与 UiO-66 相比，UiO-66-NH_2 在 300~400 nm 的波长范围内都表现出了很强的吸光能力。此外，苯环中氨基的存在起着助色基团的作用，使得 UiO-66 的吸收边发生了红移。对 UiO-66 的氨基修饰为之后的有机配体修饰打开了大门。为了拓展 UiO-66-NH_2 在光催化领域的应用范围，Wu 等以 UiO-66-NH_2 为光催化剂研究了其在光催化选择性氧化醇和光催化还原 Cr（Ⅵ）这两个反应中的光催化能力，在可见光条件下，UiO-66-NH_2 都表现出一定的光催化活性。Flage-Larsen 等通过制备不同有机配体取代的 UiO-66-R（R=H、NH_2、NO_2），实现了对 UiO-66 的禁带宽度大小的调节，实验还表明 UiO-66-NH_2 的禁带宽度最小。Goh 和其同事合成了含有两种有机配体的 UiO-66，以 2-氨基对苯二甲酸（NH_2-BDC）为主配体，以 2-X 对苯二甲酸（X-BDC，X = H、F、Cl、Br）为次配体，这种含有两种有机配体的 UiO-66 在光催化氧化苯乙醇反应中表现出了显著提升的活性。但是对于不同配体取代导致的 UiO-66 的禁带宽度变化仍不清楚。直到 Hendrickx 等通过理论计算和实验证明了不同的有机配体取代的 UiO-66-X，其禁带宽度可以在 2.2~4.0 eV 范围内变化，才确定了不同配体取代对禁带宽度的影响。一系列的研究都证明对有机配体的修饰是调变 UiO-66 的禁带宽度的手段之一，并且相比于单取代有机配体，双取代的有机配体能调节出更小的禁带宽度。

一般来说，替代 MOFs 的中心金属几乎不会对其光催化活性造成影响，但是根据最新的研究，中心金属的部分取代可以在一定程度上改变其光催化活性，这是因为金属离子的部分取代可以形成异核双金属的氧桥。例如，Ti 部分取代的 UiO-66-NH_2，其有机配体被光激发产生电子，然后电子传递到中心金属簇 Ti/Zr-O 上。相比于 Zr^{4+}，光生电子更容易传递到 Ti^{4+} 上，因此会形成（Ti^{3+}/Zr^{4+}）$_6O_4$（OH）$_4$ 中间体，该中间体作为电子给予体，将电子传递给 Zr^{4+}，形成了 Ti^{4+}-O-Zr^{4+}。这一过程提高了界面上的载流子传递效率，进而提高了光催化产氢和还原 CO_2 的活性。

（2）与半导体复合

相比于修饰有机配体或者中心金属，将 UiO-66 与半导体材料结合以减小其禁带宽度是更为理想的方法。这一方法具有两个比较明显的优势：第一，与半导体材料复合可以将 UiO-66 对光的吸收边扩大至可见光区，使其禁带宽度变窄；第二，两者复合可以形成异质结，有利于光生电子和空穴的快速分离。

CdS 作为一种典型的半导体光催化剂，由于具有较窄的禁带（2.4 eV）和与形状相关的光电性质被广泛应用于光催化的各个领域，但由于 CdS 易发生光蚀，很难单独使用。因此将 CdS 负载在 UiO-66 上可以克服这两种材料各自的缺点，从而提高光催化的活性。Shen 等通过简单的方法在室温条件下将 CdS 纳米棒光沉积在 UiO-66-NH_2 上，这一体系在光催化选择性氧化醇类的反应中表现出很高的活性。通过调节光照时间可以制备出 CdS 含量不同的 CdS/UiO-66-NH_2 光催化剂，还能够调节 CdS/UiO-66-NH_2 复合结构的禁带宽度。值得注意的是，在该结构中 UiO-66-NH_2 不仅仅是载体，它还能够提供电子。2015 年，Zhou 等也通过水热法制备了负载有 CdS 的 UiO-66，它能够在可见光条件下光催化分解水产氢。Wu 等将层状结构的 MoS_2 材料引入 CdS/UiO-66 体系中，MoS_2、CdS 和 UiO-66 三者之间紧密接触，形成异质结。在该复合结构中，MoS_2 作为助剂促进了光生电子的传递。该三元结构的光催化剂在光催化分解水产氢反应中表现出良好的活性。

铋系半导体材料大多具有理想的禁带宽度，因此在光催化领域越来越受到重视。Sha 等通过水热法成功地将 UiO-66 与 Bi_2WO_6 复合在一起，并研究了该复合结构在光催化降解 RhB 反应中的机理。2017 年，Ding 等通过自组装过程制备出 Bi_2MoO_6/UiO-66 光催化剂，并将其应用于光催化降解 RhB。

除了上述两种半导体，g-C_3N_4、TiO_2 和 CdSe 等半导体也可以与 UiO-66 或者 UiO-66-NH_2 复合。在半导体与 UiO-66 或者 UiO-66-NH_2 的复合结构中，MOFs 不仅仅起载体的作用，更重要的是它可以作为半导体去接收或者传递电子，因而可以提高光生电子和空穴的分离效率，最终提高光催化活性。

（3）负载贵金属

负载贵金属可以显著提高催化剂对可见光的吸收能力，使其紫外-可见吸收边发生红移。金、银和铜等金属由于具有 SPR 效应可以增强催化剂对可见光的吸收。所以，在 UiO-66 上负载贵金属是一种简单的改善光催化性能的手段。如 Pd@UiO-66-NH_2 光催化剂能够同时还原 Cr（Ⅵ）和降解染料。而 Jiang 等通过不同的制备方法，制备了 Pt/UiO-66-NH_2 和 Pt@UiO-66-NH_2 两种 Pt 负载的 UiO-66-NH_2。他们通过光催化分解水产氢的活性测试证明了 Pt 的不同负载位置对其光催化能力有一定的影响。Pt@UiO-66-NH_2 由于缩短了 Pt 与 MOFs 之间的距离，使得光生载流子在有限的寿命内可以传递到反应活性位点，增强了反应活性。所以，负载贵金属是提高催化剂可见光吸收能力的重要方法之一。

（4）敏化

染料敏化效应有助于半导体催化剂增强可见光吸收能力，因而受到研究人员的关注。由于 UiO-66 和染料都含有苯环，因而在两者之间有望形成大 π 键和较强的范德华作用力，这有助于染料敏化的光催化体系的电子传输。所以，染料敏化的 UiO-66 做光催化剂是可行的。He 等在 2014 年报道称 RhB 敏化的 Pt/UiO-66 具有良好的光催化分解水产氢性能，并较为详细地解释了染料敏化效应对提高光催化活性的作用机制。由于 RhB 的不稳定性，寻找其他较为稳定的染料成为一个研究重点。藻红 B（ErB）廉价且性质稳定，成为染料敏化光催化剂的新选择。Yuan 等制备了 ErB 敏化的 Pt/UiO-66，并且实现了在可见光条件下光催化分解水产氢。

（5）与还原氧化石墨烯（RGO）等功能材料复合

RGO 由于具备优越的理化性质而被认为是理想的构建多功能复合材料的组成之一。RGO 可以作为电子受体接收半导体中激发的光生电子，抑制光生电子与空穴的复合。与负载贵金属一样，与 RGO 复合并不会改变 MOFs 的紫外-可见吸收边，因此 UiO-66-NH_2 是与 RGO 复合的一个最佳选择。Wu 等以静电组装的方法在水中将带正电荷的 UiO-66-NH_2 和带负电的 GO 组装构成了 GO/UiO-66-NH_2 纳米复合材料。他们再经过水热还原过程，获得了 RGO/UiO-66-NH_2 纳米复合材料。RGO/UiO-66-NH_2 纳米结构在可见光下表现出了良好的光还原 Cr（Ⅵ）的能力。

以上五种 UiO-66 的修饰方法被广泛应用于 UiO-66 和 UiO-66-NH_2 的后合成修饰中。但是这五种修饰手段并非只能单独使用，在实际的光催化体系构建过程中常常需要同时使用两种甚至两种以上的手段，以更好地提高 UiO-66 和 UiO-66-NH_2 的光催化性能。

表面等离子体光催化剂是利用贵金属纳米颗粒材料的 SPR 效应与半导体材料的光催

化效应复合的光催化剂。SPR 效应是在入射光照射下位于负介电常数与正介电常数的材料界面处的传导电子的共振现象。在一定的波长条件下，传导电子的集体振荡幅度达到最大值，此波长被称为该种材料的局域表面等离子体共振（Localized Surface Plasmon Resonance, LSPR）波长。在入射光波长大于 LSPR 波长（即入射光频率低于表面等离子体的激发频率）时，由于金属中的电子屏蔽了光的电场，入射光被反射；在入射光波长小于 LSPR 波长（即入射光频率高于表面等离子体的激发频率）时，由于金属中的电子不能快速地进行屏蔽，而使入射光的能量被传输。贵金属中的 SPR 效应可以广泛用于 SPR 免疫测定、材料表征、医学成像等领域。将具有 SPR 效应的材料与光敏半导体材料相结合，可以显著增强光催化剂对光的吸收能力，同时有效阻碍光生电子和空穴的复合，从而提高光催化材料的光催化活性。其中，Ag/AgCl 具有制备简单和稳定高效的特点，是一种较为理想的表面等离子体可见光催化剂。

在贵金属中，Ag 是导电能力最强的材料，因此其在电子传导和电子与空穴的分离方面具有显著的优势。同时，Ag 具有极强的 SPR 效应，更是在光催化研究中得到了极大的关注。AgCl 是一种具有紫外光吸收的高效半导体光催化剂，但是研究发现，纯 AgCl 材料由于其紫外光敏特性，在光照条件下容易发生分解，从而降低 AgCl 材料的光催化活性。Wang 等通过将 AgCl 材料在紫外光条件下还原成金属 Ag 的方法制备了 Ag/AgCl 材料，由此产生的异质结和 SPR 效应极大地提高了该种材料在光照条件下的稳定性和光催化活性。Sun 等将 Ag/AgCl 材料负载到了 Zn-Cr 水滑石结构的载体上，首次将 Ag/AgCl 的 SPR 效应用于可见光降解污水染料的实验中，为这种材料的研究提供了一个新的科研方向。此后，利用不同载体、制备方法制备出的具有可见光响应的 Ag/AgCl 表面等离子体光催化剂得到了越来越多的关注。不同的制备方法会对 Ag/AgCl 材料的形貌、大小等产生影响，从而影响该材料的 SPR 效应，因此采用合适的制备方法也是提高半导体光催化剂活性和发挥 SPR 效应最佳性能的一个重要因素。

8.2 链缺陷 MOFs 用于光催化降解四环素

2010 年，Silva 等首次报道称 UiO-66 可以在紫外光照射下光催化分解水产氢。虽然 UiO-66 在光催化领域很有前景，但是由于它的有机配体只能吸收紫外光，而且节点金属的光生载流子复合速度快，这些因素大大限制了 UiO-66 的使用。为了克服这两个方面的缺点，我们需要对其进行一定的改造。相比于 UiO-66，UiO-66-NH_2 的吸收边从紫外区域移动到可见光区。虽然通过在配体上修饰氨基达到了提高可见光吸收能力的目的，但是其光生载流子的分离能力较弱，这大大制约了其在光催化领域的应用。De Vos 等研究了一种透明的、易于扩展的新型缺陷分类系统并详细讨论和评估了有机配体缺陷对 UiO-66 电子结构的影响，发现它们拥有改善配体与金属电荷转移的能力。Wu 等研究了加入不同量的乙酸合成不同缺陷的 UiO-66，并首次通过中子衍射技术对氘化 UiO-66 的链缺陷进行了证明，还研究了链缺陷与气体吸附行为之间的关系。Ma 等通过控制乙酸加入量控制 UiO-66-NH_2 的链缺陷量，测量了相同 Pt 负载量的不同缺陷的 UiO-66-NH_2 的产氢活性，并通过热重、核磁等手段对缺陷进行了表征。研究发现，UiO-66-NH_2 中心金属的配位数都是固定的，但是由于乙酸的羧基和配体的羧基具有相似性，会根据酸性的大小、溶解度和空间效应等因素进行不同程度的竞争配位且乙酸的酸性较强，受溶解度和空间效应影响较小，因此 UiO-66-NH_2 会产生链缺陷。链缺陷的形成相应地会对 UiO-66-NH_2 的物理和化学性质造成影响。

由于配体是 UiO-66-NH_2 吸收光子产生光生电子的主要部分，配体缺失势必会导致吸光能力的下降，Ag 的 SPR 效应正好弥补这一不足。目前大多数研究都集中于某个物质的缺陷或者是异质结对光催化系统活性的影响，并没有对它们的耦合作用进行深入的探究。

本部分通过控制水热过程中乙酸的加入量，在 UiO-66-NH_2 上成功构造了不同含量的链缺陷，并在其表面构建了 Ag/AgCl 表面等离子体。Ag 由于 SPR 效应可以增强该复合体系的光子吸收能力，异质结和链缺陷的形成能够有效促进该复合体系光生电子和空穴的分离。我们通过 RhB/对氯苯酚的光降解对催化剂 UiO-66-NH_2-*x*/Ag/AgCl 进行性能评价。热重数据、固态 ^{1}H NMR 和比表面积表征结果证明了缺陷的存在。紫外-可见光谱表征结果证明了 Ag 的 SPR 效应。X 射线衍射谱图、扫描和透射电镜表征结果证明了异质结的存在。与可见光下原始 UiO-66-NH_2 降解 RhB 相比，其链缺陷可以将光催化活性提高 2 倍，Ag 的 SPR 效应和异质结可以将光催化活性提高 18 倍，而它们的三元耦合作用可以将光催化活性提高 130 倍。UiO-66-NH_2-*x* 对对氯苯酚的降解能力很弱，在负载了 Ag/AgCl 之后，三元耦合作用可以使活性提高 2.3 倍。因此链缺陷、Ag 的 SPR 效应、异质结之间的三元耦合作用是提高光催化活性的关键因素。

8.2.1　物理性质与缺陷表征

图 8-3（a）是样品 UiO-66-NH_2-*x*（*x*=0、20、40、80）的 XRD 谱图，图 8-3（b）是样品 UiO-66-NH_2-*x*/Ag/AgCl 的 XRD 谱图，图 8-3（c）是样品 UiO-66-NH_2-*x*/Ag/AgCl 在 37.5°~39.5° 的慢扫 XRD 谱图。通过对比图中与文献中的衍射峰位置，我们发现衍射峰位置是一致的，证明了 UiO-66-NH_2 骨架的成功制备。乙酸加入量越高，衍射峰强度越高，证明催化剂样品的结晶度越高。图 8-3（b）是负载了相同 Ag/AgCl 颗粒的 UiO-66-NH_2-*x* 的 XRD 谱图，其中 27.83°、32.24°、46.23°、54.83° 和 57.48° 处对应的衍射峰与 AgCl 的标准卡片 JCPDS No. 31-1238 一致，这些衍射峰归属于 AgCl 的（111）、（200）、（220）、（311）和（222）晶面。通过 37.5°~39.5° 的慢扫 XRD 谱图可以观察到在 38.3° 处有一个衍射峰，此处的衍射峰与标准卡片 JCPDS No. 04-0783 的 Ag（111）晶面对应。通过比较可以明显看出：负载 Ag/AgCl 颗粒前后样品的峰强度相近，UiO-66-NH_2-*x*/Ag/AgCl 的结晶度规律没有发生变化，依旧符合加入乙酸量越多结晶度越高的规律，这证明负载 Ag/AgCl 不会改变样品 UiO-66-NH_2-*x* 的金属有机骨架结构及其结晶度。综上所述，通过 XRD 谱图结果，我们证明了 UiO-66-NH_2-*x* 的成功合成以及 Ag/AgCl 的成功负载。

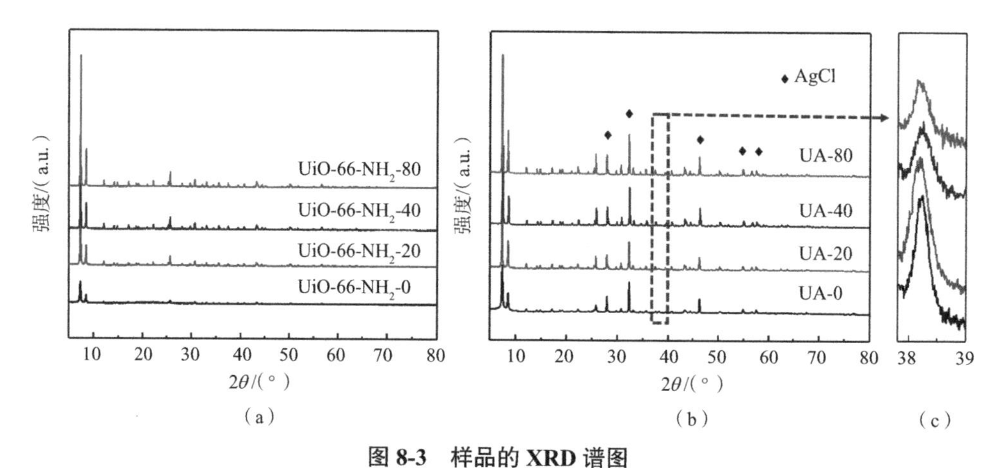

图 8-3 样品的 XRD 谱图

(a)样品 UiO-66-NH_2-x 的 XRD 谱图 (b)样品 UiO-66-NH_2-x/Ag/AgCl 的 XRD 谱图
(c)图(b)虚线框中样品的慢扫 XRD 谱图

图 8-4(a)~(d)是 UiO-66-NH_2-x(x=0、20、40、80)的 SEM 照片。UiO-66-NH_2-0 呈现无规律簇形,不具备正八面体形,而其他加入不同量乙酸的样品均呈现正八面体形,并且随着乙酸量的增大,催化剂样品正八面体的体积越大。这是由于乙酸等羧酸类物质可以调节前驱体溶液的 pH 值,从而影响正八面晶体的成核与生长,最终造成 UiO-66-NH_2-x 结晶度与晶粒体积的差异。由于溶液中的 DMF 溶剂会腐蚀 pH 计,故采用 B-广范试纸测量混合溶液的 pH 值。当加入的乙酸量分别是 0 mL、20 mL、40 mL、80 mL 时,溶液 pH 值分别为 7、5、3、1。这与 UiO-66-NH_2-x 的 XRD 谱图的规律一致,即随着乙酸加入量的增大,结晶度增强。UiO-66-NH_2-0 不具备正八面体结构, UiO-66-NH_2-20 呈现的正八面体的平均粒径约为 200 nm, UiO-66-NH_2-40 呈现的正八面体的平均粒径约为 500 nm, UiO-66-NH_2-80 呈现的正八面体的平均粒径约为 900 nm。

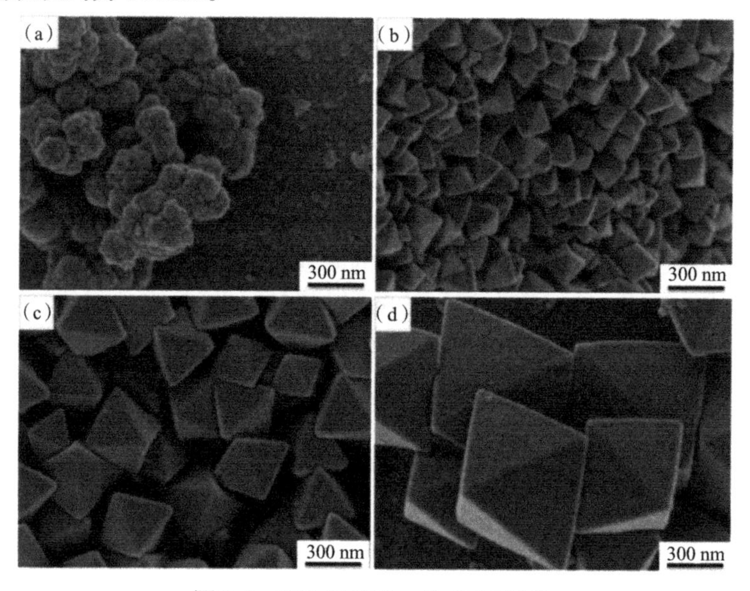

图 8-4 UiO-66-NH_2-x 的 SEM 照片

(a)UiO-66-NH_2-0 (b)UiO-66-NH_2-20 (c)UiO-66-NH_2-40 (d)UiO-66-NH_2-80

图 8-5(a)~(d)是含有不同缺陷的负载 Ag/AgCl 的 UA-x(x=0、20、40、80)的 SEM 照片。从图中可以明显看出负载的 Ag/AgCl 不会影响 UiO-66-NH_2-x 的形貌特征,也不会破坏其金属有机骨架结构,并且 Ag/AgCl 颗粒大小变化不大,这与 XRD 谱图表征结果一致。

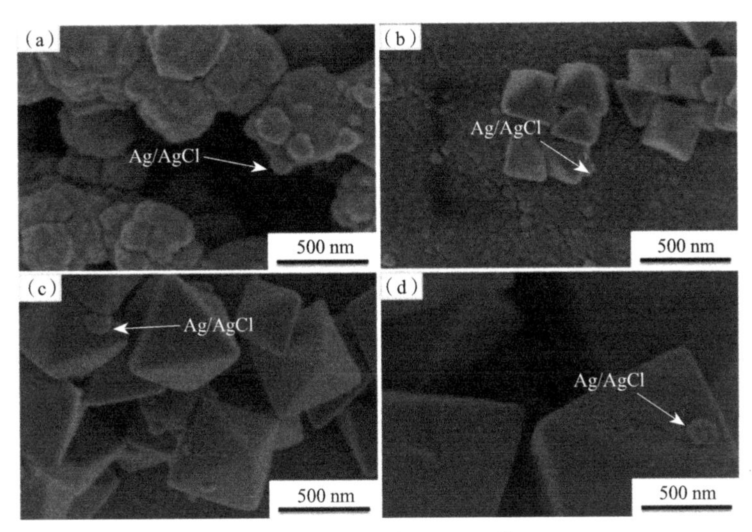

图 8-5　UA-x 的 SEM 照片

(a)UA-0　(b)UA-20　(c)UA-40　(d)UA-80

图 8-6(a)、(c)是样品 UiO-66-NH_2-x、UA-x(x=0、20、40、80)的紫外-可见吸收光谱,图 8-6(b)、(d)是样品 UiO-66-NH_2-x、UA-x 的 Kubelka-Munk 转换的紫外-可见吸收光谱。在图 8-6(a)中,380 nm 处的吸收峰对应于有机配体 2-氨基对苯二甲酸的氨基的吸收峰,并且从图中可以明显地看出 UiO-66-NH_2-0 的吸收边大致在 450 nm 处,所以氨基的修饰可以增强其可见光的吸收能力。随着乙酸加入量的增大,样品在 380 nm 处的吸收峰减弱,其可见光吸收边向短波长方向偏移,表明可见光吸收能力减弱。这是由于乙酸类羧酸物质与有机配体 2-氨基对苯二甲酸都有羧基基团,由此导致溶液酸性的不同,使得配体与乙酸中氢离子的电离能力也不相同,因此配体羧基在与中心金属 Zr 配位的过程中会受到乙酸羧基的竞争配位影响,从而导致 2-氨基对苯二甲酸的缺失,即产生链缺失(链缺陷)。由于有机配体 2-氨基对苯二甲酸是光催化过程中吸收光子产生光生电子的主要环节,因此有机配体的缺失必然会导致样品吸收边的蓝移,使得禁带宽度(E_g)增大。

由图 8-6(b)可知,UiO-66-NH_2-0 的禁带宽度最小,约为 2.82 eV;UiO-66-NH_2-20 的禁带宽度约为 2.92 eV;UiO-66-NH_2-40 的禁带宽度约为 2.96 eV;UiO-66-NH_2-80 的禁带宽度约为 3.01 eV。从图中可以看出随着乙酸加入量的增大,UiO-66-NH_2 的禁带宽度增大,由此证明在合成 UiO-66-NH_2 的过程中加入乙酸会导致配体缺陷的产生,并且配体缺陷越多,其吸收可见光的能力越弱,也就是说,过多的配体缺陷反而不利于光催化反应中可见光的吸收。

从图 8-6(c)、(d)可以看出,在样品 UiO-66-NH_2-x 上负载了 Ag/AgCl 后并不会改变催化剂吸收边蓝移的变化规律,并且通过计算得到的禁带宽度值也没有发生明显的变化。其呈现出随着乙酸加入量增大,吸收边蓝移,禁带宽度增加的规律,如表 8-1 所示。这说明 Ag/

AgCl 颗粒的负载不会破坏 UiO-66-NH_2-x 的金属框架结构，这与 XRD、SEM、TEM 显示的结果相一致。

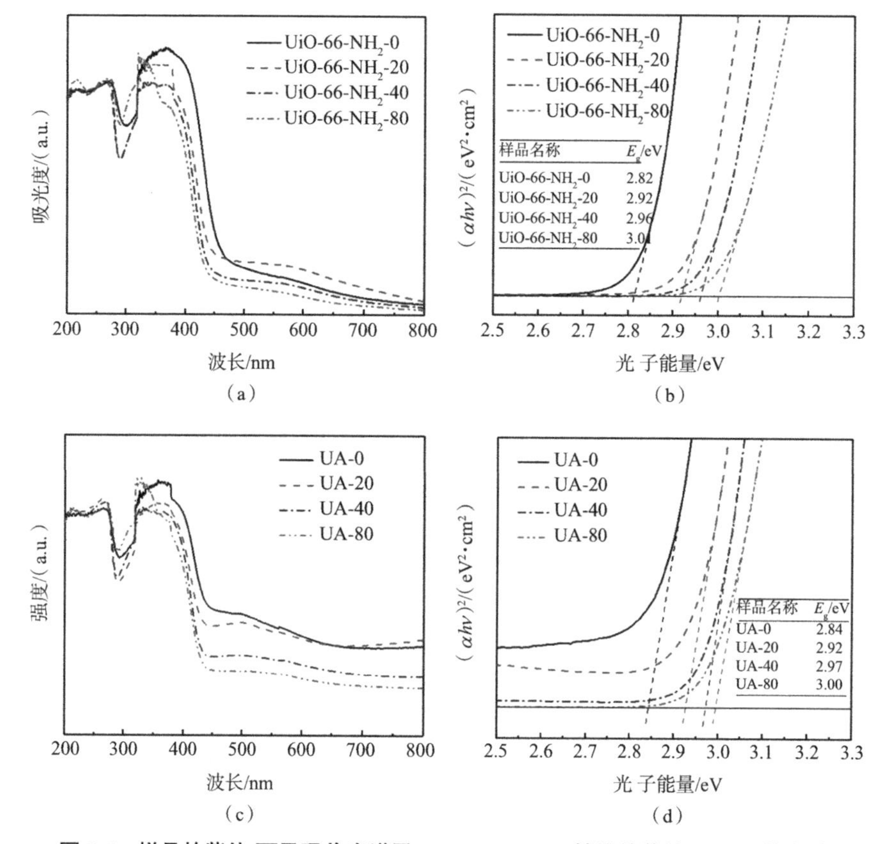

图 8-6　样品的紫外-可见吸收光谱及 Kubelka-Munk 转换的紫外-可见吸收光谱

(a)样品 UiO-66-NH_2-x 的紫外-可见吸收光谱　(b)样品 UiO-66-NH_2-x 的 Kubelka-Munk 转换的紫外-可见吸收光谱
(c)样品 UA-x 的紫外-可见吸收光谱　(d)样品 UA-x 的 Kubelka-Munk 转换的紫外-可见吸收光谱

表 8-1　所有样品的禁带宽度

样品名称	E_g/eV	样品名称	E_g/eV
UiO-66-NH_2-0	2.82	UA-0	2.84
UiO-66-NH_2-20	2.92	UA-20	2.92
UiO-66-NH_2-40	2.96	UA-40	2.97
UiO-66-NH_2-80	3.01	UA-80	3.00

热重量分析简称热重分析，是指在程序控制温度下，测量物质的质量与温度或者时间的关系的方法。目前，热重分析是一种简单且直观的缺陷表征手段。从图 8-7 可看出，四个样品的热重分析数据图比较近似，表现为两段：第一段是 25~300 ℃，主要对应的是水分子与溶剂分子的损失，物理吸附的水分子和溶剂分子主要滞留在金属有机骨架中；第二段是 300~500 ℃，主要对应的是有机配体的热解。对于标准的无缺陷的 UiO-66 而言，其每个金属 Zr 结构单元对应的化学式为 $ZrO(CO_2)_2(C_6H_4)$，热重完全后得到的样品为 ZrO_2，计算得

到的理论配体缺陷为 54.6%。对于标准的无缺陷的 UiO-66-NH_2 而言，其每个金属 Zr 结构单元对应的化学式为 $ZrO(CO_2)_2(C_6NH_5)$，计算得到的理论配体质量损失应为 57%，在图中对应于 $Mass/Mass_{final}$=2.33 处的理论值位置。而相比于 2.33 的理论值，各样品在 300 ℃时对应的 $Mass/Mass_{final}$ 值都有一定程度的降低，降低幅度的大小对应于乙酸替换 2-氨基对苯二甲酸的多少，即链缺陷的多少。

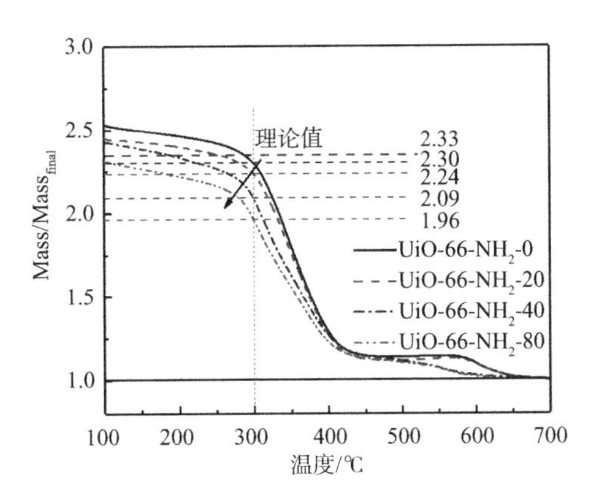

图 8-7　UiO-66-NH_2-x(x=0、20、40、80)热重数据图

对比理论值与催化剂 UiO-66-NH_2-x(x=0、20、40、80)热重计算值，可以发现这些催化剂都有一定程度的缺陷，并且随着合成 UiO-66-NH_2-x 过程中乙酸加入量的增加，其产生的链缺陷增多。由于链缺陷过多导致结构不稳定，热分解的温度向低温方向偏移。可以用下面两个式子计算样品的缺陷含量和 Zr 的实际配位数。

$$\%def=\left(10\frac{loss_{experimental}}{loss_{theoretical}}\right)\times 100 \tag{8-1}$$

$$\overline{c.n.}=12\times\left(1-\frac{\%def}{100}\right) \tag{8-2}$$

其中：$loss_{experimental}$ 为热重数据得到的损失值；$loss_{theoretical}$ 为理论计算得到的无缺陷的损失值；%def 为样品的缺陷计算值；$\overline{c.n.}$ 为 Zr 的配位数。计算结果列于表 8-2 中。

表 8-2　UiO-66-NH_2-X 热重数据表

样品名称	$Mass/Mass_{final}$	$loss_{experimental}$/%	$loss_{theoretical}$/%	%def	$\overline{c.n.}$
UiO-66-NH_2-0	2.30	56.5	57.0	0.80	11.9
UiO-66-NH_2-20	2.24	55.4		2.90	11.7
UiO-66-NH_2-40	2.09	52.2		8.40	11.0
UiO-66-NH_2-80	1.96	49.0		14.0	10.4

从表 8-2 可以看出，随着乙酸加入量的增大，样品 UiO-66-NH_2 的缺陷(%def)越来越多，Zr 的配位数从无缺陷的 12 下降到 10.4。没有加任何乙酸的 UiO-66-NH_2 也会存在微量

的缺陷，只不过这些缺陷可能是由于溶剂分子 DMF 与中心金属配位造成的，而乙酸的加入会较多地引入链缺陷。热重数据在一定程度上定量地证明了乙酸加入量与链缺陷的数量之间的关系，与从紫外-可见吸收光谱得到的结论形成了对应关系，证明链缺陷可以通过控制合成过程中乙酸加入量来进行调控。

图 8-8 是样品 UiO-66-NH_2-x（x=0、20、40、80）的固态核磁共振氢谱。固态核磁共振氢谱前期的主要准备工作是利用氢氧化钠的 D_2O 溶液破坏样品中 UiO-66-NH_2-x 的金属有机骨架得到可测的透明溶液，由于乙酸分子在合成过程中会替换 2-氨基对苯二甲酸作为配体，当 UiO-66-NH_2-x 的结构被破坏之后，乙酸离子（CH_3COO^-）会被释放出来，可通过测定乙酸离子的含量来表征合成的 UiO-66-NH_2-x 中缺陷的多少。在合成 UiO-66-NH_2-x 时，采用乙醇和 DMF 清洗数遍，可以保证合成之后未键合的乙酸分子被清洗干净。乙酸离子含量越高，有机配体 2-氨基对苯二甲酸被替换的就越多。从图 8-8 可以看出，乙酸离子对应于 1.8 ppm 处的吸收峰，随着合成 UiO-66-NH_2-x 过程中加入的乙酸量增大，峰信号逐渐增强。固态核磁共振氢谱证明了在合成 UiO-66-NH_2-x（x=0、20、40、80）过程中，不同含量的乙酸会对 2-氨基对苯二甲酸进行不同程度的替换，加入的乙酸越多，有机配体被替换的概率越大，产生的链缺陷就越多。

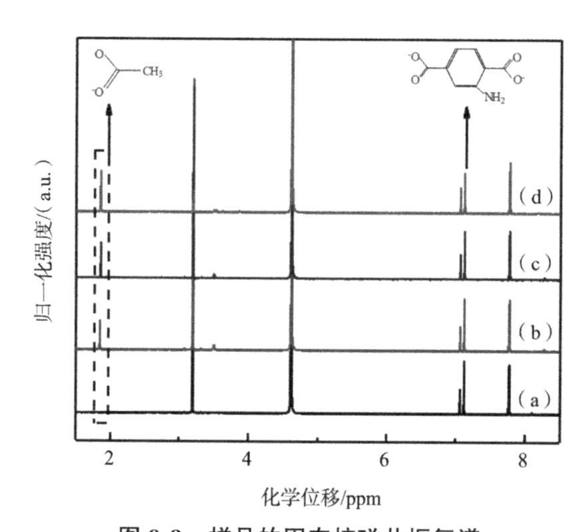

图 8-8 样品的固态核磁共振氢谱

（a）UiO-66-NH_2-0 （b）UiO-66-NH_2-20 （c）UiO-66-NH_2-40 （d）UiO-66-NH_2-80

图 8-9 是样品 UiO-66-NH_2-x（x=0、20、40、80）的 N_2 吸附-脱附等温线。当 2-氨基对苯二甲酸被乙酸类单羧酸调节剂取代时，会在 MOFs 中产生额外的孔隙空间，从而造成更大的比表面积，进而影响 UiO-66-NH_2-x 的物理和化学性质。从图中可以看出，随着乙酸加入量的增大，催化剂样品的比表面积从 675 m^2/g 增长到 979 m^2/g，孔体积从 0.44 cm^3/g 增长到 0.57 cm^3/g。但是从图中也可以发现，比表面积和孔体积会呈现先增大后减小的趋势。这可能是由于高浓度的乙酸分子片段会使结构具有过大的中孔和较低的结晶度，这不利于催化剂获得大的比表面积。很多文献报导了乙酸过多致使催化剂比表面积降低的现象，但具体原因尚不清楚。样品 UiO-66-NH_2-x（x=0、20、40、80）的比表面积图谱从结构组成对其性质的影响证明了乙酸取代有机配体 2-氨基对苯二甲酸形成了链缺陷。

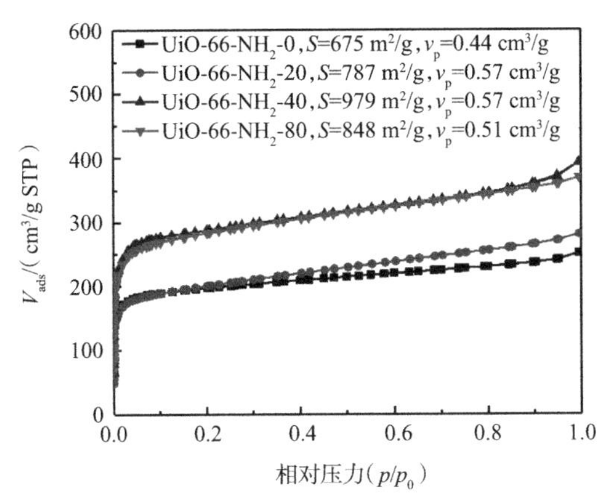

图 8-9　UiO-66-NH_2-x(x=0、20、40、80)的 N_2 吸附-脱附等温线

目前 MOFs 的缺陷表征手段比较有限,已调研到的关于缺陷的表征方法包括热重、BET、核磁、氘化 UiO-66 样品的中子非弹性谱、XRD 技术。氘化 UiO-66 样品的中子非弹性谱是目前最有效的方法,主要用于检测氘化样品中是否有甲基的存在。由于乙酸的配位会引入甲基,而氘化也主要是排除氢原子的影响,所以它可用于 MOFs 的缺陷表征,但是此种方法只能显示样品中的一些缺陷位置,并不能提供样品中甲基浓度的定量信息。对于 MOFs 而言,其组成为重金属 Zr 和有机配体, X 射线与样品作用时产生的图谱主要由重金属 Zr 决定,而不是对 X 射线不敏感的有机配体。这也佐证了文献中相关内容:若样品发生团簇缺陷,其 XRD 谱图在 2°~7° 范围内出现明显的突起。在本书的研究中,我们通过分析 UiO-66-NH_2 的光催化机理,明确了光催化过程中有机配体与中心金属 Zr 的主要作用,发现有机配体在光催化过程中主要发挥吸收光子产生光生载流子的作用。紫外-可见漫反射吸收谱图中样品的吸收边随着乙酸加入量的增大向短波方向移动,证明随着有机配体逐渐减少,光催化剂吸收光子的能力逐渐降低。

8.2.2　光催化活性

图 8-10(a)、(c)是催化剂 UiO-66-NH_2-x、UA-x(x=0、20、40、80)在可见光下降解 RhB 的活性曲线,图 8-10(b)、(d)分别是其对应的动力学拟合数据图。图 8-10(e)是催化剂 UA-x(x=0、20、40、80)在可见光下降解对氯苯酚的活性曲线,图 8-10(f)是其对应的动力学拟合数据图。图 8-10(g)、(h)探究了 RhB 与对氯苯酚在无催化剂、可见光条件下的自降解活性。由图 8-10 可知,随着合成 UiO-66-NH_2 过程中乙酸加入量的增大,链缺陷增多,活性呈现先增强后减弱的火山形趋势。当乙酸加入量达到 40 mL 时,光催化降解的活性最高。但是通过其降解数据可知,单纯依靠缺陷提高光催化性能的作用非常有限, 3 h 仅降解了约 30%。链缺陷的存在可以改善催化剂的电子结构,改善配体与金属电荷的转移能力,这应该是光催化剂活性略微提高的主要原因。但是由于活性相对而言还是太低,需要借助其他手段来进行提高。于是我们在 UiO-66-NH_2-x(x=0、20、40、80)上负载 Ag/AgCl 来提高光催化活性。

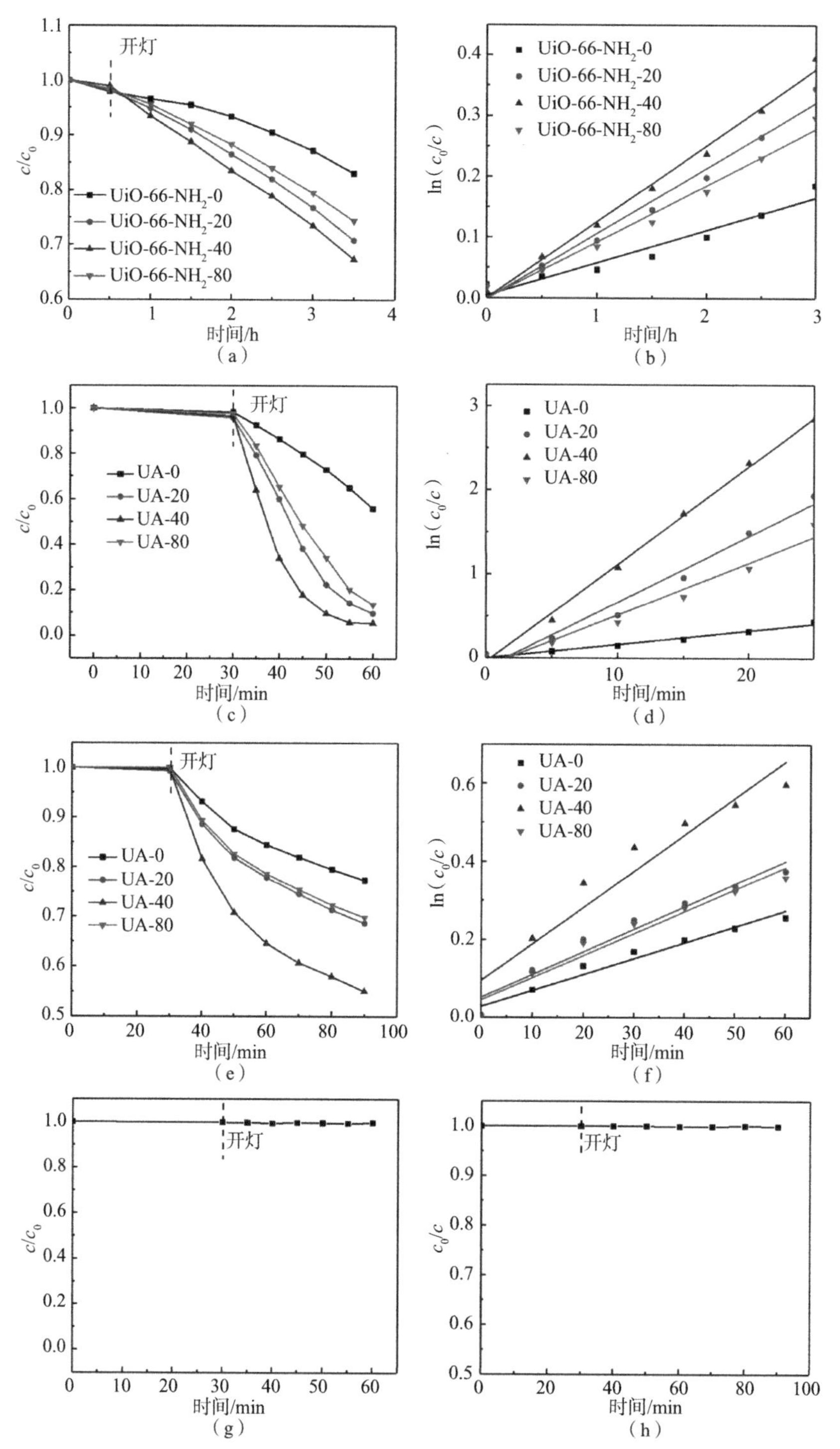

图 8-10 样品 RhB 和对氯苯酚在无催化剂和有催化剂时的光降解活性曲线和相关动力学数据线性拟合图

（a）、（b）$UiO-66-NH_2-x$（x=0、20、40、80）在可见光下降解 RhB 的活性曲线和动力学数据线性拟合图

（c）、（d）、（e）、（f）UA-x（x=0、20、40、80）在可见光下降解 RhB 和对氯苯酚的活性曲线和动力学数据线性拟合图

（g）、（h）无催化剂时，RhB 和对氯苯酚在可见光下的自降解活性曲线

从图 8-10(c)可以看出，UA-x 相比于 UiO-66-NH_2-x 在活性上有了大幅的提高，呈现出与 UiO-66-NH_2-x 降解 RhB 相似的火山形活性规律，UA-40 的光催化性能最优，20 min 就可以将 RhB 完全降解。为了对比各个催化剂活性的差异，我们对所有降解数据进行了线性拟合，并将拟合结果汇总于表 8-3 至表 8-5 中，将拟合数据汇总于图 8-11 中。我们将催化剂 UA-x(x=0、20、40、80)用于对氯苯酚的降解，得出了相似的实验规律，呈现出了相似的火山形变化曲线。

在全部的样品中，UA-40 的表观反应速率常数 k_{app} 最高，达到 6.96 h^{-1}，是 UiO-66-NH_2-0 的 139 倍。通过比较样品 UiO-66-NH_2-0 和 UiO-66-NH_2-40 的表观反应速率常数，可以发现缺陷可以使活性提高约 1.6 倍；通过比较样品 UiO-66-NH_2-0 和 UA-0 的表观反应速率常数，可以发现 Ag/AgCl 表面等离子体可以使活性提高约 18 倍；通过比较样品 UiO-66-NH_2-0 和 UA-40 的表观反应速率常数，可以发现链缺陷、Ag 的 SPR 效应、异质结三者耦合可以将活性提高约 138 倍。综上所述，我们可以发现缺陷单独存在的情况下催化剂活性提高效果较差，Ag 的 SPR 效应与异质结两者协同的效果也不是很好，而将三者耦合后能大幅提高光催化活性。

对于对氯苯酚降解而言，不负载 Ag/AgCl 的 UiO-66-NH_2-x 不具有降解对氯苯酚的能力。而负载 Ag/AgCl 的 UiO-66-NH_2-40 呈现出最强的光催化降解对氯苯酚的能力。UA-0 的表观反应速率常数为 0.24 h^{-1}，表明该催化剂对提高光催化活性效果较差，UA-40 的表观反应速率常数为 0.54 h^{-1}，大约为 UA-0 的 2.3 倍。

表 8-3　UiO-66-NH_2-x 的 RhB 降解动力学数据

样品名称	k_{app}/h^{-1}	R^2
UiO-66-NH_2-0	0.05	0.98
UiO-66-NH_2-20	0.11	0.98
UiO-66-NH_2-40	0.13	0.99
UiO-66-NH_2-80	0.09	0.99

表 8-4　UA-x 的 RhB 降解动力学数据

样品名称	k_{app}/h^{-1}	R^2
UA-0	0.96	0.98
UA-20	4.68	0.97
UA-40	6.96	0.99
UA-80	3.66	0.96

表 8-5　UA-x 的对氯苯酚降解动力学数据

样品名称	k_{app}/h^{-1}	R^2
UA-0	0.24	0.98
UA-20	0.36	0.97
UA-40	0.54	0.99
UA-80	0.36	0.96

我们发现单独存在的缺陷并不能提高活性，Ag 的 SPR 效应与异质结两者协同提高活性的能力较差，而将三者耦合后能大幅提高光催化活性。我们通过循环性测试检测了催化剂 UA-40 的稳定性(图 8-11(c)和(d))，发现其在五个循环内仍然能保持较高的稳定性。为了探究循环过程中高稳定性的原因，我们分别对 RhB 和对氯苯酚降解后的 UA-40 进行了 XRD 测试，比较反应前后催化剂的 XRD 谱图。如图 8-12 所示，反应前后 UA-40 的衍射峰基本保持一致，证明 UiO-66-NH_2 的骨架结构没有发生变化，AgCl 和 Ag 依然存在于 UiO-66-NH_2 上，Ag 的衍射峰强略微升高，这是由 Ag 的 SPR 效应造成的。因此，高的循环活性源于催化剂稳定的结构。循环测试和 XRD 表征结果表明 UA-40 具有很好的稳定性。综上所述，可以得出结论：合成 UiO-66-NH_2 的过程中通过加入适量的乙酸可以引入适量的缺陷，与 Ag 的 SPR 效应、异质结形成的三元耦合作用可以显著提高光催化降解有机污染物的活性，并且该体系具有很好的稳定性。由图 8-12 可知，RhB 与对氯苯酚在规定的反应时间内几乎无可见光自降解活性，这说明催化剂在光催化降解 RhB 与对氯苯酚的过程中发挥了非常重要的作用。

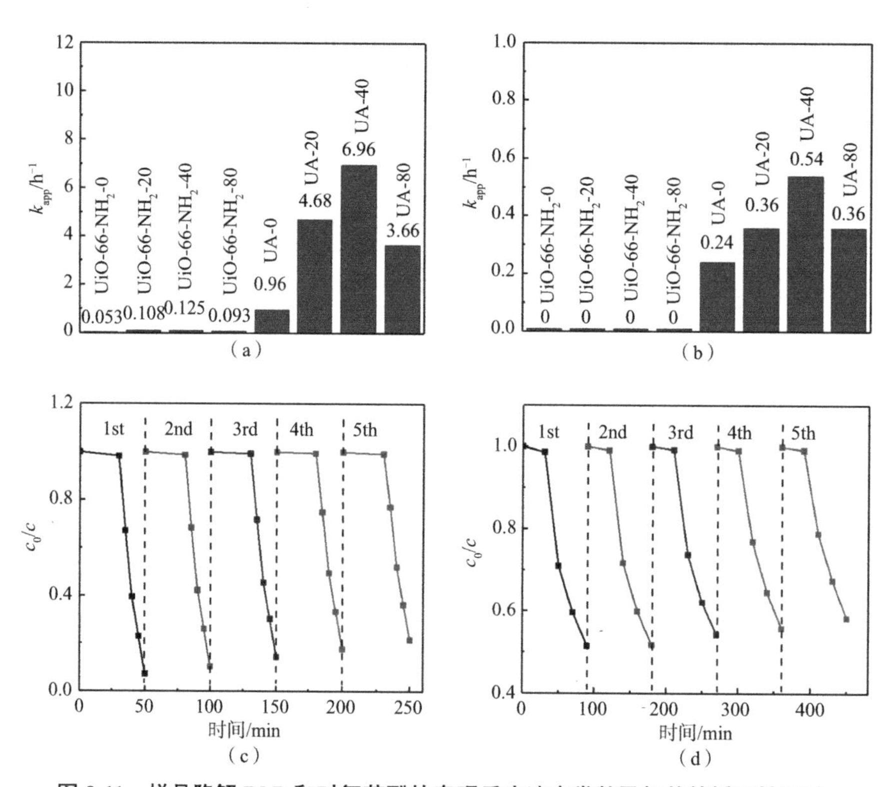

图 8-11　样品降解 RhB 和对氯苯酚的表观反应速率常数及相关的循环性测试

(a)样品降解 RhB 的表观反应速率常数　(b)样品降解对氯苯酚的表观反应速率常数

(c)UA-40 降解 RhB 的循环性测试　(d)UA-40 降解对氯苯酚的循环性测试

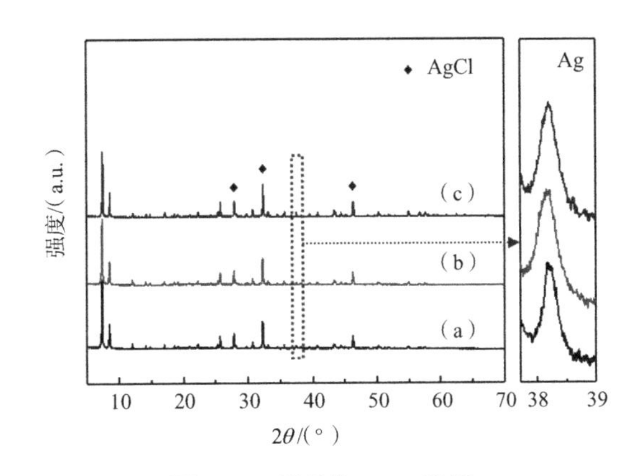

图 8-12　样品的 XRD 谱图

(a)新鲜的 UA-40　(b)降解 RhB 后的 UA-40　(c)降解对氯苯酚后的 UA-40

8.2.3　光学性质与能带结构

为了研究催化剂样品在光催化过程中光生载流子的分离与传输情况，我们对样品进行了瞬态光电流测试、交流阻抗测试以及光致发光荧光测试。其中瞬态光电流测试主要是通过周期性地控制光照时间获得光电流信号，交流阻抗测试主要是在一定光照条件下研究催化剂的电化学性质。交流阻抗测试与光致发光荧光测试是目前研究光催化材料中光生载流子分离效率的主要表征手段。

图 8-13 是样品的光电性能测试图谱。图 8-13(a)是样品 UiO-66-NH_2-x(x=0、20、40、80)的光电流密度变化规律图，光电流密度强弱与催化剂的导电性有关。由图 8-13(a)可知 UiO-66-NH_2-40 的光电流密度比其他 UiO-66-NH_2-x(x=0、20、80)都要大，说明其导电性能最好。这与前文提到的链缺陷的存在可以改善催化剂的电子结构，改善配体与金属电荷的转移能力相一致，一定程度上也佐证了链缺陷对催化剂导电性能的改善作用。图 8-13(b)是样品 UA-x(x=0、20、40、80)的光电流密度变化规律图，从图中可知，缺陷与 Ag/AgCl 的协同作用可以极大地增强催化剂的导电性，并且其变化规律与 UiO-66-NH_2-x 一致，但其光电流密度要大很多。具有过量缺陷的催化剂 UiO-66-NH_2-80 的光催化活性下降是由于链缺陷过多导致接收光子产生光生电子的能力下降，从而使得光催化性能下降。

从图 8-13(c)可以看出，UiO-66-NH_2-40 的半径最小，其具备最优的光生电子传输能力，与光催化活性规律一致，佐证了链缺陷可以提高光生电子的转移能力。图 8-13(d)是样品 UA-x 的交流阻抗图，其呈现出与样品 UiO-66-NH_2-x 的交流阻抗图一样的变化规律，并且与光催化活性规律一致，UA-x 要比 UiO-66-NH_2-x(x=0、20、40、80)有更小的半径。值得注意的是图谱显示的坐标轴大小是不一样的，差距大约有一个数量级，这说明 UA-x(x=0、20、40、80)具备优越的光生载流子的分离能力。图 8-13(e)是样品 UiO-66-NH_2-x 的 PL 荧光光谱，图 8-13(f)是样品 UA-x 的 PL 荧光光谱。PL 荧光光谱主要显示 PL 光谱峰，PL 光谱峰越弱，光生载流子分离效率越高。从图中可以看出，UiO-66-NH_2-40 的峰最弱，其具备最优的光生载流子的分离能力，与光催化活性规律一致，佐证了链缺陷可以有效抑制光生载流子的复合，提高光生电子的转移能力。因此，由所有样品的光电性能测试分析可以得出结论：缺陷可以改善催化剂的电子结构，改善配体与金属间电荷的转移能力；链缺陷发挥的作用是有限的，Ag 的 SPR 效应和异质结发挥的作用也不是很突出，而三者耦合可以有效抑制光生载流子的复合，大幅提高光生载流子的分离能力，从而显著提高光催化活性。

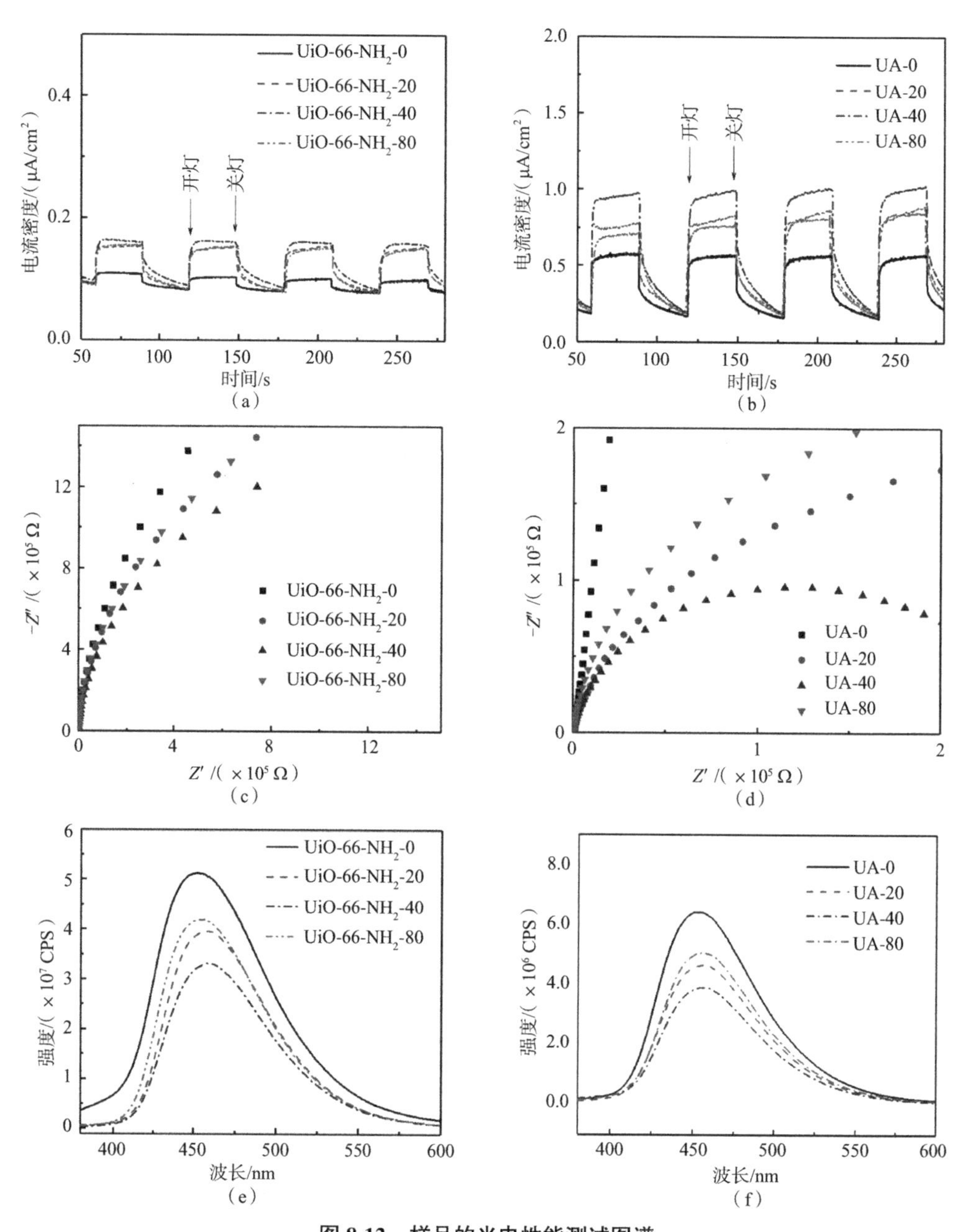

图 8-13 样品的光电性能测试图谱

(a)、(b)瞬态光电流图 (c)、(d)EIS (e)、(f)PL 荧光光谱

图 8-14 是样品 $UiO-66-NH_2$-x(x=0、20、40、80)的莫特肖特基谱图。前文介绍了紫外-可见吸收光谱，并计算了禁带宽度(E_g)。为了了解合成 $UiO-66-NH_2$ 过程中加入乙酸引入缺陷对导带和价带的影响，我们通过测定 $UiO-66-NH_2$-x(x=0、20、40、80)的莫特肖特基谱图进行分析。从图 8-14 可知，样品 $UiO-66-NH_2$-x(x=0、20、40、80)曲线的延长线呈现的是正的

斜率，这与 N 型半导体的特征一致，故样品 UiO-66-NH_2-x（x=0、20、40、80）属于 N 型半导体。将该延长线与 X 轴相交，可以得到相对于 Ag/AgCl 的平带电位（E_{fb}）。由图 8-14 中的表格可以知道，UiO-66-NH_2-x（x=0、20、40、80）的平带电位分别为−0.65 V、−0.62 V、−0.58 V、−0.60 V。按照标准氢电极（NHE）与 Ag/AgCl 的平带电位的转换公式计算的结果汇总于表 8-6 中，并将导带与价带位置绘制于图 8-15 中。由图 8-15 可知，样品 UiO-66-NH_2-x（x=0、20、40、80）的价带随着乙酸加入量的增大呈现逐渐升高的趋势。

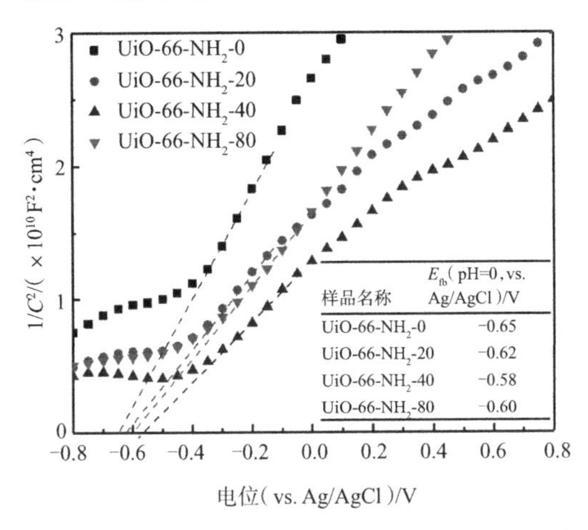

图 8-14　UiO-66-NH_2-x（x=0、20、40、80）的莫特肖特基谱图

表 8-6　UiO-66-NH_2-x（x=0、20、40、80）的禁带、导带、价带数据表

样品名称	E_g/eV	E_{fb}（pH=0，vs. Ag/AgCl）/V	E_{fb}（vs. NHE）/V	CB/V	VB/V
UiO-66-NH_2-0	2.82	−0.65	−0.052	−0.35	2.47
UiO-66-NH_2-20	2.92	−0.62	−0.022	−0.32	2.60
UiO-66-NH_2-40	2.96	−0.58	0.018	−0.28	2.68
UiO-66-NH_2-80	3.01	−0.60	0.002	−0.30	2.71

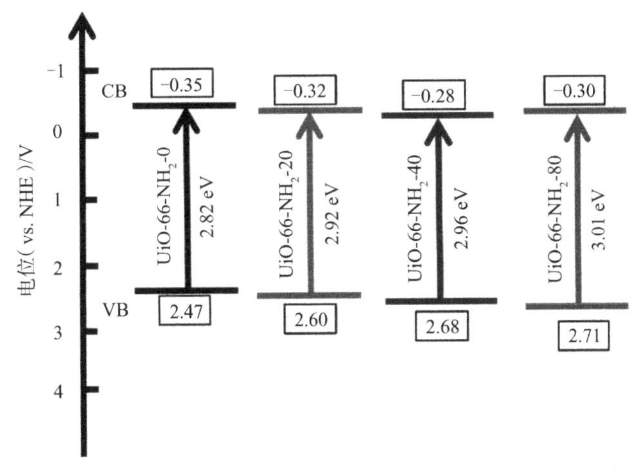

图 8-15　UiO-66-NH_2-x（x=0、20、40、80）的导带和价带位置示意图

8.2.4 光催化活性增强机理分析

为了探究 UA-x（x=0、20、40、80）活性差异的原因，挖掘键缺陷与 Ag 的 SPR 效应、异质结的三元耦合作用机理，我们对样品 UA-40 进行了自由基捕获实验。图 8-16 显示的是样品 UA-40 光催化降解 RhB 和对氯苯酚的自由基捕获实验的降解活性曲线。在光催化降解 RhB 的过程中，能起降解作用的有三类活性物种：超氧自由基（$\cdot O_2^-$）、空穴（h^+）、羟基自由基（·OH）。为了探测这三类自由基在 UA-x（x=0、20、40、80）体系中发挥作用的大小，我们采用它们的牺牲剂进行实验。在 RhB 的降解实验中，超氧自由基（$\cdot O_2^-$）对应的牺牲剂为对苯醌（BZQ），空穴（h^+）对应的牺牲剂为草酸铵（AO），羟基自由基（·OH）对应的牺牲剂为叔丁醇（TBA）。从图 8-16（a）可知，当加入 TBA 作为牺牲剂时，样品 UA-40 的光催化活性没有受到任何影响；当加入 AO 作为牺牲剂时，样品 UA-40 的光催化活性有微弱的降低；当加入 BZQ 作为牺牲剂时，样品 UA-40 的光催化活性被大大地限制。因此，实验结果证明羟基自由基（·OH）几乎不起任何作用，空穴（h^+）和超氧自由基（$\cdot O_2^-$）是降解过程中的活性物种，但是空穴（h^+）发挥的作用较小，对降解的影响不大，而超氧自由基（$\cdot O_2^-$）发挥作用很大，是主要的活性物种。我们同样对对氯苯酚进行自由基捕获实验，通过通氮气排除氧气的方法检测超氧自由基（$\cdot O_2^-$）发挥的作用，乙二胺四乙酸（EDTA）作为空穴（h^+）的牺牲剂，TBA 作为羟基自由基（·OH）的牺牲剂。从图 8-16（b）可知，当加入 TBA 作为牺牲剂时，样品 UA-40 的光催化活性没有受到任何影响；当氮气鼓泡排除氧气时，样品 UA-40 的光催化活性没有受到任何影响；当加入 EDTA 作为牺牲剂时，样品 UA-40 的光催化活性被大大地限制。实验结果表明，超氧自由基（$\cdot O_2^-$）、羟基自由基（·OH）几乎不起任何作用，而空穴（h^+）发挥的作用很大，是主要的活性物种。

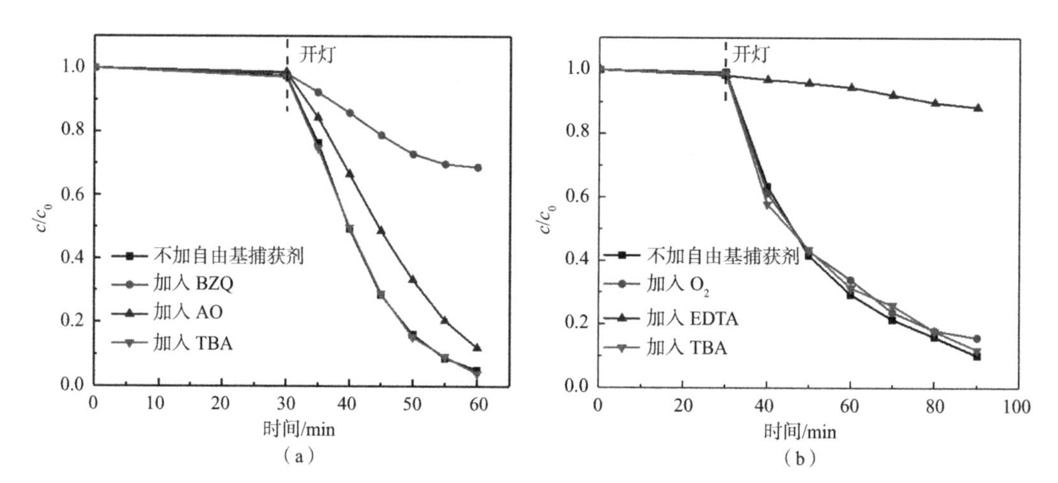

图 8-16 样品 UA-40 光催化降解 RhB 和对氯苯酚的自由基捕获实验的降解活性曲线

（a）RhB （b）对氯苯酚

通过对本体系相关活性物种的捕获实验，我们发现超氧自由基（$\cdot O_2^-$）为降解 RhB 的主要活性物种，空穴（h^+）为降解对氯苯酚的主要活性物种。我们将这一结论与 XPS 数据结合并对活性提高的原因进行了分析。通过上文分析可知单独的缺陷与 Ag/AgCl

对活性的提高作用是有限的，但是链缺陷、Ag 的 SPR 效应与异质结三者的耦合作用却能极大地提高活性。为了探究活性升高的原因以及负载的 Ag/AgCl 在含有不同缺陷的催化剂表面所处的状态，我们对样品进行了 XPS 测试和分析。图 8-17（a）是样品 UiO-66-NH_2-x（x=0、20、40、80）的 Zr 3d XPS 谱图，由图可知，183.0 eV 和 185.4 eV 分别对应 Zr $3d_{5/2}$ 和 Zr $3d_{3/2}$ 轨道，这说明 Zr 元素以 Zr^{4+}形式存在。Zr 3d 的结合能峰位置并没有随着缺陷量的变化而发生明显的变动，这是因为在 UiO-66-NH_2 材料中局部配体缺失会使配位环境发生轻微的变化。在 UiO-66-NH_2 材料的骨架结构中，金属中心以 Zr-O 簇的形式存在，Zr 原子不与有机配体直接相连，由于 Zr 原子与有机配体之间还隔着一个氧原子，所以在配体缺失后，Zr 在金属中心上的配位环境还能够维持缺失之前的情况。因此 Zr 的结合能在形成缺陷位后能够保持不变。图 8-17（b）是样品 UiO-66-NH_2-40 与 UA-40 的 Zr 3d 谱图。由图可知，负载了 Ag/AgCl 之后，Zr 3d 的结合能峰位置并没有随着 Ag/AgCl 的负载而发生明显的变动，这就说明 Ag/AgCl 的负载不会破坏 UiO-66-NH_2 的结构，也不会影响 Zr 的化学性质，这与 XRD、SEM、TEM 的结果是一致的。图 8-17（c）是样品 UA-x（x=0、20、40、80）的 Ag 3d 谱图。从图中可以看出，随着乙酸的不断加入，Ag^+的结合能峰位置向高结合能方向移动（失电子），Ag^0 向低结合能方向移动（得电子），在内部形成方向从 AgCl → Ag 的内建电场。当乙酸的加入量达到 40 mL 的时候，Ag^+结合能峰位置偏移达到最大，此时认为 Ag 与 AgCl 的相互作用最大。当乙酸的加入量进一步增加到 80 mL 时，Ag/AgCl 颗粒开始聚集并生长，这解释了 Ag^+ 峰向后移动的原因。通过对 Ag 含量的计算，可以发现当加入乙酸 40 mL 时，产生的 Ag^0 最多（表 8-7），可以产生最强的 SPR 效应。这是因为链缺陷的产生可以提高从配体到金属 Zr 的电荷转移能力，并促进 Ag^0 的产生，这与 UiO-66-NH_2-X 的光催化活性规律和光电化学结果是一致的。

表 8-7　UA-x（x=0、20、40、80）中 Ag^+和 Ag^0 的峰位置、峰面积、百分比

样品名称	结合能/eV				Ag^+峰面积/counts	Ag^0 峰面积/counts	Ag^0/（Ag^0+Ag^+）/%	Ag^0/样品 /（wt.%）
	Ag^+		Ag^0					
	$3d_{5/2}$	$3d_{3/2}$	$3d_{5/2}$	$3d_{3/2}$				
UA-0	368.5	374.5	369.9	375.9	67 868.8	8 237.7	10.8	1.7
UA-20	368.6	374.6	369.6	375.7	56 749.6	32 286.0	36.3	5.9
UA-40	368.9	374.9	369.7	375.7	55 384.9	36 342.2	39.6	6.4
UA-80	368.4	374.5	369.2	375.2	52 615.8	27 714.4	34.5	5.6

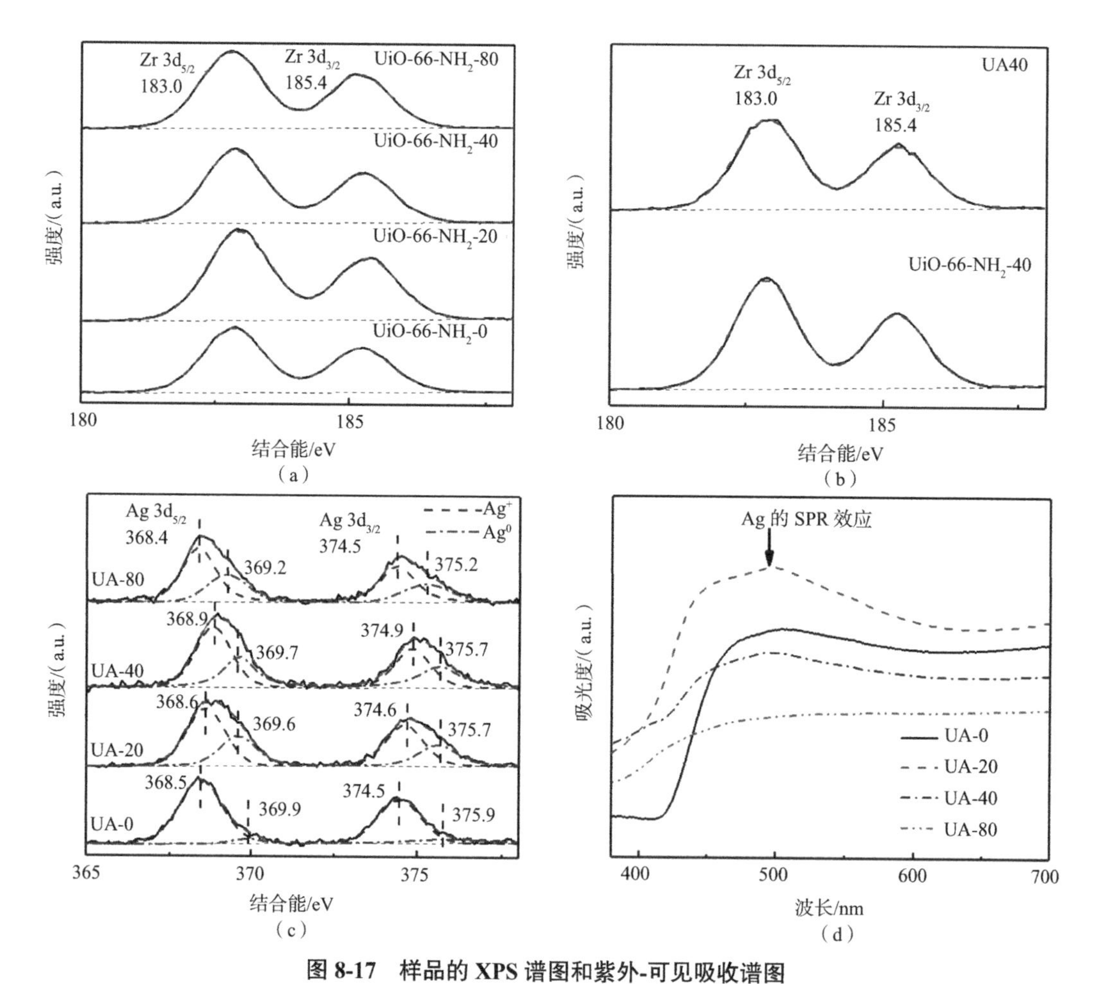

图 8-17 样品的 XPS 谱图和紫外-可见吸收谱图

(a)UiO-66-NH_2-x(x=0、20、40、80)的 Zr 3d XPS 谱图 (b)UiO-66-NH_2-40 与 UA-40 的 Zr 3d XPS 谱图
(c)UA-x(x=0、20、40、80)的 Ag 3d XPS 谱图 (d)UA-x(x=0、20、40、80)在 380~700 nm 的紫外-可见吸收谱图

基于以上实验结果,我们在图 8-18 中仔细完善了 UA-40 对 RhB 和对氯苯酚光降解的机理图。经乙酸调节后，UiO-66-NH_2-40 的光生电子转移能力增强,因此合成的 UA-40 中 Ag^0 含量达到最大值。由于 Ag/AgCl 增强的内部相互作用,肖特基势垒的高度减小,从而提高了从 Ag 到 AgCl 的电子转移效率。Ag 不仅有出色的导电性,促进了电子从 UiO-66-NH_2-40 到 AgCl 的转移效率,而且可以通过 SPR 效应吸收光子以产生光生电子。因此,链缺陷、Ag 的 SPR 效应和异质结的三元耦合作用同时提高了光子的吸收和光生电子的转移效率。

在 UA-40 体系中，UiO-66-NH_2-40 吸收光子以产生光生电子和空穴。UiO-66-NH_2-40 产生的光生电子和空穴得到了有效分离,空穴用于降解 RhB 和对氯苯酚。UiO-66-NH_2-40 上的光生电子转移到 Ag 纳米颗粒上并与 Ag 的 SPR 效应产生的光致空穴重新结合，Ag 的 SPR 效应产生的光生电子会聚集在 Ag 的最低未被占据轨道,从而提高其费米能级,而金属 Ag 为了保证费米能级不变将电子转移至 AgCl 的导带上。与此同时，Ag/AgCl 增强的内部相互作用通过降低肖特基势垒提高电子注入 AgCl 导带的效率,注入的电子与 O_2 发生反应生成$\cdot O_2^-$（$E^{\ominus}_{O_2/\cdot O_2^-}=-0.04$ eV vs. NHE），从而对 RhB 进行降解。通过对反应性物种的捕获实验发现，$\cdot O_2^-$和 h^+对不同污染物的降解能力不同，对氯苯酚可以与 h^+反应，这表明催化剂同时具备了更高的氧化和还原能力。

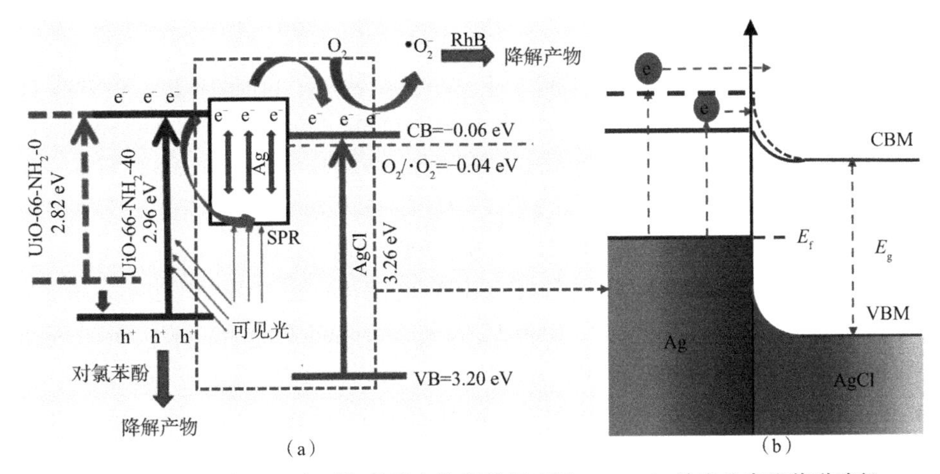

图 8-18　UA-40 对 RhB 和对氯苯酚光降解的机理及 Ag/AgCl 的光生电子传递路径

（a）UA-40 的示意图以及在可见光照射下 RhB 和对氯苯酚光降解的机理　（b）Ag/AgCl 的光生电子传递路径

8.2.5　本部分小结

本部分工作主要通过调控合成 $UiO\text{-}66\text{-}NH_2$ 过程中乙酸的加入量 x 来合成具有不同缺陷含量的催化剂 $UiO\text{-}66\text{-}NH_2\text{-}x$（$x$=0、20、40、80），并成功设计了 Ag 的 SPR 效应、异质结和 $UiO\text{-}66\text{-}NH_2$ 链缺陷的三元耦合作用体系。热重分析（TGA）、固态核磁共振氢谱 ^1H（NMR）、BET 比表面积测试等结果表明链缺陷增加。UV-vis DRS 表明 Ag 的 SPR 效应。XRD 谱图、SEM 和 TEM 照片表明异质结的存在。通过对 $UiO\text{-}66\text{-}NH_2\text{-}x$（$x$=0、20、40、80）进行 RhB 的光催化降解实验，发现链缺陷可以在一定程度上提高催化剂的光降解能力，光电表征数据证明适量的链缺陷可以提高光生电子和空穴的分离能力。通过将 $UiO\text{-}66\text{-}NH_2\text{-}x$（$x$=0、20、40、80）与 Ag/AgCl 复合形成异质结，并在可见光下进行 RhB 和对氯苯酚的光催化降解实验，发现催化剂的光催化降解能力随着链缺陷的增加呈现火山形趋势，其中 UA-40 表现出最高的活性。在可见光照射下，$UiO\text{-}66\text{-}NH_2$-Ag/AgCl-40 对 RhB 的降解表现出最高的光催化活性，是原始 $UiO\text{-}66\text{-}NH_2$-0 活性的 139 倍。其中，超氧自由基（$\cdot O_2^-$）是 RhB 降解光催化体系中的关键活性物种，而空穴是对氯苯酚降解的关键活性物种，这意味着它们可以使催化剂的氧化和还原能力增强。适量的链缺陷可以提高光催化过程中光生电子的传输能力，通过 XPS 分析可知，当乙酸加入量为 40 mL 时，Ag 与 AgCl 的相互作用最大，使得肖特基势垒的高度降低，从而使得在光催化反应的过程中 Ag 上聚集的光生电子更快地注入 AgCl 导带上，实现光生电子与空穴的有效分离，最终提高催化剂的氧化和还原能力。Ag 的 SPR 效应、异质结和链缺陷的三元耦合作用同时促进光子吸收和电子和空穴的分离是本体系光催化活性显著增强的原因。这项工作为合理设计结构缺陷工程以及制备多元耦合的光催化剂提供了重要的参考。

参考文献

[1] KAWSAR M A，ALAM M T，PANDIT D，et al. Status of disease prevalence，drugs and antibiotics usage in pond-based aquaculture at Narsingdi district，Bangladesh：a major public health concern and strategic appraisal for mitigation[J]. Heliyon，2022，8(3):e09060.

[2] 赵娟娟，韩树萍，余章斌，等. 江苏省 15 家医院极低/超低出生体重儿抗生素使用现状调查[J]. 中国当代儿科杂志，2022，24(9)：988-993.

[3] BROWNE A J，CHIPETA M G，HAINES-WOODHOUSE G，et al. Global antibiotic consumption and usage in humans，2000-18：a spatial modelling study[J]. The Lancet Planet Health，2021，5(12)：e893-e904.

[4] NORI P，COWMAN K，CHEN V，et al. Bacterial and fungal coinfections in COVID-19 patients hospitalized during the New York City pandemic surge[J]. Infect Control Hosp Epidemiol，2021，42：84-88.

[5] VO T D，BUI X T，CAO N D，et al. Investigation of antibiotics in health care wastewater in Ho Chi Minh City[J]. Vietnam，Environ Monit Assess，2016,188：686.

[6] ERDEM I，ARDIC E，TURKER E，et al. Comparison of antibiotic use in the COVID-19 pandemic with the pre-pandemic period in a university hospital[J]. Arch Med Sci，2022，18：1392-1394.

[7] WANG Q，WANG P L，YANG Q X. Occurrence and diversity of antibiotic resistance in untreated hospital wastewater[J]. Sci Total Environ，2018，621：990-999.

[8] WANG R，JI M，ZHAI H Y，et al. Occurrence of antibiotics and antibiotic resistance genes in WWTP effluent-receiving water bodies and reclaimed wastewater treatment plants[J]. Sci Total Environ，2021，796：148919.

[9] ZHANG X，ZHAO H X，DU J，et al. Occurrence，removal，and risk assessment of antibiotics in 12 wastewater treatment plants from Dalian，China[J]. Environ Sci Pollut Res，2017，24：16478-16487.

[10] TAHRANI L，LOCO V，MANSOUR B，et al. Occurrence of antibiotics in pharmaceutical industrial wastewater，wastewater treatment plant and sea waters in Tunisia[J]. J Water Health，2016，14：208-213.

[11] BIELEN A，SIMATOVIC A，KOSIC-VUKSIC J，et al. Negative environmental impacts of antibiotic-contaminated effluents from pharmaceutical industries[J]. Water Res，2017，126：79-87.

[12] XUE J，LEI D，ZHAO X，et al. Antibiotic residue and toxicity assessment of wastewater during the pharmaceutical production processes[J]. Chemosphere，2022，291：132837.

[13] DAR A H，RASHID N，MAJID I，et al. Nanotechnology interventions in aquaculture and

seafood preservation[J]. Critical Reviews in Food Science and Nutrition, 2019, 60: 1912-1921.

[14] RAZA S, CHOI S, LEE M, et al. Spatial and temporal effects of fish feed on antibiotic resistance in coastal aquaculture farms[J]. Environ Res, 2022, 212: 113177.

[15] LI T, WANG C, XU Z, et al. A coupled method of on-line solid phase extraction with the UHPLC-MS/MS for detection of sulfonamides antibiotics residues in aquaculture[J]. Chemosphere, 2020, 254: 126765.

[16] QIN Y, WEN Q, MA Y, et al. Antibiotics pollution in Gonghu Bay in the period of water diversion from Yangtze River to Taihu Lake[J]. Environmental Earth Sciences, 2018, 77 (11): 419.

[17] KUMAR K, GUPTA S C, BAIDOO S K, et al. Antibiotic uptake by plants from soil fertilized with animal manure[J]. J Environ Qual, 2005, 34: 2082-2085.

[18] ZHI S, ZHOU J, ZHANG Z, et al. Determination of 38 antibiotics in raw and treated wastewater from swine farms using liquid chromatography-mass spectrometry[J]. Journal of Separation Science, 2022, 45: 1525-1537.

[19] FRANKLIN A M, WILLIAMS C F, WATSON J E. Assessment of soil to mitigate antibiotics in the environment due to release of wastewater treatment plant effluent[J]. J Environ Qual, 2018, 47: 1347-1355.

[20] ZHOU X, WANG J, LU C, et al. Antibiotics in animal manure and manure-based fertilizers: occurrence and ecological risk assessment[J]. Chemosphere, 2020, 255: 127006.

[21] LI X W, XIE Y F, LI C L, et al. Investigation of residual fluoroquinolones in a soil-vegetable system in an intensive vegetable cultivation area in Northern China[J]. Sci Total Environ, 2014, 468-469: 258-264.

[22] WANG P, WU D, YOU X, et al. Distribution of antibiotics, metals and antibiotic resistance genes during landfilling process in major municipal solid waste landfills[J]. Environ Pollut, 2019, 255: 113222.

[23] BACIAK M, SIKORSKI L, PIOTROWICZ-CIESLAK A I, et al. Content of biogenic amines in *Lemna minor* (common duckweed) growing in medium contaminated with tetracycline[J]. Aquat Toxicol, 2016, 180: 95-102.

[24] RYDZYŃSKI D, PIOTROWICZ-CIESLAK A I, GRAJEK H, et al. Instability of chlorophyll in yellow lupin seedlings grown in soil contaminated with ciprofloxacin and tetracycline[J]. Chemosphere, 2017, 184: 62-73.

[25] CHOI Y J, KIM L H, ZOH K D. Removal characteristics and mechanism of antibiotics using constructed wetlands[J]. Ecological Engineering, 2016, 91: 85-92.

[26] BÔTO M, ALMEIDA C, MUCHA A. Potential of constructed wetlands for removal of antibiotics from saline aquaculture effluents[J]. Water, 2016, 8(10): 465.

[27] DAN A, ZHANG X M, DAI Y N, et al. Occurrence and removal of quinolone, tetracycline, and macrolide antibiotics from urban wastewater in constructed wetlands[J]. Journal

of Cleaner Production, 2020, 252: 119677.

[28] ZHENG W, ZHANG Z, LIU R, et al. Removal of veterinary antibiotics from anaerobically digested swine wastewater using an intermittently aerated sequencing batch reactor[J]. J Environ Sci, 2018, 65: 8-17.

[29] HAN Y, YANG L, CHEN X, et al. Removal of veterinary antibiotics from swine wastewater using anaerobic and aerobic biodegradation[J]. Sci Total Environ, 2020, 709: 136094.

[30] WU S, HU H, LIN Y, et al. Visible light photocatalytic degradation of tetracycline over TiO_2[J]. Chemical Engineering Journal, 2020, 382: 122842.

[31] LIU M, ZHANG D, HAN J, et al. Adsorption enhanced photocatalytic degradation sulfadiazine antibiotic using porous carbon nitride nanosheets with carbon vacancies[J]. Chemical Engineering Journal, 2020, 382: 123017.

[32] SEPEHRMANSOURIE H, ALAMGHOLILOO H, PESYAN N N, et al. A MOF-on-MOF strategy to construct double Z-scheme heterojunction for high-performance photocatalytic degradation[J]. Applied Catalysis B: Environmental, 2023, 321: 122082.

[33] SCHRAUZER G N, GUTH T D. Photolysis of water and photoreduction of nitrogen on titanium-dioxide[J]. Journal of the American Chemical Society, 1978, 9(6): 7189-7193.

[34] BOLTON J R, STRICKLER S J, CONNOLLY J S. Limiting and realizable efficiencies of solar photolysis of water[J]. Nature, 1985, 316(6028): 495-500.

[35] ZHOU W, LI W, WANG J Q, et al. Ordered mesoporous black TiO_2 as highly efficient hydrogen evolution photocatalyst[J]. Journal of the American Chemical Society, 2014, 136(26): 9280-9283.

[36] YU J, QI L, JARONIEC M. Hydrogen production by photocatalytic water splitting over Pt/TiO_2 nanosheets with exposed (001) facets[J]. Journal of Physical Chemistry C, 2010, 114: 13118-13125.

[37] CHRISTOFORIDIS K C, SYRGIANNIS Z, PAROLA V L, et al. Metal-free dual-phase full organic carbon nanotubes/g-C_3N_4 heteroarchitectures for photocatalytic hydrogen production[J]. Nano Energy, 2018, 50: 468-478.

[38] WU M, ZHANG J, HE B B, et al. In-situ construction of coral-like porous P-doped g-C_3N_4 tubes with hybrid 1D/2D architecture and high efficient photocatalytic hydrogen evolution[J]. Applied Catalysis B: Environmental, 2019, 241: 159-166.

[39] MOON G H, FUJITSUKA M, KIM S, et al. Eco-friendly photochemical production of H_2O_2 through O_2 reduction over carbon nitride frameworks incorporated with multiple heteroelements[J]. ACS Catalysis, 2017, 7(4): 2886-2895.

[40] HALMANN M. Photoelectrochemical reduction of aqueous carbon dioxide on p-type gallium phosphide in liquid junction solar cells[J]. Nature, 1978, 275: 115-6.

[41] INOUE T, AKIRA F, SATOSHI K, et al. Photoelectrocatalytic reduction of carbon dioxide in aqueous suspensions of semiconductor powders[J]. Nature, 1979, 277: 637-638.

[42] IZUMI I, FAN F-R F, BARD A J. Heterogeneous photocatalytic decomposition of benzoic acid and adipic acid on platinized TiO_2 powder. The photo-Kolbe decarboxylative route to the breakdown of the benzene ring and to the production of butane[J]. The Journal of Physical Chemistry, 1981, 12(18): 218-223.

[43] KRAEUTLER B, BARD A J. Heterogeneous photocatalytic decomposition of saturated carboxylic acids on titanium dioxide powder. Decarboxylative route to alkanes[J]. Journal of the American Chemical Society, 1978, 100(19): 5985-5992.

[44] TONG Z W, YANG D, XIAO T X, et al. Biomimetic fabrication of g-C_3N_4/TiO_2 nanosheets with enhanced photocatalytic activity toward organic pollutant degradation[J]. Chemical Engineering Journal, 2015, 260: 117-125.

[45] DAI K, LU L, LIANG C H, et al. Heterojunction of facet coupled g-C_3N_4/surface-fluorinated TiO_2 nanosheets for organic pollutants degradation under visible LED light irradiation[J]. Applied Catalysis B: Environmental, 2014, 156: 331-340.

[46] YU J G, WANG S H, LOW J X, et al. Enhanced photocatalytic performance of direct Z-scheme g-C_3N_4-TiO_2 photocatalysts for the decomposition of formaldehyde in air[J]. Physical Chemistry Chemical Physics, 2013, 15(39): 16883-16890.

[47] HUANG Z A, SUN Q, LV K L, et al. Effect of contact interface between TiO_2 and g-C_3N_4 on the photoreactivity of g-C_3N_4/TiO_2 photocatalyst: (001) vs (101) facets of TiO_2[J]. Applied Catalysis B: Environmental, 2015, 164: 420-427.

[48] XIAO T T, TANG Z, YANG Y, et al. In situ construction of hierarchical WO_3/g-C_3N_4 composite hollow microspheres as a Z-scheme photocatalyst for the degradation of antibiotics[J]. Applied Catalysis B: Environmental, 2018, 220: 417-428.

[49] HURUM D, AGRIOS A, GRAY K, et al. Explaining the enhanced photocatalytic activity of Degussa P25 mixed-phase TiO_2 using EPR[J]. The Journal of Physical Chemistry B, 2003, 107(19): 4545-4549.

[50] YAN Y, HAN M, KONKIN A, et al. Slightly hydrogenated TiO_2 with enhanced photocatalytic performance[J]. Journal of Materials Chemistry A, 2014, 2(32): 12708-12716.

[51] BORGARELLO E, KIWI J, GRAETZEL M, et al. Visible light induced water cleavage in colloidal solutions of chromium-doped titanium dioxide particles[J]. Journal of the American Chemical Society, 1982, 104(11): 2996-3002.

[52] CHOI W, TERMIN A, HOFFMANN M R. The role of metal ion dopants in quantum-sized TiO_2: correlation between photoreactivity and charge carrier recombination dynamics[J]. The Journal of Physical Chemistry, 1994, 98(51): 13669-13679.

[53] ASAHI R, MORIKAWA T, OHWAKI T, et al. Visible-light photocatalysis in nitrogen-doped titanium oxides[J]. Science, 2001, 293(5528): 269-271.

[54] SO W W, KIM K J, MOON S J. Photo-production of hydrogen over the CdS-TiO_2 nano-composite particulate films treated with $TiCl_4$[J]. International Journal of Hydrogen Energy, 2004, 29(3): 229-234.

[55] CHEN S, ZHAO W, LIU W, et al. Preparation, characterization and activity evaluation of P-N junction photocatalyst P-ZnO/N-TiO_2[J]. Applied Surface Science, 2008, 255(5): 2478-2484.

[56] ZHANG J, XU Q, FENG Z, et al. Importance of the relationship between surface phases and photocatalytic activity of TiO_2[J]. Angewandte Chemie International Edition, 2008, 47(9): 1766-1769.

[57] YU J, QI L, JARONIEC M. Hydrogen production by photocatalytic water splitting over Pt/TiO_2 nanosheets with exposed (001) facets[J]. The Journal of Physical Chemistry C, 2010, 114(30): 13118-13125.

[58] JOVIC V, CHEN W T, SUN-WATERHOUSE D, et al. Effect of gold loading and TiO_2 support composition on the activity of Au/TiO_2 photocatalysts for H_2 production from ethanol-water mixtures[J]. Journal of Catalysis, 2013, 305: 307-317.

[59] AWAZU K, FUJIMAKI M, ROCKSTUHL C, et al. A plasmonic photocatalyst consisting of silver nanoparticles embedded in titanium dioxide[J]. Journal of the American Chemical Society, 2008, 130(5): 1676-1680.

[60] WANG P, HUANG B, QIN X, et al. Ag@AgCl: a highly efficient and stable photocatalyst active under visible light[J]. Angewandte Chemie-International Edition, 2008, 47(41): 7931-7933.

[61] TSUKAMOTO D, SHIRAISHI Y, SUGANO Y, et al. Gold nanoparticles located at the interface of anatase/rutile TiO_2 particles as active plasmonic photocatalysts for aerobic oxidation[J]. Journal of the American Chemical Society, 2012, 134(14): 6309-6315.

[62] ZHANG F, HUANG L Y, DING P H, et al. One-step oxygen vacancy engineering of WO_{3-x}/2D g-C_3N_4 heterostructure: triple effects for sustaining photoactivity[J]. Journal of Alloys and Compounds, 2019, 795: 426-435.

[63] CHEN X B, LIU L, YU P Y, et al. Increasing solar absorption for photocatalysis with black hydrogenated titanium dioxide nanocrystals[J]. Science, 2011, 331(6018): 746-750.

[64] WANG Y T, CAI J M, WU M Q, et al. Rational construction of oxygen vacancies onto tungsten trioxide to improve visible light photocatalytic water oxidation reaction[J]. Applied Catalysis B: Environmental, 2018, 239: 398-407.

[65] LIU G, HAN J F, ZHOU X, et al. Enhancement of visible-light-driven O_2 evolution from water oxidation on WO_3 treated with hydrogen[J]. Journal of Catalysis, 2013, 307: 148-152.

[66] LI Y S, TANG Z L, ZHANG J Y, et al. Defect engineering of air-treated WO_3 and its enhanced visible-light-driven photocatalytic and electrochemical performance[J]. Journal of Physical Chemistry C, 2016, 120(18): 9750-9763.

[67] FANG W Z, XING M Y, ZHANG J L. A new approach to prepare Ti^{3+} self-doped TiO_2 via $NaBH_4$ reduction and hydrochloric acid treatment[J]. Applied Catalysis B: Environ-

mental, 2014, 160: 240-246.
[68] LI H, SHANG J, AI Z, et al. Efficient visible light nitrogen fixation with BiOBr nanosheets of oxygen vacancies on the exposed {001} facets[J]. Journal of the American Chemical Society, 2015, 137(19): 6393-6399.
[69] WAN J, CHEN W, JIA C, et al. Defect effects on TiO_2 nanosheets: stabilizing single atomic site Au and promoting catalytic properties[J]. Advanced Materials, 2018, 30(11): 1705369.
[70] WANG X C, MAEDA K, THOMAS A, et al. A metal-free polymeric photocatalyst for hydrogen production from water under visible light[J]. Nature Materials, 2009, 8(1): 76-80.
[71] ZHANG G G, ZHANG J S, ZHANG M W, et al. Polycondensation of thiourea into carbon nitride semiconductors as visible light photocatalysts[J]. Journal of Materials Chemistry, 2012, 22(16): 8083-8091.
[72] TONG Z W, YANG D, SUN Y Y, et al. Tubular g-C_3N_4 isotype heterojunction: enhanced visible-light photocatalytic activity through cooperative manipulation of oriented electron and hole transfer[J]. Small, 2016, 12(30): 4093-4101.
[73] SUN J H, ZHANG J S, ZHANG M W, et al. Bioinspired hollow semiconductor nanospheres as photosynthetic nanoparticles[J]. Nature Communications, 2012, 3: 1139.
[74] LI Y F, JIN R X, XING Y, et al. Macroscopic foam-like holey ultrathin g-C_3N_4 nanosheets for drastic improvement of visible-light photocatalytic activity[J]. Advanced Energy Materials, 2016, 6(24): 1601273.
[75] XING W N, TU W G, HAN Z H, et al. Template-induced high-crystalline g-C_3N_4 nanosheets for enhanced photocatalytic H_2 evolution[J]. ACS Energy Letters, 2018, 3(3): 514-519.
[76] ZHU Y P, REN T Z, YUAN Z Y. Mesoporous phosphorus-doped g-C_3N_4 nanostructured flowers with superior photocatalytic hydrogen evolution performance[J]. ACS Applied Materials & Interfaces, 2015, 7(30): 16850-16856.
[77] HUANG Z F, SONG J J, PAN L, et al. Carbon nitride with simultaneous porous network and O-doping for efficient solar-energy-driven hydrogen evolution[J]. Nano Energy, 2015, 12: 646-656.
[78] FU J W, ZHU B C, JIANG C J, et al. Hierarchical porous O-doped g-C_3N_4 with enhanced photocatalytic CO_2 reduction activity[J]. Small, 2017, 13(15): 1603938.
[79] LIU C Y, HUANG H W, CUI W, et al. Band structure engineering and efficient charge transport in oxygen substituted g-C_3N_4 for superior photocatalytic hydrogen evolution[J]. Applied Catalysis B: Environmental, 2018, 230: 115-124.
[80] YANG C F, TENG W, SONG Y H, et al. C-I codoped porous g-C_3N_4 for superior photocatalytic hydrogen evolution[J]. Chinese Journal of Catalysis, 2018, 39(10): 1615-1624.
[81] GUO S E, TANG Y Q, XIE Y, et al. P-doped tubular g-C_3N_4 with surface carbon defects:

universal synthesis and enhanced visible-light photocatalytic hydrogen production[J]. Applied Catalysis B: Environmental, 2017, 218: 664-671.

[82] ZHOU M H, YU J G, LIU S W, et al. Effects of calcination temperatures on photocatalytic activity of SnO_2/TiO_2 composite films prepared by an EPD method[J]. Journal of Hazardous Materials, 2008, 154(1-3): 1141-1148.

[83] ONG W J, PUTRI L K, TAN L L, et al. Heterostructured AgX/g-C_3N_4 (X=Cl and Br) nanocomposites via a sonication-assisted deposition-precipitation approach: emerging role of halide ions in the synergistic photocatalytic reduction of carbon dioxide[J]. Applied Catalysis B: Environmental, 2016, 180: 530-543.

[84] WANG X W, LIU G, CHEN Z G, et al. Enhanced photocatalytic hydrogen evolution by prolonging the lifetime of carriers in ZnO/CdS heterostructures[J]. Chemical Communications, 2009(23): 3452-3454.

[85] XU Q L, ZHANG L Y, CHENG B, et al. S-scheme heterojunction photocatalyst[J]. Chem, 2020, 6(7): 1543-1559.

[86] ZHANG X, KIM D, YAN J, et al. Photocatalytic CO_2 reduction enabled by interfacial S-scheme heterojunction between ultrasmall copper phosphosulfide and g-C_3N_4[J]. ACS Applied Materials & Interfaces, 2021,13(8): 9762-9770.

[87] LI X B, XIONG J, GAO X M, et al. Novel BP/BiOBr S-scheme nano-heterojunction for enhanced visible-light photocatalytic tetracycline removal and oxygen evolution activity[J]. Journal of Hazardous Materials, 2020, 387:121690.

[88] LEE Y, KIM S, KANG J K, et al. Photocatalytic CO_2 reduction by a mixed metal (Zr/Ti), mixed ligand metal-organic framework under visible light irradiation[J]. Chemical Communications, 2015, 51(26): 5735-5738.

[89] CAI G, JIANGN H. A modulator-induced defect-formation strategy to hierarchically porous metal-organic frameworks with high stability[J]. Angewandte Chemie, 2017, 56(2): 563-567.

[90] DESTEFANO M R, ISLAMOGLU T, GARIBAY S J, et al. Room-temperature synthesis of UiO-66 and thermal modulation of densities of defect sites[J]. Chemistry of Materials, 2017, 29(3): 1357-1361.

[91] MA X, WANG L, ZHANG Q, et al. Switching on the photocatalysis of metal-organic frameworks by engineering structural defects[J]. Angewandte Chemie, 2019, 58(35): 12175-12179.

[92] VERMOORTELE F, BUEKEN B, BARS G L, et al. Synthesis modulation as a tool to increase the catalytic activity of metal-organic frameworks: the unique case of UiO-66 (Zr)[J]. Journal of the American Chemical Society, 2013, 135(31): 11465-11468.

[93] YANG J, YING R, HAN C, et al. Adsorptive removal of organic dyes from aqueous solution by a Zr-based metal-organic framework: effects of Ce(Ⅲ) doping[J]. Dalton Transactions, 2018, 47(11): 3913-3920.

[94] NIU Z, GUAN Q, SHI Y, et al. A lithium-modified zirconium-based metal organic framework (UiO-66) for efficient CO_2 adsorption[J]. New Journal of Chemistry, 2018, 42(24): 19764-19770.

[95] SHEARER G C, CHAVAN S, ETHIRAJ J, et al. Tuned to perfection: ironing out the defects in metal-organic framework UiO-66[J]. Chemistry of Materials, 2014, 26(14): 4068-4071.

[96] YUAN L, TIAN M, LAN J, et al. Defect engineering in metal-organic frameworks: a new strategy to develop applicable actinide sorbents[J]. Chemical Communications, 2018, 54(4): 370-373.

[97] TRICKETT C A, GAGNON K J, LEE S, et al. Definitive molecular level characterization of defects in UiO-66 crystals[J]. Angewandte Chemie, 2015, 54(38): 11162-11167.

[98] ØIEN S, WRAGG D S, REINSCH H, et al. Detailed structure analysis of atomic positions and defects in zirconium metal-organic frameworks[J]. Crystal Growth & Design, 2014, 14(11): 5370-5372.

[99] TADDEI M, WAKEHAM R J, KOUTSIANOS A, et al. Post-synthetic ligand exchange in zirconium-based metal-organic frameworks: beware of the defects! [J]. Angewandte Chemie, 2018, 57(36): 11706-11710.

[100] NANDY A, FORSE A C, WITHERSPOON V J, et al. NMR spectroscopy reveals adsorbate binding sites in the metal-organic framework UiO-66 (Zr)[J]. Journal of Physical Chemistry C, 2018, 122(15): 8295-8305.

[101] DRISCOLL D M, TROYA D, USOV P M, et al. Characterization of undercoordinated Zr defect sites in UiO-66 with vibrational spectroscopy of adsorbed CO[J]. Journal of Physical Chemistry C, 2018, 122(26): 14582-14589.

[102] WU H, CHUA Y S, KRUNGLEVICIUTE V, et al. Unusual and highly tunable missing-linker defects in zirconium metal-organic framework UiO-66 and their important effects on gas adsorption[J]. Journal of the American Chemical Society, 2013, 135(28): 10525-10532.

[103] LIU L, CHEN Z, WANG J, et al. Imaging defects and their evolution in a metal-organic framework at sub-unit-cell resolution[J]. Nature Chemistry, 2019, 11(7): 1.

[104] PENG X, YE L, DING Y, et al. Nanohybrid photocatalysts with $ZnIn_2S_4$ nanosheets encapsulated UiO-66 octahedral nanoparticles for visible-light-driven hydrogen generation[J]. Applied Catalysis B: Environmental, 2020, 260: 118152.

[105] SHI L, WANG T, ZHANG H, et al. Electrostatic self-assembly of nanosized carbon nitride nanosheet onto a zirconium metal-organic framework for enhanced photocatalytic CO_2 reduction[J]. Advanced Functional Materials, 2015, 25(33): 5360-5367.

[106] XU X, LIU R, CUI Y, et al. PANI/FeUiO-66 nanohybrids with enhanced visible-light promoted photocatalytic activity for the selectively aerobic oxidation of aromatic alcohols[J]. Applied Catalysis B: Environmental, 2017: 484-494.

[107] YANG J, WANG D, HAN H, et al. Roles of cocatalysts in photocatalysis and photoelectron-catalysis[J]. Accounts of Chemical Research, 2013, 46(8): 1900-1909.

[108] KERKEZ-KUYUMCU O, KIBAR E, DAYIOGLU K, et al. A comparative study for removal of different dyes over M/TiO_2 (M = Cu, Ni, Co, Fe, Mn and Cr) photocatalysts under visible light irradiation[J]. Journal of Photochemistry and Photobiology A: Chemistry, 2015, 311: 176-185.

[109] CHEN S, SHEN S, LIU G, et al. Interface engineering of a CoOx/Ta_3N_5 photocatalyst for unprecedented water oxidation performance under visible-light-irradiation[J]. Angewandte Chemie(International Edition), 2015, 54(10): 3047-3051.

[110] PARK J, KIM Y. Effect of shape of silver nanoplates on the enhancement of surface plasmon resonance (SPR) signals[J]. Journal of Nanoscience and Nanotechnology, 2008, 8 (10): 5026-5029.

[111] DATTA D, TAKEDA Y, AMEKURA H, et al. Controlled shape modification of embedded Au nanoparticles by 3 MeV Au^{2+}-ion irradiation[J]. Applied Surface Science, 2014, 310: 164-168.

[112] TADA H, MITSUI T, KIYONAGA T, et al. All-solid-state Z-scheme in CdS-Au-TiO_2 three-component nanojunction system[J]. Nature Materials, 2006, 5(10): 782-786.

[113] LIKODIMOS V. Photonic crystal-assisted visible light activated TiO_2 photocatalysis[J]. Applied Catalysis B: Environmental, 2018, 230: 269-303.

[114] CAI J, WU M, WANG Y, et al. Synergetic enhancement of light harvesting and charge separation over surface-disorder-engineered TiO_2 photonic crystals[J]. Chem, 2017, 2 (6): 877-892.

[115] ZHANG X, LIU Y, LEE S, et al. Coupling surface plasmon resonance of gold nanoparticles with slow-photon-effect of TiO_2 photonic crystals for synergistically enhanced photoelectron-chemical water splitting[J]. Energy & Environmental Science, 2014, 7(4): 1409-1419.

[116] LI H, BIAN Z, ZHU J, et al. Mesoporous titania spheres with tunable chamber structure and enhanced photocatalytic activity[J]. Journal of the American Chemical Society, 2007, 129(27): 8406-8407.

[117] ZENG Y, WANG X, WANG H, et al. Multi-shelled titania hollow spheres fabricated by a hard template strategy: enhanced photocatalytic activity[J]. Chemical Communications, 2010, 46(24): 4312-4314.

[118] REN H, YU R, WANG J, et al. Multishelled TiO_2 hollow microspheres as anodes with superior reversible capacity for lithium ion batteries[J]. Nano Letters, 2014, 14(11): 6679-6684.

[119] XI G, YAN Y, MA Q, et al. Synthesis of multiple-shell WO_3 hollow spheres by a binary carbonaceous template route and their applications in visible-light photocatalysis[J]. Chemistry: A European Journal, 2012, 18(44): 13949-13953.

[120] WANG X, LIAO M, ZHONG Y, et al. ZnO hollow spheres with double-yolk egg structure for high-performance photocatalysts and photodetectors[J]. Advanced Materials, 2012, 24(25): 3421-3425.

[121] LI R, ZHANG F, WANG D, et al. Spatial separation of photogenerated electrons and holes among {010} and {110} crystal facets of $BiVO_4$ [J]. Nature Communications, 2013, 4: 1432.

[122] WANG D, HISATOMI T, TAKATA T, et al. Core/shell photocatalyst with spatially separated co-catalysts for efficient reduction and oxidation of water[J]. Angewandte Chemie (International Edition), 2013, 52(43): 11252-11256.

[123] LI A, WANG T, CHANG X, et al. Tunable syngas production from photocatalytic CO_2 reduction with mitigated charge recombination driven by spatially separated cocatalysts[J]. Chemical Science, 2018, 9(24): 5334-5340.

[124] CHEN X, LIU L, YU P Y, et al. Increasing solar absorption for photocatalysis with black hydrogenated titanium dioxide nanocrystals[J]. Science, 2011, 331(6018): 746-750.

[125] YU X, KIM B, KIM Y. Highly enhanced photoactivity of anatase TiO_2 nanocrystals by controlled hydrogenation-induced surface defects[J]. ACS Catalysis, 2013, 3(11): 2479-2486.

[126] MYUNG S, KIKUCHI M, YOON C, et al. Black anatase titania enabling ultra high cycling rates for rechargeable lithium batteries[J]. Energy & Environmental Science, 2013, 6(9): 2609-2614.

[127] HOANG S, BERGLUND S, HAHN N, et al. Enhancing visible light photo-oxidation of water with TiO_2 nanowire arrays via cotreatment with H_2 and NH_3: synergistic effects between Ti^{3+} and N[J]. Journal of the American Chemical Society, 2012, 134(8): 3659-3662.

[128] RAMCHIARY A, SAMDARSHI S. Hydrogenation based disorder-engineered visible active N-doped mixed phase titania[J]. Solar Energy Materials and Solar Cells, 2015, 134: 381-388.

[129] ZHU Y, LIU D, MENG M. H_2 spillover enhanced hydrogenation capability of TiO_2 used for photocatalytic splitting of water: a traditional phenomenon for new applications[J]. Chemical Communications, 2014, 50(45): 6049-6051.

[130] WANG Z, YANG C, LIN T, et al. H-doped black titania with very high solar absorption and excellent photocatalysis enhanced by localized surface plasmon resonance[J]. Advanced Functional Materials, 2013, 23(43): 5444-5450.

[131] ZHU G, LIN T, LÜ X, et al. Black brookite titania with high solar absorption and excellent photocatalytic performance[J]. Journal of Materials Chemistry A, 2013, 1(34): 9650-9653.

[132] LIN T, YANG C, WANG Z, et al. Effective nonmetal incorporation in black titania with

enhanced solar energy utilization[J]. Energy & Environmental Science, 2014, 7(3): 967-972.

[133] FANG W, XING M, ZHANG J. A new approach to prepare Ti^{3+} self-doped TiO_2 via $NaBH_4$ reduction and hydrochloric acid treatment[J]. Applied Catalysis B: Environmental, 2014, 160: 240-246.

[134] TAN H, ZHAO Z, NIU M, et al. A facile and versatile method for preparation of colored TiO_2 with enhanced solar-driven photocatalytic activity[J]. Nanoscale, 2014, 6(17): 10216-10223.

[135] YAN P, LIU G, DING C, et al. Photoelectrochemical water splitting promoted with a disordered surface layer created by electrochemical reduction[J]. ACS Applied Materials & Interfaces, 2015, 7(6): 3791-3796.

[136] LI X, HARTLEY G, WARD A, et al. Hydrogenated defects in graphitic carbon nitride nanosheets for improved photocatalytic hydrogen evolution[J]. Journal of Physical Chemistry C, 2015, 119(27): 14938-14946.

[137] ZHOU X, ZHENG X, YAN B, et al. Defect engineering of two-dimensional WO_3 nanosheets for enhanced electrochromism and photoeletrochemical performance[J]. Applied Surface Science, 2017, 400: 57-63.

[138] PAN H, GU B, ZHANG Z. Phase-dependent photocatalytic ability of TiO_2: a first-principles study[J]. Journal of Chemical Theory and Computation, 2009, 5(11): 3074-3078.

[139] NALDONI A, ALLIETA M, SANTANGELO S, et al. Effect of nature and location of defects on bandgap narrowing in black TiO_2 nanoparticles[J]. Journal of the American Chemical Society, 2012, 134(18): 7600-7603.

[140] WANG Z, YANG C, LIN T, et al. H-doped black titania with very high solar absorption and excellent photocatalysis enhanced by localized surface plasmon resonance[J]. Advanced Functional Materials, 2013, 23(43): 5444-5450.

[141] WANG G, WANG H, LING Y, et al. Hydrogen-treated TiO_2 nanowire arrays for photoelectron-chemical water splitting[J]. Nano Letters, 2011, 11(7): 3026-3033.

[142] SAPUTERAA W, MUL G, HAMDY M. Ti^{3+}-containing titania: synthesis tactics and photocatalytic performance[J]. Catalysis Today, 2015, 246: 60-66.

[143] WEI W, YARU N, CHUNHUA L, et al. Hydrogenation of TiO_2 nanosheets with exposed {001} facets for enhanced photocatalytic activity[J]. RSC Advances, 2012, 2(22): 8286-8288.

[144] CHEN J, WU G, WANG T, et al. Carrier step-by-step transport initiated by precise defect distribution engineering for efficient photocatalytic hydrogen generation[J]. ACS Applied Materials & Interfaces, 2017, 9(5): 4634-4642.

[145] ZHANG H, CAI J, WANG Y, et al. Insights into the effects of surface/bulk defects on photocatalytic hydrogen evolution over TiO_2 with exposed {001} facets[J]. Applied Catalysis B: Environmental, 2017, 220: 126-136.

[146] LI H, BIAN Z, ZHU J, et al. Mesoporous titania spheres with tunable chamber stucture and enhanced photocatalytic activity[J]. Journal of the American Chemical Society, 2007, 129(27): 8406-8407.

[147] LIU H, JOO J, DAHL M, et al. Crystallinity control of TiO_2 hollow shells through resin-protected calcination for enhanced photocatalytic activity[J]. Energy & Environmental Science, 2015, 8(1): 286-296.

[148] DONG Z, LAI X, HALPERT J, et al. Accurate control of multishelled ZnO hollow microspheres for dye-sensitized solar cells with high efficiency[J]. Advanced Materials, 2012, 24(8): 1046-1049.

[149] WANG G, WANG H, LING Y, et al. Hydrogen-treated TiO_2 nanowire arrays for photoelectron-chemical water splitting[J]. Nano Letters, 2011, 11(7): 3026-3033.

[150] CHEN X, LIU L, YU P Y, et al. Increasing solar absorption for photocatalysis with black hydrogenated titanium dioxide nanocrystals[J]. Science, 2011, 331(6018): 746-750.

[151] WANG G, LING Y, WANG H, et al. Hydrogen-treated WO_3 nanoflakes show enhanced photostability[J]. Energy & Environmental Science, 2012, 5(3): 6180-6187.

[152] LIU G, HAN J, ZHOU X, et al. Enhancement of visible-light-driven O_2 evolution from water oxidation on WO3 treated with hydrogen[J]. Journal of Catalysis, 2013, 307: 148-152.

[153] ZHANG N, LI X, YE H, et al. Oxide defect engineering enables to couple solar energy into oxygen activation[J]. Journal of the American Chemical Society, 2016, 138: 8928-8935.

[154] FU J W, XU Q L, LOW J X, et al. Ultrathin 2D/2D WO_3/g-C_3N_4 step-scheme H_2-production photocatalyst[J]. Applied Catalysis B: Environmental, 2019, 243: 556-565.

[155] HUANG S L, LONG Y J, RUAN S C, et al. Enhanced photocatalytic CO_2 reduction in defect-engineered Z-scheme WO_{3-x}/g-C_3N_4 heterostructures[J]. ACS Omega, 2019, 4 (13): 15593-15599.

[156] ZHANG L J, HAO X Q, LI Y B, et al. Performance of WO_3/g-C_3N_4 heterojunction composite boosting with NiS for photocatalytic hydrogen evolution[J]. Applied Surface Science, 2020, 499: 143862.

[157] LI H, EDDAOUDI M, KEEFFE M O, et al. Design and synthesis of an exceptionally stable and highly porous metal-organic framework[J]. Nature, 1999(402): 276-279.

[158] ALVARO M, CARBONELL E, FERRER B, et al. Semiconductor behavior of a metal-organic framework (MOF)[J]. Chemistry: A European Journal, 2007, 13(18): 5106-5112.

[159] CAVKA J H, JAKOBSEN S, OLSBYE U, et al. A new zirconium inorganic building brick forming metal organic frameworks with exceptional stability[J]. Journal of the American Chemical Society, 2008, 130(42): 13850-13851.

[160] DAN-HARDI M, SERRE C, FROT T, et al. A new photoactive crystalline highly porous titanium(Ⅳ) dicarboxylate[J]. Journal of the American Chemical Society, 2009, 131(31): 10857-10859.
[161] LAURIER K G M, VERMOORTELE F, AMELOOT R, et al. Iron(Ⅲ)-based metal-organic frameworks as visible light photocatalysts[J]. Journal of the American Chemical Society, 2013, 135(39): 14488-14491.
[162] KOBAYASHI Y, JACOBS B, ALLENDORF M D, et al. Conductivity, doping, and redox chemistry of a microporous dithiolene-based metal-organic framework[J]. Chemistry of Materials, 2010, 22(14): 4120-4122.
[163] NASALEVICH M A, GOESTEN M G, SAVENIJE T J, et al. Enhancing optical absorption of metal-organic frameworks for improved visible light photocatalysis[J]. Chemical Communications, 2013, 49(90): 10575-10577.
[164] SILVA C G, LUZ I, LLABRÉS X, et al. Water stable Zr-benzenedicarboxylate metal-organic frameworks as photocatalysts for hydrogen generation[J]. Chemistry: A European Journal, 2010, 16(36): 11133-11138.
[165] SHEN L, LIANG S, WU W, et al. Multifunctional NH_2-mediated zirconium metal-organic framework as an efficient visible-light-driven photocatalyst for selective oxidation of alcohols and reduction of aqueous Cr(Ⅵ)[J]. Dalton Transactions, 2013, 42(37): 13649.
[166] FLAGE-LARSEN E, RØYSET A, CAVKA J H, et al. Band Gap modulations in UiO metal-organic frameworks[J]. The Journal of Physical Chemistry C, 2013, 117(40): 20610-20616.
[167] GOH T W, XIAO C, MALIGAL-GANESH R V, et al. Utilizing mixed-linker zirconium based metal-organic frameworks to enhance the visible light photocatalytic oxidation of alcohol[J]. Chemical Engineering Science, 2015, 124: 45-51.
[168] HENDRICKX K, VANPOUCKE D E P, LEUS K, et al. Understanding intrinsic light absorption properties of UiO-66 frameworks: a combined theoretical and experimental study[J]. Inorganic Chemistry, 2015, 54(22): 10701-10710.
[169] SHEN L, LIANG S, WU W, et al. CdS-decorated UiO-66(NH_2) nanocomposites fabricated by a facile photodeposition process: an efficient and stable visible-light-driven photocatalyst for selective oxidation of alcohols[J]. Journal of Materials Chemistry A, 2013, 1(37): 11473.
[170] ZHOU J J, WANG R, LIU X L, et al. In situ growth of CdS nanoparticles on UiO-66 metal-organic framework octahedrons for enhanced photocatalytic hydrogen production under visible light irradiation[J]. Applied Surface Science, 2015, 346: 278-283.
[171] SHEN L, LUO M, LIU Y, et al. Noble-metal-free MoS_2 co-catalyst decorated UiO-66/CdS hybrids for efficient photocatalytic H_2 production[J]. Applied Catalysis B: Environmental, 2015, 166-167: 445-453.
[172] SHA Z, SUN J L, CHAN H S O, et al. Bismuth tungstate incorporated zirconium met-

al-organic framework composite with enhanced visible-light photocatalytic performance[J]. RSC Adv, 2014, 4(110): 64977-64984.

[173] DING J, YANG Z, HE C, et al. UiO-66(Zr) coupled with Bi_2MoO_6 as photocatalyst for visible-light promoted dye degradation[J]. Journal of Colloid and Interface Science, 2017, 497: 126-133.

[174] XIAO J D, SHANG Q, XIONG Y, et al. Boosting photocatalytic hydrogen production of a metal-organic framework decorated with platinum nanoparticles: the platinum location matters[J]. Angewandte Chemie(International Edition), 2016, 55: 9389-9393.

[175] HE J, WANG J, CHEN Y, et al. A dye-sensitized Pt@UiO-66(Zr) metal-organic framework for visible-light photocatalytic hydrogen production[J]. Chem Commun, 2014, 50(53): 7063-7066.

[176] YUAN Y, YIN L, CAO S, et al. Improving photocatalytic hydrogen production of metal-organic framework UiO-66 octahedrons by dye-sensitization[J]. Applied Catalysis B: Environmental, 2015, 168-169: 572-576.

[177] SHEN L, HUANG L, LIANG S, et al. Electrostatically derived self-assembly of NH-mediated zirconium MOFs with graphene for photocatalytic reduction of Cr(Ⅵ)[J]. RSC Advances, 2014, 4(5): 2546-2549.

[178] WANG W, LU W, JIANG L. AgCl and Ag/AgCl hollow spheres based on self-assemblies of a multi-amine head surfactant[J]. Journal of Colloid and Interface Science, 2009, 338(1): 270-275.

[179] SUN J, ZHANG Y, CHENG J, et al. Synthesis of Ag/AgCl/Zn-Cr LDHs composite with enhanced visible-light photocatalytic performance[J]. Journal of Molecular Catalysis A: Chemical, 2014, 382: 146-153.

[180] DE VOS A, HENDRICKX K, VAN DER VOORT P, et al. Missing linkers: an alternative pathway to UiO-66 electronic structure engineering[J]. Chemistry of Materials, 2017, 29(7): 3006-3019.

[181] WU H, CHUA Y S, KRUNGLEVICIUTE V, et al. Unusual and highly tunable missing-linker defects in zirconium metal-organic framework UiO-66 and their important effects on gas adsorption[J]. Journal of the American Chemical Society, 2013, 135(28): 10525-10532.

[182] GUTOV O, MOLINA S, ESCUDERO-ADÁN E, et al. Modulation by amino acids: toward superior control in the synthesis of zirconium metal-organic frameworks[J]. Chemistry: A European Journal, 2016, 22(38): 13582-13587.

[183] LIKODIMOS V. Photonic crystal-assisted visible light activated TiO_2 photocatalysis [J]. Applied Catalysis B: Environmental, 2018, 230: 269-303.

[184] SHEARER G, VITILLO J, BORDIGA S, et al. Functionalizing the defects: post synthetic ligand exchange in the metal organic framework UiO-66 [J]. Chemistry of Materials, 2016: 7190-7193.

致谢

我从硕士阶段开始接触光催化这个领域，从此踏上了光催化半导体材料的开发之旅，至今正好10年。对于本书的成稿，我要特别感谢一路给予我支持和帮助的人。

感谢孟明教授对我硕士研究课题的悉心指导。他严谨的科研态度深深感染了初入科研之门的我，为我以后的科研之路打下了良好的基础。祝愿先师在天堂安好。

感谢导师李新刚教授在研究上给予的悉心指导，他以创新性思维一直引领我们光催化团队前行。他非常注重细节，帮助我培养了良好的科研习惯。同时，感谢李老师在生活上给予我的关心与帮助，他总是设身处地为学生着想，是当之无愧的好导师，能够有缘遇到李老师是我此生的荣幸！

感谢原课题组光催化方向的朱英明、蔡金孟、武墨青、赵琬玥、金文峰和杜茜娅，本书的成稿离不开他们的慷慨相助和鼎力支持，他们为本书提供了丰富的素材。

感谢现课题组组长姜涛教授从我入职天津科技大学以来对我的指导和鼓励。感谢天津科技大学烯烃高值转化与利用团队的支持。

感谢我的家人对我的全力支持。